G. Gebhardt

Holzfaserdämmplatten als aussteifende Beplankung von Holztafeln

Band 23 der Reihe
Karlsruher Berichte zum Ingenieurholzbau

Herausgeber
Karlsruher Institut für Technologie (KIT)
Lehrstuhl für Ingenieurholzbau und Baukonstruktionen
Univ.-Prof. Dr.-Ing. H. J. Blaß

Holzfaserdämmplatten als aussteifende Beplankung von Holztafeln

von

G. Gebhardt

Karlsruher Institut für Technologie (KIT)
Lehrstuhl für Ingenieurholzbau und Baukonstruktionen

KIT Scientific Publishing

Dissertation, Karlsruher Institut für Technologie
Fakultät für Bauingenieur-, Geo- und Umweltwissenschaften, 2012
Referenten: Univ.-Prof. Dr.-Ing. H. J. Blaß,
Univ.-Prof. Dr.-Ing. J.-W. G. van de Kuilen

Impressum

Karlsruher Institut für Technologie (KIT)
KIT Scientific Publishing
Straße am Forum 2
D-76131 Karlsruhe
www.ksp.kit.edu

KIT – Universität des Landes Baden-Württemberg und
nationales Forschungszentrum in der Helmholtz-Gemeinschaft

KIT Scientific Publishing 2012
Print on Demand

ISSN 1860-093X
ISBN 978-3-86644-892-6

Holzfaserdämmplatten als aussteifende Beplankung von Holztafeln

Zur Erlangung des akademischen Grades eines
DOKTOR-INGENIEURS
von der Fakultät für
Bauingenieur-, Geo- und Umweltwissenschaften
des Karlsruher Instituts für Technologie (KIT)
genehmigte

DISSERTATION

von

Dipl.-Ing. Gunnar Gebhardt
aus Backnang

Tag der mündlichen Prüfung: 23. Mai 2012
Hauptreferent: Univ.-Prof. Dr.-Ing. Hans Joachim Blaß
Korreferent: Univ.-Prof. Dr.-Ing. Jan-Willem G. van de Kuilen

Karlsruhe 2012

Vorwort

Die vorliegende Arbeit entstand während meiner Tätigkeit als wissenschaftlicher Mitarbeiter am Lehrstuhl für Ingenieurholzbau und Baukonstruktionen des Karlsruher Instituts für Technologie (vorher: Universität Karlsruhe (TH)). Das zugrunde liegende Forschungsvorhaben wurde mit finanziellen Mitteln des Bundesministeriums für Wirtschaft und Technologie gefördert.

Mein besonderer Dank gilt meinem Hauptreferenten Univ.-Prof. Dr.-Ing. Hans Joachim Blaß für die mir von ihm zugestandene Zeit zu promovieren und die bereitwillige Unterstützung, die er mir stets zukommen ließ. Seine Bereitschaft, mir den nötigen wissenschaftlichen Freiraum zu lassen, haben diese Untersuchungen und die daraus entstandene Arbeit erst ermöglicht. Die uneingeschränkte Nutzung der Einrichtungen der Versuchsanstalt für Stahl, Holz und Steine, Abteilung Holzbau, ist an dieser Stelle besonders hervorzuheben.

Mein herzlicher Dank gilt ebenso Herrn Univ.-Prof. Dr.-Ing. Jan-Willem G. van de Kuilen, TU München, für die freundliche Übernahme des Korreferats und die daraus entstandenen Anregungen.

Danken möchte ich auch Herrn Dr.-Ing. Rainer Görlacher, der mich bei der Planung und Umsetzung der Untersuchungen mit Einfallsreichtum und Gewissenhaftigkeit unterstützte und stets bereit war, aufkommende Fragen zu erörtern.

Dem Laborleiter Herrn Alexander Klein und den Labormitarbeitern Michael Deeg, Martin Huber, Günter Kranz und Michael Scheid danke ich sehr herzlich für ihr hohes Engagement und ihre kreative Mitarbeit bei der Durchführung der Versuche. Herrn Bernd Hermann vom Institut für Sport und Sportwissenschaft danke ich herzlich für die Unterstützung bei der Herstellung der Versuchseinrichtung für die Durchführung der Dauerstandversuche.

Bei der Durchführung und Auswertung der Versuche haben die Herren Dipl.-Ing. Markus Enders-Comberg, Dipl.-Ing. Andreas Ewen und Dipl.-Ing. Tobias Heck im Rahmen von Diplomarbeiten tatkräftig mitgewirkt. Herrn Dipl.-Ing. Johannes Streib danke ich für die Mitarbeit als wissenschaftliche Hilfskraft.

Meinen Kollegen am Lehrstuhl für Ingenieurholzbau und Baukonstruktionen danke ich für ihre Hilfsbereitschaft und das angenehme Arbeitsklima.

Gunnar Gebhardt

Abstract

The application of wood fibre insulation boards (WFIB) as load-bearing sheathing material in timber frame construction was studied within the scope of this work. All required basic information for this application was determined. Timber panels exposed to horizontal loads have to be proofed as shear walls. The considered failure mechanisms of shear walls are failure of the timber-WFIB-joint, shear failure or buckling of the sheathing panel.

The equations of Johansen's yield theory were applied and extended in order to calculate the load-carrying capacity of timber-WFIB-joints. The embedding strength of nails and screws in WFIB were determined in tests. The crown pull-through resistance of wide-crown staples and the head pull-through resistance of special screws were analysed in order to consider the rope effect in the calculation of the load-carrying capacity of the joint. The stiffness properties of timber-WFIB-joints were evaluated in tests considering different dowel-type fasteners. Furthermore, the load-carrying capacity in tests was compared to calculation results.

Shear strength and shear modulus of WFIB were determined in further tests. Duration of load and creep factor were analysed for a plaster board. Modulus of elasticity of WFIB – required for the calculation of shear walls using the finite element method – was determined using a dynamic method. Connections between several WFIB with wide-crown staples were studied in order to analyse shear walls with small-scale boards as sheathing panels.

The load-carrying behaviour and the displacement behaviour of timber panels with WFIB as sheathing material were analysed in tests with full scale wall elements and compared with calculation models. By means of the finite element method shear walls were modelled and calculated. A method was derived to discretise non-linear load-displacement behaviour of timber-WFIB-joints for the finite element model and applied to all within the scope of this work analysed joints. A comparison of the calculation results with the test results confirms the simple calculation of the load-bearing capacity and the stiffness property of timber panels with WFIB as sheathing material by means of the finite element method.

Kurzfassung

Im Rahmen dieser Arbeit wurde die Verwendung von Holzfaserdämmplatten als aussteifende Beplankung in Holztafeln untersucht und es wurden die hierfür erforderlichen Grundlagen ermittelt. Für aussteifende Holztafeln unter einer horizontalen Beanspruchung ist der Nachweis der Scheibenbeanspruchung zu führen. Die berücksichtigten Versagensmechanismen sind hierbei das Erreichen der Tragfähigkeit der Verbindung zwischen der Beplankung und den Rippen, das Erreichen der Tragfähigkeit der Beplankung und das Beulen der Beplankung.

Für die Berechnung der Tragfähigkeit der Verbindung zwischen der Beplankung und den Rippen wurden die Gleichungen der Theorie von Johansen verwendet und erweitert. Die Lochleibungsfestigkeit von Nägeln und Schrauben in Holzfaserdämmplatten wurde in Versuchen ermittelt. Die Rückendurchziehtragfähigkeit von Breitrückenklammern und die Kopfdurchziehtragfähigkeit von Schrauben mit Haltetellern wurden für die Berücksichtigung des Seileffekts bei der Berechnung der Tragfähigkeit der Verbindung bestimmt. In Versuchen mit Verbindungen zwischen Holzfaserdämmplatten und Holz mit verschiedenen stiftförmigen Verbindungsmitteln wurden die für den Nachweis der Gebrauchstauglichkeit erforderlichen Verschiebungsmoduln ermittelt und die Tragfähigkeiten den berechneten Erwartungswerten gegenübergestellt.

Die Schubfestigkeit und der Schubmodul von Holzfaserdämmplatten wurden in weiteren Versuchen ermittelt. Der Modifikationsbeiwert und der Verformungsbeiwert von Holzfaserdämmplatten wurden für eine Wärmedämmverbundplatte bestimmt. Der Elastizitätsmodul von Holzfaserdämmplatten wurde mit Hilfe von Schwingungsmessungen für die Modellierung von Holzfaserdämmplatten in Holztafeln mit der Finite-Elemente-Methode ermittelt. Die Verbindung zwischen Holzfaserdämmplatten mit Breitrückenklammern wurde für einen möglichen Einsatz von kleinformatigen Platten als aussteifender Beplankung untersucht.

Das Trag- und Verformungsverhalten von Holztafeln mit Holzfaserdämmplatten als aussteifender Beplankung wurde in Versuchen mit bauteilgroßen Versuchskörpern ermittelt und Berechnungsmodellen gegenübergestellt. Mit Hilfe der Finite-Elemente-Methode wurden Holztafeln modelliert und berechnet. Für die Modellierung der Verbindung zwischen der Beplankung und den Rippen wurde ein Verfahren zur Diskretisierung des nicht-linearen Last-Verschiebungsverhaltens entwickelt und auf die im Rahmen dieser Arbeit untersuchten Verbindungen angewendet. Ein Vergleich der Berechnungsergebnisse mit den Versuchsergebnissen bestätigt die mögliche Berechnung der Tragfähigkeit und Steifigkeit von Holztafeln mit Holzfaserdämmplatten als aussteifender Beplankung mit Hilfe der Finite-Elemente-Methode.

Inhalt

1 Einleitung

Gebäude und insbesondere Wohngebäude aus Holz besitzen eine lange Tradition in der Zivilisationsgeschichte der Menschheit. Zu Beginn der Sesshaftigkeit der Menschen war Holz in Form von Ästen das vorherrschende Baumaterial für die ersten einfachen Behausungen in Kuppel- oder Kegelform. Bäume standen als Quelle des Baumaterials in den meisten Regionen zur Verfügung. Die Stämme und Äste konnten durch die Herstellung erster Werkzeuge vergleichsweise einfach bearbeitet werden. Durch eine Verbindung der kreuzweise angeordneten Äste mit Seilen aus natürlichen Fasern wurden diese ersten Schutzhütten ausgesteift. Zusätzlich zu der Verbindung mit Seilen wurden die Äste in den Boden gesteckt und stellten so im baustatischen Sinne eingespannte Stützen dar. Durch die Bedeckung der Äste mit Blättern und Tierhäuten wurde ein Wetterschutz durch die Hütte ermöglicht.

Während die ersten einfachen Schutzhütten keine Trennung von Wand- und Dachelementen aufwiesen, wurden mit Beginn der Jungsteinzeit (ca. 3000 v. Chr.) erste Gebäude aus Holz errichtet, die bereits Merkmale unserer heutigen Bauweise besaßen. So bestanden die Gebäude in Pfostenbauweise aus in das Erdreich eingeschlagenen Pfosten, die die Lasten aus dem Dach in den Baugrund abtrugen. Die Weiterleitung der horizontalen Lasten erfolgte vorwiegend durch die Einspannung der Pfosten im Baugrund. Flechtwerkwände bildeten als nicht tragende Ausfachung den Raumabschluss. Die Verbindung der Bauteile erfolgte durch natürlich gewachsene Gabeln und durch Seile aus natürlichen Fasern. Einfache Kerben, Steckzapfen und Zapfenschlösser bildeten die ersten Vorgänger zimmermannsmäßiger Holzverbindungen. Für die Konstruktion von Blockbauten wurden mit Kerben versehene Rundstämme übereinander angeordnet.

Der Nachteil der Pfostenbauweise lag im frühzeitigen Altern der Konstruktion durch die verringerte Dauerhaftigkeit der Pfostenabschnitte im Erdreich. Um die Dauerhaftigkeit der Konstruktion zu erhöhen, wurden in der Geschossbauweise die Ständer auf Schwellen aufgesetzt, die wiederum auf einen Sockel aus dauerhaftem Baumaterial aufgelegt wurden. Die Ständer gingen von der Schwelle bis zur Traufe durch, die Deckenbalken wurden mit zimmermannsmäßigen Verbindungen an die Ständer angeschlossen. Während Häuser in Pfostenbauweise durch die Einspannung der Pfosten ausgesteift wurden, erfolgte die Aussteifung in der Geschossbauweise durch steife Wände oder schräg angeordnete Hölzer.

In der Stockwerksbauweise gingen die Ständer im Gegensatz zur Geschossbauweise nur über ein Stockwerk von der Schwelle bis zum Rähmbalken. Die Deckenbalken wurden auf den Rähmbalken aufgelegt. Die übereinander angeordneten Stockwerke bildeten eigenständige Konstruktionen. Die Aussteifung erfolgte wie in der Geschossbauweise durch steife Wände oder schräg angeordnete Hölzer.

Die Ausfachung erfolgte in der Geschoss- und Stockwerksbauweise gewöhnlich mit mineralischen Baumaterialien und bildete so die klassische Fachwerkwand. Mit der fortschreitenden Industrialisierung in der Holz verarbeitenden Industrie und der Neuentwicklung von Holzwerkstoffen entstanden neue Möglichkeiten für die konstruktive Gestaltung von Wänden in Holzbauweise. Bis in die erste Hälfte des 20. Jahrhunderts wurden Wände mit einer steifen Ausfachung oder schräg angeordneten Hölzern ausgesteift. In der zweiten Hälfte des 20. Jahrhunderts begann vorwiegend in Nordamerika die Erforschung der Aussteifung von Holzwänden mit Holzwerkstoffplatten. Daraus entwickelte sich die Holztafelbauweise, in der die Wände aus Schwelle, Rähm, Ständern und der Beplankung mit einer Holzwerkstoffplatte konstruiert werden. Die Beplankung und die Rippen werden mit mechanischen Verbindungsmitteln verbunden und ermöglichen so im Verbund die Weiterleitung der horizontalen Lasten durch die Holztafel in den Baugrund. Durch diese Entwicklung und die fortschreitende Verlagerung der Herstellung von Häusern in Holztafelbauweise von der Baustelle in die Herstellwerke wurden neue Wege im Holzhausbau beschritten. Die Vorfertigung der Wände im Herstellwerk ermöglicht heute die Aufstellung eines Gebäudes aus Holz mit einer vergleichsweise kurzen Montagedauer.

In der jüngeren Vergangenheit ist neben der bislang vorherrschenden Holztafelbauweise eine weitere Möglichkeit für die Errichtung von Gebäuden aus Holz entwickelt worden. In der Massivholzbauweise werden Wände, Decken und Dächer aus vollflächigen Wandelementen konstruiert. Die Wandelemente vereinen dann mehrere Funktionen wie die vertikale und horizontale Lastabtragung, den Wärmeschutz und den Schallschutz. Diese bauphysikalischen Eigenschaften können durch weitere Dämmschichten weiter verbessert werden. Bauteile in der Massivholzbauweise werden aus einzelnen Brettern hergestellt, die in den jeweiligen Lagen parallel, orthogonal oder in einem Winkel zueinander angeordnet werden können. Die Verbindung der Brettlagen erfolgt durch eine flächige Verklebung oder mit Holzdübeln.

Die erste Generation der Häuser in Holztafelbauweise wies im Vergleich zu anderen Wandbauweisen bauphysikalische Nachteile auf, die sich im sommerlichen und winterlichen Wärmeschutz, aber auch im Schallschutz zeigten. Aus diesem Grund aber auch aus ökologischen Gesichtspunkten wie der Ressourcenknappheit und dem Klimawandel wurde die Holztafelbauweise in den vergangenen Jahrzehnten stetig weiterentwickelt. Die innen liegende Beplankung aus Brettsperrholz, Spanplatten, OSB oder Gipskartonplatten trägt mit den Rippen und der Verbindung zwischen der Beplankung und den Rippen die horizontalen Beanspruchungen in den Baugrund ab. Die Dämmung der Wand wird mit einer Zwischenrippendämmung und einer außen liegenden Beplankung ausgeführt. Durch die steigenden Anforderungen an den Wärmeschutz werden zunehmend dickere Dämmschichten angeordnet. Für die

Dämmung können neben anderen Materialien auch Holzfaserdämmstoffe verwendet werden.

Die aus bauphysikalischen Gründen innen liegende aussteifende Beplankung erschwert einen möglichen Eigenanteil des Bauherrn bei der Errichtung des Gebäudes. Eine außen liegende tragende Beplankung mit Holzfaserdämmplatten (HFDP) als plattenförmigem Baustoff kann bei einer ausreichenden Tragfähigkeit und Steifigkeit der so aufgebauten Holztafel die horizontalen Lasten zumindest im Montagezustand abtragen und ermöglicht dem Bauherrn eine höhere Eigenleistung bei der Errichtung des Gebäudes. Damit kann die Attraktivität von Gebäuden in Holztafelbauweise zusätzlich erhöht und der Marktanteil ökologisch vorteilhafter Wohngebäude gesteigert werden.

Holzfaserdämmplatten besitzen aber im Vergleich zu anderen Holzwerkstoffplatten eine geringere Rohdichte, die geringere Festigkeits- und Steifigkeitswerte sowie günstigere Wärmedämmeigenschaften zur Folge hat. Werden die geringeren Tragfähigkeiten durch dickere Platten ausgeglichen, kann die Funktion der Lastabtragung sowie des Wärme- und Schallschutzes in einem Werkstoff vereint werden. Somit kann zusätzlich die Effizienz des eingesetzten Materials gesteigert werden.

Für den Einsatz von Holzfaserdämmplatten als tragende Beplankung in der Holztafelbauweise muss die horizontale Beanspruchung in der Holztafel aufgenommen und abgetragen werden. Hierfür sind der Tragfähigkeitsnachweis und der Gebrauchstauglichkeitsnachweis zu führen. Es sind Kenntnisse über die Festigkeitseigenschaften der Holzfaserdämmplatten selbst und über die Tragfähigkeitseigenschaften der Verbindung zwischen Holzfaserdämmplatten und Holz erforderlich. Die Tragfähigkeit der Verbindung wiederum ist von weiteren Parametern wie beispielsweise der Lochleibungsfestigkeit und der axialen Tragfähigkeit der Verbindung zwischen Holz und Holzfaserdämmplatten abhängig. Für den Nachweis der Gebrauchstauglichkeit ist die Verformung zu begrenzen. Für die Bestimmung der Verformung sind die Steifigkeitswerte der Beplankung und der Verbindung erforderlich. Im Rahmen dieser Arbeit wurden alle erforderlichen tragfähigkeits- und steifigkeitsrelevanten Eigenschaften für Holzfaserdämmplatten und für die Verbindungen zwischen Holzfaserdämmplatten und Holz systematisch ermittelt. Die Verwendung von Holzfaserdämmplatten als aussteifende Beplankung von Holztafeln wurde in Bauteilversuchen und mit Hilfe von Berechnungsmodellen untersucht.

2 Eigenschaften und Auswahl von Holzfaserdämmplatten

In den vergangenen Jahrzehnten hat sich unter den am Bauprozess beteiligten Akteuren zunehmend das Bewusstsein eingestellt, durch die Einsparung von Primärenergie aus fossilen Energieträgern einen Beitrag zum Klimaschutz zu leisten. Hauptverursacher des Klimawandels ist der u. a. mit der Nutzung fossiler Energieträger verbundene CO_2-Ausstoß. Die Nutzung von fossilen Energieträgern für die Beheizung von Gebäuden nimmt einen hohen Anteil im Gesamtprimärenergieverbrauch ein. Durch einen verbesserten Wärmeschutz werden nicht nur der Energieverbrauch und der CO_2-Ausstoß verringert, sondern es kann zusätzlich die Behaglichkeit im Gebäude im Winter und im Sommer erhöht werden. Für die Dämmung von Gebäuden können verschiedene Baustoffe verwendet werden. Mögliche, aus natürlichen Fasern bestehende Baustoffe sind Holzfaserdämmstoffe, die in loser Form, als Matten oder als Platten eingebaut werden können. Holz als Ausgangsmaterial für Holzfaserdämmstoffe besitzt im Vergleich mit anderen konstruktiven Baustoffen bereits eine niedrige Wärmeleitfähigkeit und bietet damit einen vergleichsweise guten Wärmeschutz.

Holzfaserdämmplatten werden zu den Holzwerkstoffen gezählt. Die Vorteile von Holzwerkstoffen im Vergleich zum Ausgangsmaterial Holz sind ein in Abhängigkeit von der Größe der verbundenen Komponenten homogeneres Materialverhalten und eine geringere Streuung der Festigkeits- und Steifigkeitseigenschaften. Holzwerkstoffe besitzen ein geringeres Schwind- und Quellverhalten in Plattenebene und können in größeren Abmessungen hergestellt werden. Holzwerkstoffe können in Abhängigkeit von der Größe der miteinander verbundenen Komponenten klassifiziert werden. Stämme können ohne weitere Bearbeitung oder nach dem Entfernen der Rinde als Rundholz eingesetzt werden und besitzen durch die nicht angeschnittenen Fasern im Vergleich mit Schnittholz höhere Festigkeits- und Steifigkeitskennwerte. Durch den Einschnitt der entrindeten Stämme werden Kanthölzer, Bohlen, Bretter und Latten hergestellt. Diese können als stabförmige Bauteile verwendet werden, oder durch eine geschichtete gleichgerichtete oder kreuzweise Verleimung als Ausgangsmaterialien für Brettschichtholz, Balkenschichtholz, Kreuzbalken und Sperrholz dienen. Durch Einschnitt oder Abschälen können aus entrindeten Stämmen auch Furniere gewonnen werden, die durch eine geschichtete gleichgerichtete oder kreuzweise Verleimung als Ausgangsmaterial für Furnierschichtholz und Furnierstreifenholz verwendet werden. Holzspäne dienen als Ausgangsmaterial für OSB und Spanplatten. Aus Holzfasern werden harte Faserplatten, mittelharte bzw. mitteldichte Faserplatten und Holzfaserdämmstoffe hergestellt.

Das Ausgangsmaterial von Holzfaserdämmstoffen ist vorwiegend Nadelholz der Holzarten Fichte und Tanne. Die Fasern dieser Holzarten weisen eine hohe Qualität auf, die zu einer in Bezug auf die Rohdichte hohen Festigkeit führt. Durch die Zerfaserung und anschließende Verpressung des Rohmaterials entstehen zusätzliche Poren und die Wärmeleitfähigkeit nimmt im Vergleich zum Ausgangsmaterial weiter ab. Ein industriell anwendbares thermomechanisches Verfahren zur Zerfaserung von Holz wurde vor etwa 80 Jahren entwickelt und damit der Grundstein für die Herstellung von Holzfaserdämmstoffen gelegt. Holzfasern können direkt als loser Wärmedämmstoff in die Wandzwischenräume eingeblasen oder zu Matten bzw. Platten verpresst werden. Die ersten Holzfaserdämmplatten wurden vor etwa 80 Jahren im Nassverfahren hergestellt und zunächst im Möbelbau eingesetzt. Vor etwa 65 Jahren wurden Holzfaserdämmplatten mit den älteren Bezeichnungen „Weichfaserplatte" und „Poröse Holzfaserplatte" erstmals im Bauwesen eingesetzt. Sie wurden als Dämmschichten unter Parkett und Gussasphalt, als innenseitige Dämmung von Dächern und Wänden sowie als Unterdeckplatten eingesetzt. Somit gehören Holzfaserdämmstoffe zu den ersten industriell hergestellten Holzwerkstoffen.

Das Rohmaterial von Holzfaserdämmplatten sind entrindete Reste aus Sägewerken wie Schwarten, Spreißel und Hackschnitzel. Schwarten und Spreißel werden vor der Zerfaserung zu Hackschnitzeln verarbeitet. Die Hackschnitzel werden dann unter Druck mit Wasserdampf aufgeweicht und zwischen profilierten Mahlscheiben zerfasert. Im Nassverfahren werden die Holzfasern mit heißem Wasser und weiteren Zusatzstoffen zu einem Brei vermischt. Aus dem Brei werden Vliese geformt und die Platten durch mechanisches Verpressen und anschließende Trocknung bei Temperaturen zwischen 160°C und 200°C hergestellt. Der Verbund zwischen den Fasern erfolgt im Nassverfahren durch das im Holz enthaltene Lignin ohne Zusatz von weiteren Bindemitteln. Dickere Holzfaserdämmplatten werden durch die Verklebung einzelner Platten mit Weißleim hergestellt. Nach der Herstellung der Rohplatte werden die Platten in den gewünschten Maßen zugeschnitten und eine Nut-Feder-Verbindung oder ein Stufenfalz in die Ränder eingefräst. Das wiederaufbereitete, ausgepresste Wasser und die bei der Bearbeitung entstehenden Stäube und Plattenreste werden in den Produktionsablauf zurückgeführt.

Im jüngeren Trockenverfahren werden die aus den Hackschnitzeln durch Zerfaserung gewonnenen Holzfasern getrocknet und anschließend mit einem Bindemittel (z. B. PUR-Harz) besprüht. Für die Hydrophobierung der Platten wird Paraffin hinzugegeben. Eine Streumaschine stellt die Rohmatte her, die dann in einem Dampf-Luft-Gemisch verpresst wird. Die Rohplatten werden auf die gewünschten Maße zugeschnitten und eine Nut-Feder-Verbindung oder ein Stufenfalz in die Ränder eingefräst. Die bei der abschließenden Bearbeitung entstehenden Stäube und Plattenreste werden wie im Nassverfahren in den Produktionsablauf zurückgeführt. Die Herstellung von Holzfaserdämmplatten im Trockenverfahren benötigt nur etwa 60% der Energie im Vergleich zum Nassverfahren. Während eine im Nassverfahren hergestellte mehrschichtige Unterdeckplatte zu etwa 10% aus Zusätzen besteht, werden im Trockenverfahren nur etwa 5% Zusatzstoffe hinzugefügt. Weitere Vorteile der im Trockenverfahren hergestellten Platten liegen in der Dimensionsstabilität, in geringeren Produktionstoleranzen und in kürzeren Verlegezeiten. Die im Trockenverfahren hergestellten Platten besitzen eine höhere Festigkeit, eine geringere Wärmeleitfähigkeit und eine größere Diffusionsoffenheit.

Die herstellbaren Maße von Holzfaserdämmplatten werden nur durch die Produktionsanlage begrenzt. Die Dicke von im Nassverfahren einlagig hergestellten Holzfaserdämmplatten liegt zwischen 3 und 32 mm. Dickere Platten werden bis zu einer Dicke von 200 mm durch die Verklebung einzelner Platten mit Weißleim hergestellt. Die Dicke der im Trockenverfahren hergestellten Holzfaserdämmplatten liegt zwischen 20 und 240 mm. Die Rohdichte liegt für im Nassverfahren hergestellte Holzfaserdämmplatten zwischen 100 und 300 kg/m^3 und für im Trockenverfahren hergestellte Holzfaserdämmplatten zwischen 40 und 230 kg/m^3. Am Ende des Produktzyklus können Holzfaserdämmplatten der thermischen Verwertung zugeführt oder – falls sie keine hydrophobierenden Zusatzstoffe besitzen – auch kompostiert werden. Die Wärmeleitfähigkeit, der Kennwert für die Güte der Dämmqualität, liegt für Holzfaserdämmplatten zwischen 0,038 und 0,055 W/(mK). Holzfaserdämmplatten besitzen eine vergleichsweise hohe Wärmespeicherkapazität und eignen sich somit auch für den sommerlichen Wärmeschutz. Hierbei stellt sich eine zeitliche Verschiebung zwischen dem Erreichen der Maximaltemperaturen auf der Innen- und Außenseite des Bauteils ein. Holzfaserdämmplatten bewirken als Dämmung zudem ein hohes Verhältnis zwischen den Temperaturamplituden. Diese Eigenschaften führen zu einer hohen Behaglichkeit in den Innenräumen und verhindern ein „Barackenklima", bei dem die Unterschiede zwischen Außen- und Innentemperatur gering sind und die Maximalwerte kurz hintereinander erreicht werden.

Holzfaserdämmplatten zählen nicht zu den luftdichten Bauteilen, können allerdings die Winddichtigkeit des gesamten Bauteils verbessern. Durch die poröse Faserstruktur und die hohe Rohdichte können Holzfaserdämmplatten auch Funktionen des Schallschutzes übernehmen. Im Hinblick auf den Brandschutz werden Holzfaserdämmplatten wie Vollholz als normalentflammbar eingestuft. Durch das Wärmespeichervermögen wird der Temperaturdurchgang verzögert und erhöht so den Feuerwiderstand des angrenzenden Bauteils. Wie auch beim Abbrand von Holz bildet sich eine Holzkohleschicht, die den weiteren Abbrand verzögert. Somit werden auch höhere Feuerwiderstandsklassen erreicht. Wie Vollholz besitzen Holzfaserdämmplatten ein ausgeprägtes Sorptionsverhalten. Sie können Wasserdampf in Abhängigkeit der relativen Luftfeuchte aufnehmen und auch wieder abgeben, ohne an Dämmwirkung zu verlieren. Durch hydrophobierende Zusatzstoffe kann die Wasseraufnahmefähigkeit reduziert und eine zeitweise Bewitterung ermöglicht werden.

Holzfaserdämmplatten werden in Gebäuden in unterschiedlichen Bereichen eingesetzt. In Dächern können sie als Unterdeckplatte die Unterspannbahn ersetzen (s. Bild 2-1). Unterdeckplatten werden durch Zusatzstoffe hydrophobiert und können als wasserundurchlässig eingestuft werden. Sie können für begrenzte Zeiträume frei bewittert werden und bilden so eine zusätzliche Wasser ableitende Schicht im Dach. Die Verbindung der Platten untereinander erfolgt durch eine Nut-Feder-Verbindung oder einen Stufenfalz. Zusätzlich können die Plattenstöße abgeklebt werden. Eine weitere Dämmung kann in der Sparrenebene als Zwischensparrendämmung erfolgen (s. Bild 2-2). Hierfür werden Holzfaserdämmplatten, Holzfaserdämmplattenkeile oder flexible Holzfaserdämmplatten eingesetzt. Entsprechend den Unterdeckplatten können Holzfaserdämmplatten auch als Untersparrendämmung eingebaut werden. Sollen die Sparren auf der Rauminnenseite sichtbar bleiben, kann die Dämmung auch als Aufsparrendämmung angeordnet werden (s. Bild 2-3). Die durchgehende Dämmschicht kann einlagig oder zweilagig ausgeführt werden. Seit einigen Jahren können Holzfaserdämmplatten auch in Flachdächern als Dämmung eingesetzt werden.

In Wänden werden Holzfaserdämmplatten wie in Dächern als Unterdeckplatten in hinterlüfteten Fassaden und als Zwischenrippendämmung eingesetzt. Eine weitere bedeutende Einsatzmöglichkeit besteht in der Verwendung von Holzfaserdämmplatten als Putzträgerplatten in Wärmedämmverbundsystemen. Hierbei werden kleinformatige, profilierte Platten oder geschosshohe Platten verwendet. Während kleinformatige Platten auf der Baustelle montiert werden, kommen großformatige Platten in der industriellen Herstellung von Wänden zum Einsatz. In Bild 2-4 ist der Einsatz einer Wärmedämmverbundplatte in einer Wand dargestellt. Weitere Einsatzmöglichkeiten von Holzfaserdämmplatten liegen in der Dämmung von Innenwänden und in der Schalldämmung von Decken.

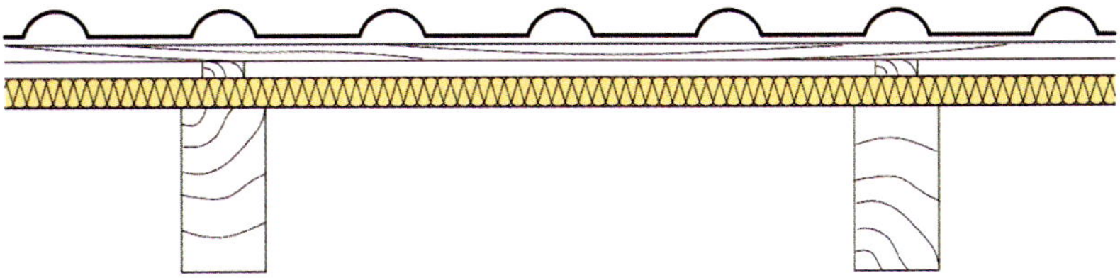

Bild 2-1 Unterdeckplatte

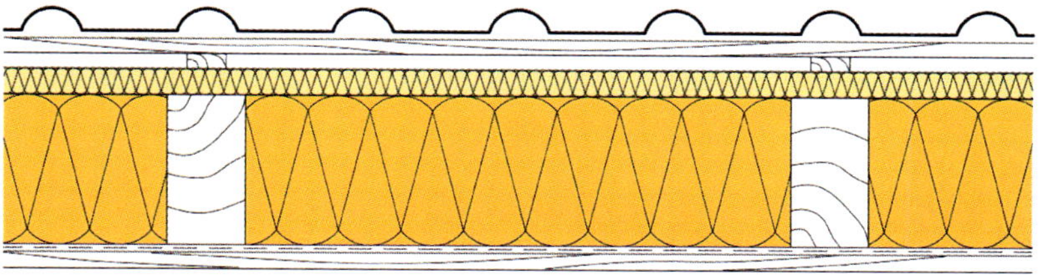

Bild 2-2 Unterdeckplatte und Zwischensparrendämmung

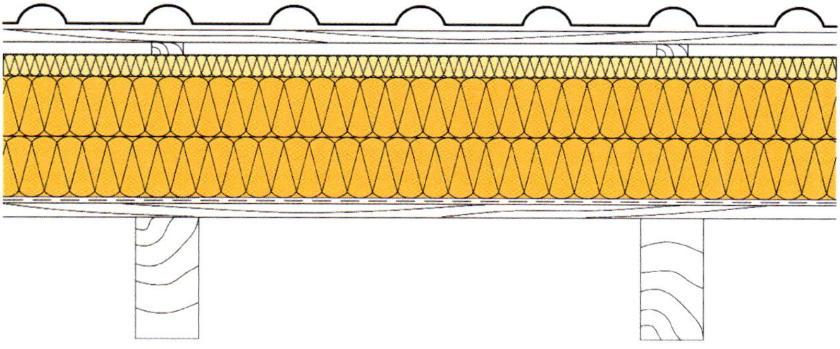

Bild 2-3 Unterdeckplatte und zweilagige Aufsparrendämmung

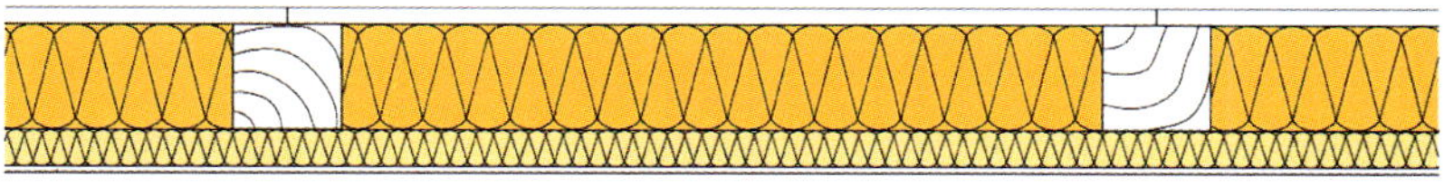

Bild 2-4 Wärmedämmverbundplatte und Dämmung

Für die Untersuchungen der Tragfähigkeits- und Steifigkeitseigenschaften von Holzfaserdämmplatten wurden Platten aus unterschiedlichen Einsatzbereichen und aus einem Nennrohdichtebereich von 100 bis 270 kg/m^3 ausgewählt. Für die Versuche wurden Holzfaserdämmplatten aus bis zu vier Herstellungschargen je Platte und Plattendicke von vier Herstellern zur Verfügung gestellt. In Tabelle 2-1 und Tabelle 2-2 sind die ausgewählten Holzfaserdämmplatten mit ihren wichtigsten Eigenschaften zusammengestellt. Holzfaserdämmplatten, die in Vorversuchen untersucht wurden, sind mit der Endung „_I" gekennzeichnet. Die Holzfaserdämmplatte „1_1d_II" bezeichnet eine Unterdeckplatte des Herstellers 1, die zum Zeitpunkt der Vorversuche im Nassverfahren hergestellt und zwischenzeitlich durch die Platte 1_1d ersetzt wurde. Die Wärmedämmverbundplatte des Herstellers 2 besteht aus Platten mit unterschiedlichen Rohdichtewerten und besitzt somit ein kombiniert aufgebautes Rohdichteprofil. Die Rohdichte und der Feuchtegehalt der ausgewählten Platten wurden ermittelt und sind in Tabelle 18-1 bis Tabelle 18-10 zusammengestellt.

Tabelle 2-1 Eigenschaften der ausgewählten Unterdeckplatten

Plattentyp	Hersteller_ Platte	Plattendicke in mm	Herstell-verfahren	Anzahl der Lagen	Nenn-rohdichte in kg/m³	Bezeichnung
UDP	1_1	18	N	1	260	1_1a (_I)
		22	N	1	260	1_1b
		28	T	1	200	1_1c
		35	T	1	200	1_1d (_I)
		36	N	2	260	1_1d_II
	1_2	50	T	1	190	1_2
	2	18	N	1	240	2_a (_I)
		22	N	1	240	2_b
		35	N	2	240	2_c
		60	N	3	240	2_d_I
	3	18	N	1	270	3_a (_I)
		22	N	1	270	3_b
		35	N	2	270	3_c
		52	N	3	270	3_d_I
	3_2	60	N	3	240	3_2
	4	60	N	3	250	4
UDP: Unterdeckplatte N: Nassverfahren T: Trockenverfahren						

Tabelle 2-2 Eigenschaften der ausgewählten Wärmedämmverbundplatten und Dämmplatten

Plattentyp	Hersteller_ Platte	Plattendicke in mm	Herstellverfahren	Anzahl der Lagen	Nennrohdichte in kg/m^3	Bezeichnung
WDVP	1_1	20	T	1	160	1_1a
		40	T	1	160	1_1b
		60	T	1	160	1_1c
		80	T	1	160	1_1d
		100	T	1	160	1_1e
		120	T	1	160	1_1f
		160	T	1	160	1_1g
	1_2	40	T	1	190	1_2a
		60	T	1	190	1_2b
	2	60	N	3	190	2
	3	40	N	2	250	3
DP	1	40	T	1	110	1
	2	40	N	2	140	2
	3	40	N	2	160	3

WDVP: Wärmedämmverbundplatte DP: Dämmplatte
N: Nassverfahren T: Trockenverfahren

3 Tragfähigkeits- und Gebrauchstauglichkeitsnachweis von Holztafeln

3.1 Allgemeines

Die zeitliche Entwicklung und die so entstandenen unterschiedlichen Bauweisen von Gebäuden aus Holz wurden in Abschnitt 1 vorgestellt. Im Rahmen dieser Arbeit werden ausschließlich die Holztafelbauweise und die hierfür erforderlichen Eigenschaften untersucht. In der Holztafelbauweise werden die Wände aus Rippen und einer aussteifenden, scheibenförmigen Beplankung aus einer Holzwerkstoffplatte zusammengesetzt und mit stiftförmigen Verbindungsmitteln verbunden. Die Lasten werden durch die Verbindung zwischen Rippe und Beplankung in die Beplankung eingeleitet. Der Nachweis der Tragfähigkeit von aussteifenden Scheiben in Holztafelbauweise kann z. B. nach DIN 1052:2008-12 oder nach DIN EN 1995-1-1 (Eurocode 5) erfolgen und wird in den folgenden Abschnitten vorgestellt. Hierbei werden bis zu drei Versagensmechanismen berücksichtigt: ein Versagen der Verbindung zwischen der Beplankung und den Rippen, das Schubversagen der Beplankung und Beulen der Beplankung. Eine Möglichkeit für den Nachweis der Gebrauchstauglichkeit wird ebenfalls vorgestellt.

3.2 Tragfähigkeitsnachweis nach DIN 1052:2008-12

In DIN 1052:2008-12 wird ein vereinfachter Nachweis der Tragfähigkeit von Holztafeln unter einer horizontalen Beanspruchung angegeben. Für die vereinfachte Berechnung müssen die folgenden Grundlagen eingehalten werden: Die scheibenartig beanspruchten Tafeln werden an allen Rändern durch Randrippen begrenzt. Neben den Randrippen können Tafeln weitere randparallele, durchlaufende Innenrippen besitzen. Die Beplankungsplatten werden auf allen Rippen kontinuierlich befestigt. Freie Plattenränder sind nur bei Decken- und Dachtafeln zulässig. Die Beanspruchung und die Auflagerreaktionen werden in die Randrippen und von diesen kontinuierlich in die tragende Beplankung eingeleitet. Hierbei wird der Verbund von Beplankung und Rippen durch den Schubfluss beansprucht. Die seitlichen Randrippen von Wandtafeln sind zugfest mit der Unterkonstruktion verbunden. Die Fußrippe ist horizontal und vertikal gelagert.

Der Nachweis des Schubflusses kann dann nach den Gleichungen (1) und (2) geführt werden. Die Variablen in Gleichung (2) können in systemabhängige Variablen und in materialabhängige Variablen unterschieden werden. Die systemabhängigen Variablen sind der Abstand der Verbindungsmittel, der Abstand der Rippen und die Beiwerte k_{v1} und k_{v2}. Die materialabhängigen Variablen sind die Tragfähigkeit der Verbindung sowie die Schubfestigkeit und die Plattendicke der Beplankung.

$$\frac{s_{v,0,d}}{f_{v,0,d}} \leq 1 \tag{1}$$

mit

$s_{v,0,d}$ Bemessungswert des Schubflusses der Beplankung

$f_{v,0,d}$ Bemessungswert der längenbezogenen Schubfestigkeit der Beplankung unter Berücksichtigung der Tragfähigkeit der Verbindung und der Platten sowie des Beulens

$$f_{v,0,d} = \min \begin{Bmatrix} k_{v1} \cdot \dfrac{R_d}{a_v} \\ k_{v1} \cdot k_{v2} \cdot f_{v,d} \cdot t \\ k_{v1} \cdot k_{v2} \cdot f_{v,d} \cdot 35 \cdot \dfrac{t^2}{a_r} \end{Bmatrix} \tag{2}$$

mit

k_{v1} Beiwert zur Berücksichtigung der Anordnung und Verbindungsart der Platten

$k_{v1} = 1{,}0$ für Tafeln mit allseitig schubsteif verbundenen Plattenrändern

$k_{v1} = 0{,}66$ für Tafeln mit nicht allseitig schubsteif verbundenen Plattenrändern

k_{v2} Beiwert zur Berücksichtigung der Zusatzbeanspruchung

$k_{v2} = 0{,}33$ bei einseitiger Beplankung

$k_{v2} = 0{,}50$ bei beidseitiger Beplankung

R_d Bemessungswert der Tragfähigkeit eines Verbindungsmittels auf Abscheren

a_v Abstand der Verbindungsmittel untereinander

$f_{v,d}$ Bemessungswert der Schubfestigkeit der Beplankung

t Dicke der Beplankung

a_r Abstand der Rippen

Für den Nachweis einer in Holztafelbauweise errichteten aussteifenden Wandscheibe mit Holzfaserdämmplatten als aussteifender Beplankung nach DIN 1052:2008-12 sind somit die Schubfestigkeit von Holzfaserdämmplatten und die

Tragfähigkeit der Verbindung zwischen Holzfaserdämmplatten und Rippen erforderlich.

3.3 Tragfähigkeitsnachweis nach DIN EN 1995-1-1 (Eurocode 5)

Nach DIN EN 1995-1-1 sind Wandscheiben für horizontale und vertikale Einwirkungen zu bemessen. Ein mögliches Kippen oder Gleiten der Wand wird ausgeschlossen. Die Aussteifung der Wandscheibe kann durch Plattenwerkstoffe, Diagonalaussteifungen oder biegesteife Verbindungen erfolgen. Für die Erhaltung der Gebrauchstauglichkeit sind die Verformungen der Wandscheibe zu begrenzen. In die Bemessung der Wandscheibe gehen der Aufbau der Baustoffe sowie die Geometrie der Wand ein. Es werden zwei alternative vereinfachte Verfahren für den Nachweis von Wandscheiben angegeben.

Für die Anwendung des Verfahrens A ist die Randrippe unmittelbar mit der Unterkonstruktion zu verbinden. Ein konstanter Abstand der Verbindungsmittel zwischen der Beplankung und den Randrippen und eine Mindestbreite der Platten von einem Viertel der Tafelhöhe werden vorausgesetzt. Die Tragfähigkeit einer aus mehreren Wandtafeln zusammengesetzten Wandscheibe ist die Summe der Tragfähigkeiten der einzelnen Wandtafeln. Der Bemessungswert der Tragfähigkeit einer beidseitig beplankten Wandtafel darf als Summe der Bemessungswerte der Tragfähigkeit zweier einseitig beplankter Wandtafeln angesetzt werden, sofern die Beplankung und die Verbindung identisch sind. Bei unterschiedlichen Beplankungsmaterialien und Verbindungsmitteln dürfen in Abhängigkeit des Verschiebungsmoduls zwischen 50% und 75% der Tragfähigkeit der schwächeren Seite angesetzt werden. Das Beulen der Beplankung infolge der Schubbeanspruchung darf vernachlässigt werden, wenn der lichte Abstand zwischen den Pfosten kleiner ist als die 100-fache Beplankungsdicke. Der Bemessungswert der Tragfähigkeit einer Wandtafel wird nach Gleichung (3) berechnet.

$$F_{i,v,Rd} = \frac{F_{f,Rd} \cdot b_i \cdot c_i}{s} \qquad (3)$$

mit

$F_{f,Rd}$ Bemessungswert der Tragfähigkeit auf Abscheren eines einzelnen Verbindungsmittels

b_i Wandscheibenbreite

s Verbindungsmittelabstand

$$c_i = \begin{cases} 1 & \text{für} \quad b_i \geq b_0 \\ \dfrac{b_i}{b_0} & \text{für} \quad b_i < b_0 \end{cases} \qquad (4)$$

mit

$b_0 = h/2$

h Wandhöhe

Im Verfahren B wird die Gesamtwand in Einzelwände und Wandtafeln unterteilt. Die Scheibenbreite muss mindestens ein Viertel der Scheibenhöhe betragen. Die Wandtafeln sollen durch eine Verankerung mit der Unterkonstruktion oder durch ständige Einwirkungen gegen Kippen und Gleiten gesichert werden. Die Kopfrippen der einzelnen Wandtafeln sollen durchgehend verbunden werden. Die Tragfähigkeit einer Gesamtwand aus mehreren Einzelwänden ergibt sich aus der Summe der Tragfähigkeiten der einzelnen Wandscheiben. Der Bemessungswert der Tragfähigkeit einer Wand wird nach Gleichung (5) berechnet.

$$F_{i,v,Rd} = \frac{F_{f,Rd} \cdot b_i}{s_0} \cdot k_d \cdot k_{i,q} \cdot k_s \cdot k_n \quad (5)$$

mit

$F_{f,Rd}$ Bemessungswert der Tragfähigkeit eines einzelnen Verbindungsmittels auf Abscheren

b_i Wandlänge in m

s_0 Grundwert des Abstandes der Verbindungsmittel in m

k_d Dimensionsbeiwert für die Wand

$k_{i,q}$ Beiwert für die gleichmäßig verteilte Last für die Wand i

k_s Beiwert für den Abstand der Verbindungsmittel

k_n Beiwert für das Beplankungsmaterial

Der Grundwert des Abstandes der Verbindungsmittel und die weiteren Beiwerte werden nach den Gleichungen (6) bis (11) berechnet.

$$s_0 = \frac{9{,}7 \cdot d}{\rho_k} \quad (6)$$

mit

d Durchmesser des Verbindungsmittels in mm

ρ_k charakteristische Rohdichte des Holzrahmens in kg/m^3

$$k_d = \begin{cases} \frac{b_i}{h} & \text{für} \quad \frac{b_i}{h} \leq 1{,}0 \\ \left(\frac{b_i}{h}\right)^{0{,}4} & \text{für} \quad \frac{b_i}{h} > 1{,}0 \quad \text{und} \quad b_i \leq 4{,}8 \text{ m} \\ \left(\frac{4{,}8}{h}\right)^{0{,}4} & \text{für} \quad \frac{b_i}{h} > 1{,}0 \quad \text{und} \quad b_i > 4{,}8 \text{ m} \end{cases} \tag{7}$$

mit

h Wandhöhe

$$k_{i,q} = 1 + \left(0{,}083 \cdot q_i - 0{,}0008 \cdot q_i^2\right) \cdot \left(\frac{2{,}4}{b_i}\right)^{0{,}4} \tag{8}$$

mit

q_i äquivalente, gleichmäßig verteilte Vertikallast auf der Wand in kN/m

$$k_s = \frac{1}{0{,}86 \frac{s}{s_0} + 0{,}57} \tag{9}$$

mit

s Abstand der Verbindungsmittel

$$k_n = \begin{cases} 1{,}0 & \text{für eine einseitige Beplankung} \\ \frac{F_{i,v,Rd,max} + 0{,}5 \cdot F_{i,v,Rd,min}}{F_{i,v,Rd,max}} & \text{für eine beidseitige Beplankung} \end{cases} \tag{10}$$

mit

$F_{i,v,Rd,max}$ Wandscheibentragfähigkeit der stärkeren Beplankung

$F_{i,v,Rd,min}$ Wandscheibentragfähigkeit der schwächeren Beplankung

$$q_i = \frac{2 \cdot a \cdot F_{i,vert,Ed}}{b_i^2} \tag{11}$$

mit

a horizontaler Abstand der Kraft F von der windabgewandten Ecke der Wand

b Breite der Wand

Für den Nachweis einer in Holztafelbauweise errichteten aussteifenden Wandscheibe mit Holzfaserdämmplatten als tragender Beplankung nach DIN EN 1995-1-1 ist wie auch für den Nachweis nach DIN 1052:2008-12 die Tragfähigkeit der Verbindung zwischen Holzfaserdämmplatten und Rippen erforderlich. Die Schubfestigkeit der Beplankung ist für den Nachweis allerdings nicht erforderlich.

3.4 Gebrauchstauglichkeitsnachweis von Holztafeln

Neben dem Nachweis der Tragfähigkeit der Holztafel unter der horizontalen Beanspruchung muss der Nachweis der Tragfähigkeit der Holztafel unter der vertikalen Scheibenbeanspruchung geführt werden. Ein Nachweis nach Theorie II. Ordnung darf hierbei entfallen, wenn die horizontale Verformung der aussteifenden Bauteile im Grenzzustand der Tragfähigkeit den Grenzwert $h/100$ nicht überschreitet. Für die Steifigkeitskennwerte und den Verschiebungsmodul der Verbindung sind die durch den Teilsicherheitsbeiwert dividierten Werte zu verwenden.

Weiterhin wird in DIN 1052:2008-12 die Verformung der Wandscheibe unter einer horizontalen Belastung begrenzt. Im Grenzzustand der Gebrauchstauglichkeit ist als Grenzwert in der charakteristischen (seltenen) Bemessungssituation der Grenzwert $h/150$ einzuhalten. Hierbei werden die Mittelwerte der Steifigkeitskennwerte verwendet.

Die Verformung einer Wandtafel unter einer horizontalen Beanspruchung kann nach Blaß et al. (2005) berechnet werden. In die Berechnung der Verformung gehen die Steifigkeiten der Verbindung, der Beplankung und der Rippen ein. Neben der Verformung in Abhängigkeit von der Steifigkeit der Rippen in Längsrichtung geht die Verformung infolge von Querdruck in die Berechnung ein.

Der Verformungsanteil durch die Beanspruchung der Verbindungsmittel kann nach Gleichung (12) berechnet werden.

$$u_{\mathrm{K,inst}} = (2 \cdot \ell + 2 \cdot h) \cdot \frac{a_{\mathrm{v}}}{K_{\mathrm{ser}} \cdot \ell^2} \cdot F = \frac{1}{K_{\mathrm{K}}} \cdot F \tag{12}$$

mit

F horizontale Einwirkung in Tafelebene

ℓ Länge der Wandtafel

h Höhe der Wandtafel

a_v Abstand der Verbindungsmittel

K_{ser} Verschiebungsmodul der Verbindungsmittel

Der Verformungsanteil aus der Schubbeanspruchung der Beplankung wird nach Gleichung (13) berechnet.

$$u_{G,inst} = \frac{F}{G \cdot t} \cdot \frac{h}{\ell} = \frac{1}{K_G} \cdot F \tag{13}$$

mit

G Schubmodul der Beplankung

t Dicke der Beplankung

Der Verformungsanteil aus der Normalkraftbeanspruchung der Randrippen wird nach Gleichung (14) berechnet.

$$u_{E,inst} = \frac{2}{3} \frac{F}{E_0 A} (\ell + \frac{h^2}{\ell^2} \cdot h) = \frac{1}{K_E} \cdot F \tag{14}$$

mit

E_0 Elastizitätsmodul der Rippen

A Querschnittsfläche der Rippen

Der Verformungsanteil der Wandtafel aus Querdruck wird nach Gleichung (15) berechnet.

$$u_{v,inst} = v_{90} \cdot \frac{h}{\ell} \cdot \frac{\sigma_{c,90,k}}{1{,}2 \cdot k_{c,90} \cdot f_{c,90,k} \cdot k_{mod}} = v_{90} \cdot \frac{h^2}{\ell^2} \cdot \frac{F}{1{,}2 \cdot A_{ef} \cdot k_{c,90} \cdot f_{c,90,k} \cdot k_{mod}} = \frac{1}{K_v} \cdot F \tag{15}$$

mit

v_{90} Querdruckverformung

$\sigma_{c,90,k}$ Querdruckspannung

A_{ef} wirksame Querdruckfläche

$k_{c,90}$ Querdruckbeiwert

$f_{c,90,k}$ charakteristische Querdruckfestigkeit

k_{mod} Modifikationsbeiwert

Für die Querdruckverformung v_{90} darf bei voller Auslastung der Kontaktfläche v_{90} = 1 mm angenommen werden.

Die Gesamtverformung der Tafel ist die Summe der Einzelanteile nach Gleichung (16).

$$u_{ges} = u_{K,inst} + u_{G,inst} + u_{E,inst} + u_{v,inst} = \frac{1}{K_K}F + \frac{1}{K_G}F + \frac{1}{K_E}F + \frac{1}{K_v}F = \frac{1}{K_{ges}}F \tag{16}$$

Damit kann die Gesamtsteifigkeit der Tafel nach Gleichung (17) formuliert werden.

$$\frac{1}{K_{ges}} = \frac{1}{K_K} + \frac{1}{K_G} + \frac{1}{K_E} + \frac{1}{K_v} \tag{17}$$

mit

$$K_K = \frac{K_{ser}}{a_v} \cdot \frac{\ell^2}{(2 \cdot \ell + 2 \cdot h)} \qquad K_E = \frac{3 \cdot E_0 \cdot A}{2 \cdot \left(\ell + \frac{h^2}{\ell^2} \cdot h \right)}$$

$$K_G = G \cdot t \cdot \frac{\ell}{h} \qquad K_v = \frac{1{,}2 \cdot A_{ef} \cdot k_{c,90} \cdot f_{c,90,k} \cdot k_{mod} \cdot \ell^2}{v_{90} \cdot h^2}$$

Für den Nachweis der Gebrauchstauglichkeit einer in Holztafelbauweise errichteten, aussteifenden Wandscheibe mit Holzfaserdämmplatten als tragender Beplankung sind der Schubmodul von Holzfaserdämmplatten und der Verschiebungsmodul der Verbindung zwischen Holzfaserdämmplatten und Rippen erforderlich.

4 Tragfähigkeit von Verbindungen zwischen Holzfaserdämmplatten und Holz

4.1 Allgemeines

In Abschnitt 3 wurden die Tragfähigkeitsnachweise von Holztafeln nach DIN 1052: 2008-12 und DIN EN 1995-1-1 vorgestellt. Das Erreichen der Tragfähigkeit der Verbindung zwischen der Rippe und der Beplankung ist im Nachweisverfahren nach DIN 1052:2008-12 einer von drei berücksichtigten Versagensmechanismen und im Nachweisverfahren nach DIN EN 1995-1-1 der maßgebende Versagensmechanismus.

Die Verbindung von Holzfaserdämmplatten mit der Holzunterkonstruktion ist mit unterschiedlichen stiftförmigen Verbindungsmitteln möglich. In Wänden können Wärmedämmverbundplatten mit Breitrückenklammern oder mit speziellen Schrauben mit Haltetellern direkt auf den Rippen befestigt werden. Die spezielle Schraube ist eine Teilgewindeschraube mit einem Plastikteller als Unterlegscheibe und wird mit dem Plastikteller direkt in die Holzfaserdämmplatte eingedreht. Der breitere Rücken bzw. der Plastikteller erhöht die Rücken- bzw. Kopfdurchziehtragfähigkeit des Verbindungsmittels in der Holzfaserdämmplatte. Die direkte Verbindung wird hauptsächlich bei der Befestigung von Wärmedämmverbundplatten ausgeführt. In Bild 4-1 sind eine Breitrückenklammer und zwei Schrauben mit Haltetellern zu sehen.

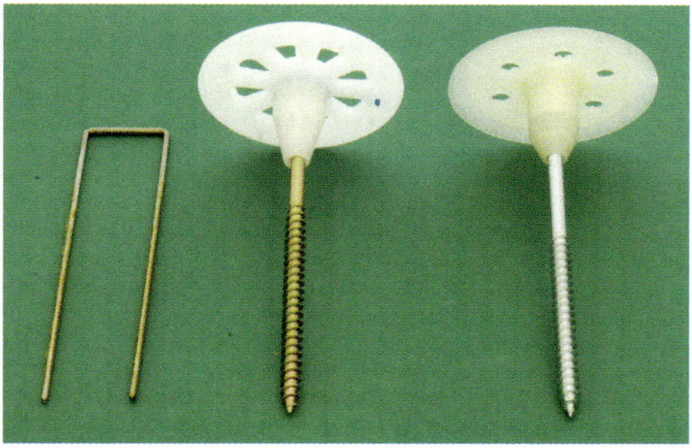

Bild 4-1 Mögliche Verbindungsmittel zur direkten Befestigung von Holzfaserdämmplatten auf der Holzunterkonstruktion

In Dächern und hinterlüfteten Fassaden werden Klammern, Nägel oder Schrauben durch die Konterlatte und die Unterdeckplatte in die Holzunterkonstruktion eingebracht. Die Konterlatte wirkt sich günstig auf das Tragverhalten aus und kann in der Berechnung der Tragfähigkeit des Verbindungsmittels berücksichtigt werden. In

Aufsparrendämmsystemen werden zwischen Holzunterkonstruktion und Unterdeckplatte weitere Schichten als einlagige oder zweilagige Zwischensparrendämmung eingebracht. Das Verbindungsmittel wird dann durch Konterlatte, Unterdeckplatte und die weiteren Holzfaserdämmplatten hindurch in die Holzunterkonstruktion eingebracht. Hierfür werden bislang selbstbohrende Holzschrauben verwendet. Der Einfluss der einlagigen oder zweilagigen Zwischenschicht auf die Tragfähigkeit des Verbindungsmittels ist neben dem Einfluss der Konterlatte bei der Berechnung der Tragfähigkeit zu berücksichtigen.

4.2 Verbindungen mit Breitrückenklammern und Schrauben mit Haltetellern

Die Tragfähigkeit auf Abscheren einer Verbindung zwischen Holzfaserdämmplatten und Holz mit direkt in die Holzfaserdämmplatte eingebrachten stiftförmigen Verbindungsmitteln kann nach der Theorie von Johansen (1949) für eine einschnittige Holz-Holzwerkstoff-Verbindung berechnet werden. Die Parameter in der Berechnung sind die Geometrie der Verbindung (Dicken der verbundenen Bauteile und Durchmesser des Verbindungsmittels), das Fließmoment des Verbindungsmittels und die Lochleibungsfestigkeiten der verbundenen Bauteile. Die Tragfähigkeit ist der kleinste Wert aus sechs möglichen Versagensmechanismen.

4.3 Verbindungen mit Nägeln, Klammern und Schrauben

Während Breitrückenklammern oder Schrauben mit Haltetellern für eine direkte Befestigung der Holzfaserdämmplatten auf den Rippen verwendet werden können, werden Nägel, Klammern und Schrauben durch eine Konterlatte hindurch eingebracht. Die dann außen liegende Konterlatte hat einen Einfluss auf zwei der sechs möglichen Versagensmechanismen und erhöht die Tragfähigkeit der Verbindung, sofern einer der beiden Versagensmechanismen maßgebend wird, auch wenn die Kraft von der Rippe in die Beplankung übertragen wird. Die Berechnung der Tragfähigkeit unter Berücksichtigung der Konterlatte erfordert eine Erweiterung der Gleichungen nach Johansen (1949). Eine Erweiterung der Gleichungen nach Johansen wurde seit deren Veröffentlichung u. a. für verstärkte Verbindungen (Blaß und Werner (1988b) sowie Bejtka (2005)), für Verbindungen mit Zwischenschichten (Blaß und Laskewitz (2000)) sowie für inhomogene Bauteilaufbauten (Blaß und Uibel (2007)) durchgeführt.

Die möglichen Versagensmechanismen der Verbindung unter Berücksichtigung der Konterlatte sind in Bild 4-2 dargestellt. In den Versagensmechanismen 1b, 2a und 3 nach Johansen wird die Konterlatte nicht beansprucht. Für diese Fälle kann die Tragfähigkeit direkt nach der Theorie von Johansen (1949) berechnet werden. In den Versagensmechanismen 1a und 2b wird die Lochleibungsfestigkeit in der Konterlatte erreicht. Für die Berechnung der Tragfähigkeit dieser beiden Versagensmechanismen müssen die Gleichungen 1a und 2b erweitert werden. Für die Herleitung der

Tragfähigkeit werden die Dicke und die Lochleibungsfestigkeit der Konterlatte als weitere Parameter in die Berechnung eingeführt. Damit können das Kräfte- und das Momentengleichgewicht aufgestellt und die Tragfähigkeit hergeleitet werden. Die Ergebnisse sind in Gleichung (18) für die Erweiterung der Gleichung 1a und in Gleichung (19) für die Erweiterung der Gleichung 2b angegeben.

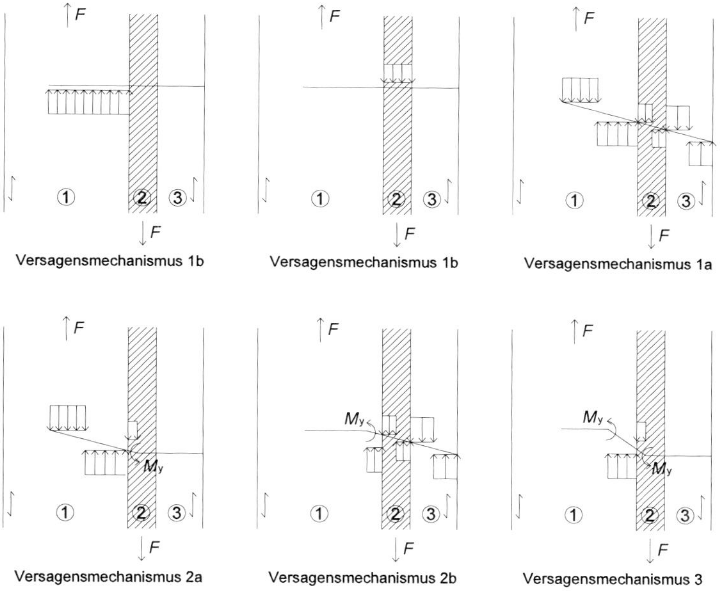

Bild 4-2 Mögliche Versagensmechanismen unter Berücksichtigung der Konterlatte

$$R = \frac{f_{h,1} \cdot t_1 \cdot d}{1+\beta_2} \left[\sqrt{\beta_2 + 2\beta_2^2 \left[1 + \left(\frac{t_2}{t_1} \right) + \left(\frac{t_2}{t_1} \right)^2 \right] + \beta_2^3 \left(\frac{t_2}{t_1} \right) + \beta_2 \cdot \beta_3 \left(\beta_2 + 1 \right) \left(\frac{t_3}{t_1} \right)^2} - \beta_2 \left(1 + \frac{t_2}{t_1} \right) \right] \tag{18}$$

$$R = \frac{f_{h,1} \cdot t_1 \cdot d}{2+\beta_2} \left[\sqrt{2\beta_2 \left(1+\beta_2 \right) + \frac{4\beta_2 \left(2+\beta_2 \right) M_y}{f_{h,1} \cdot d \cdot t_1^2} + \beta_2 \cdot \beta_3 \left(\beta_2 + 2 \right) \left(\frac{t_3}{t_1} \right)^2} - \beta_2 \right] \tag{19}$$

mit

$$\beta_2 = \frac{f_{h,2}}{f_{h,1}} \qquad \beta_3 = \frac{f_{h,3}}{f_{h,1}}$$

$f_{h,3}$ Lochleibungsfestigkeit der Konterlatte

t_3 Dicke der Konterlatte

4.4 Verbindungen mit Schrauben in Aufsparrendämmsystemen

In Aufsparrendämmsystemen werden zusätzlich eine oder zwei Dämmplatten zwischen den Sparren und den Unterdeckplatten angeordnet. Das Verbindungsmittel wird durch Konterlatte, Unterdeckplatte und Dämmplatten hindurch in die Rippen eingebracht. Als Verbindungsmittel werden Teilgewindeschrauben oder Schrauben mit Doppelgewinde verwendet. Für die Ermittlung der Tragfähigkeit muss der Einfluss der Zwischenschicht berücksichtigt werden. Die Tragfähigkeit des Verbindungsmittels kann durch die Berücksichtigung der außen liegenden Konterlatte erhöht werden, falls einer der entsprechenden Fälle maßgebend wird.

In Blaß und Laskewitz (2000) wurden Gleichungen für Verbindungen mit Zwischenschichten hergeleitet. Es wurde zwischen einer verschieblichen und einer unverschieblichen Zwischenschicht unterschieden. Die Tragfähigkeit eines Verbindungsmittels in einem Aufsparrendämmsystem kann nach den Gleichungen für eine verschiebliche Zwischenschicht berechnet werden, da die Dämmplatten nicht durch weitere Verbindungsmittel befestigt werden. Die Verteilung der Lochleibungsbeanspruchung in der Verbindung ist in Bild 4-3 für die beiden Versagensmechanismen mit einem Einfluss der Konterlatte auf die Tragfähigkeit dargestellt. Die Tragfähigkeit der erweiterten Fälle kann nach den Gleichungen (20) und (21) berechnet werden.

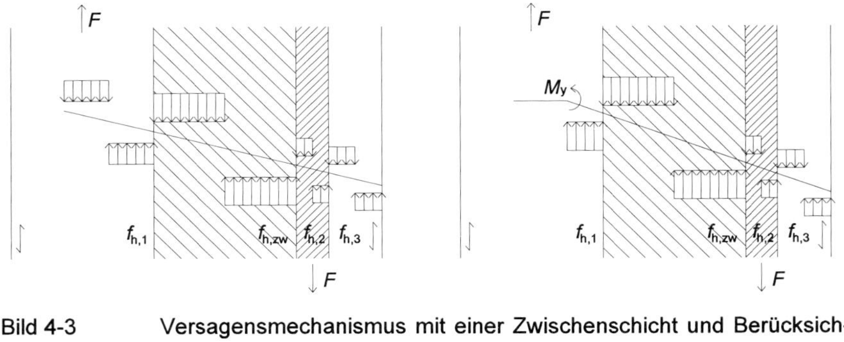

Bild 4-3 Versagensmechanismus mit einer Zwischenschicht und Berücksichtigung der Konterlatte

$$R = \frac{f_{h,1} \cdot d \cdot \beta_2}{1+\beta_2}\left[-2t_{zw} - t_1 - t_2 + \sqrt{\begin{array}{l} t_{zw}^2\left(4+\delta+\dfrac{\delta}{\beta_2}\right)+t_1^2\left(2+\dfrac{1}{\beta_2}\right)+t_2^2\left(2+\beta_2\right) \\ +t_3^2\cdot\beta_3\left(1+\dfrac{1}{\beta_2}\right)+4t_{zw}\cdot t_1+4t_{zw}\cdot t_2+2t_1\cdot t_2 \end{array}}\right] \tag{20}$$

$$R = \frac{f_{h,1} \cdot \beta_2 \cdot d}{\beta_2+\dfrac{1}{2}}\left[-t_{zw} - \frac{t_2}{2} + \sqrt{\begin{array}{l} t_{zw}^2\left(1+\dfrac{\delta}{4\beta_2}+\dfrac{\delta}{2}\right)+t_2^2\left(\dfrac{1}{2}+\dfrac{\beta_2}{2}\right)+t_3^2\cdot\beta_3\left(\dfrac{1}{2}+\dfrac{1}{4\beta_2}\right) \\ +t_{zw}\cdot t_2+\dfrac{2M_y}{f_{h,1}\cdot d}+\dfrac{M_y}{f_{h,1}\cdot d\cdot\beta_2} \end{array}}\right] \tag{21}$$

mit

t_{zw} Dicke der Zwischenschicht

$f_{h,zw}$ Lochleibungsfestigkeit der Zwischenschicht

$\delta = \dfrac{f_{h,zw}}{f_{h,1}}$ $\quad\beta_2 = \dfrac{f_{h,2}}{f_{h,1}}$ $\quad\beta_3 = \dfrac{f_{h,3}}{f_{h,1}}$

Für Aufsparrendämmsysteme mit zwei Dämmschichten werden die grundlegenden Gleichungen unter Berücksichtigung von zwei Zwischenschichten hergeleitet. Für die entsprechenden Fälle kann dann zusätzlich der Einfluss der Konterlatte berücksichtigt und die Tragfähigkeit erhöht werden. Die Verteilung der Lochleibungsbeanspruchung in einer Verbindung mit einer Konterlatte ist in Bild 4-4 bis Bild 4-6 für die sechs möglichen Versagensmechanismen dargestellt. Die Tragfähigkeiten für reines Lochleibungsversagen in einem der verbundenen Bauteile entsprechen den zugehörigen Gleichungen nach Johansen. Die Tragfähigkeit der weiteren Fälle kann nach den Gleichungen (22) bis (25) berechnet werden.

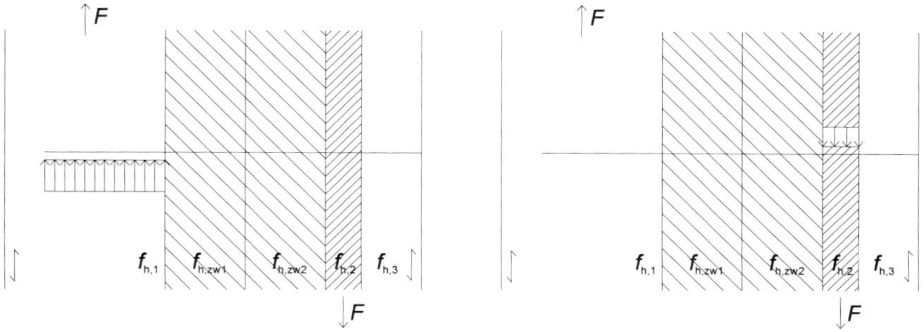

Bild 4-4 Versagensmechanismus 1b mit zwei Zwischenschichten und Berücksichtigung der Konterlatte

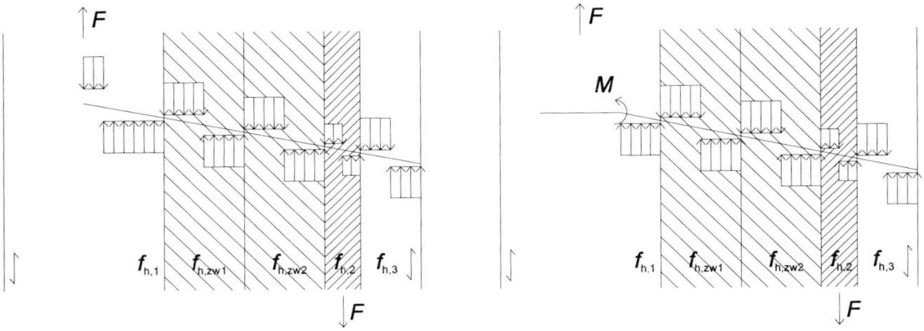

Bild 4-5 Versagensmechanismen 1a und 2b mit zwei Zwischenschichten und Berücksichtigung der Konterlatte

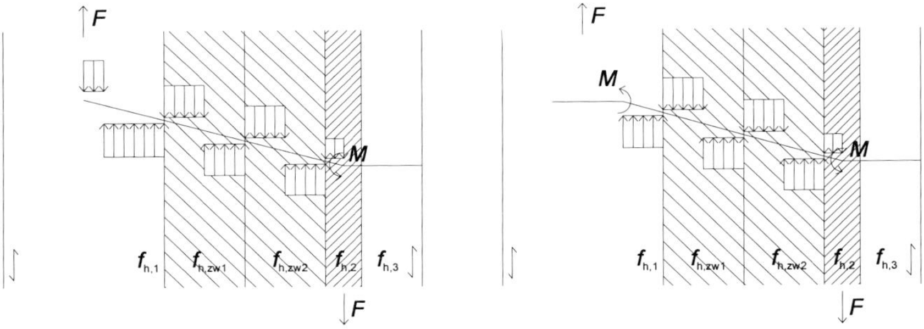

Bild 4-6 Versagensmechanismen 2a und 3 mit zwei Zwischenschichten und Berücksichtigung der Konterlatte

$$R = \frac{f_{h,1} \cdot d \cdot \beta_2}{1+\beta_2} \left[-2t_{zw1} - 2t_{zw2} - t_1 - t_2 + \sqrt{ \begin{aligned} & t_{zw1}^2 \left(4 + \frac{\delta_1}{\beta_2} + \delta_1\right) + t_{zw2}^2 \left(4 + \frac{\delta_2}{\beta_2} + \delta_2\right) + t_1^2 \left(2 + \frac{1}{\beta_2}\right) + t_2^2 (2+\beta_2) \\ & + t_3^2 \cdot \beta_3 \left(1 + \frac{1}{\beta_2}\right) + 8t_{zw1} \cdot t_{zw2} + t_{zw1}(4t_1 + 4t_2) + t_{zw2}(4t_1 + 4t_2) + 2t_1 \cdot t_2 \end{aligned} } \right] \quad (22)$$

$$R = \frac{f_{h,1} \cdot d \cdot \beta_2}{\frac{1}{2}+\beta_2} \left[-t_{zw1} - t_{zw2} - \frac{t_2}{2} + \sqrt{ \begin{aligned} & t_{zw1}^2 \left(1 + \frac{\delta_1}{2} + \frac{\delta_1}{4\beta_2}\right) + t_{zw2}^2 \left(1 + \frac{\delta_2}{2} + \frac{\delta_2}{4\beta_2}\right) + t_2^2 \left(\frac{1}{2} + \frac{\beta_2}{2}\right) \\ & + t_3^2 \cdot \beta_3 \left(\frac{1}{4\beta_2} + \frac{1}{2}\right) + 2t_{zw1} \cdot t_{zw2} + t_2 (t_{zw1} + t_{zw2}) + \frac{2M_y}{f_{h,1} \cdot d} + \frac{M_y}{f_{h,1} \cdot d \cdot \beta_2} \end{aligned} } \right] \quad (23)$$

$$R = \frac{f_{h,1} \cdot d \cdot \beta_2}{\beta_2 + 2} \left[\begin{array}{l} -2t_{zw1} - 2t_{zw2} - t_1 \\ + \sqrt{ \begin{array}{l} t_{zw1}^2 \left(4 + \delta_2 + \frac{2\delta_2}{\beta_2} \right) + t_{zw2}^2 \left(4 + \delta_1 + \frac{2\delta_1}{\beta_2} \right) + 4t_{zw1} \cdot t_1 + 4t_{zw2} \cdot t_1 \\ + 8t_{zw1} \cdot t_{zw2} + t_1^2 \left(2 + \frac{2}{\beta_2} \right) + \frac{4M_y}{f_{h,1} \cdot d} + \frac{8M_y}{\beta_2 \cdot f_{h,1} \cdot d} \end{array} } \end{array} \right] \tag{24}$$

$$R = \frac{f_{h,1} \cdot d \cdot \beta_2}{\beta_2 + 1} \left[\begin{array}{l} -t_{zw1} - t_{zw2} \\ + \sqrt{ t_{zw1}^2 \left(1 + \frac{\delta_1}{2} + \frac{\delta_1}{2\beta_2} \right) + t_{zw2}^2 \left(1 + \frac{\delta_2}{2} + \frac{\delta_2}{2\beta_2} \right) + 2t_{zw1} \cdot t_{zw2} + \frac{4M_y}{f_{h,1} \cdot d} + \frac{4M_y}{f_{h,1} \cdot d \cdot \beta_2} } \end{array} \right] \tag{25}$$

Mit

$$\delta_1 = \frac{f_{h,zw1}}{f_{h,1}} \qquad \delta_2 = \frac{f_{h,zw2}}{f_{h,1}} \qquad \beta_2 = \frac{f_{h,2}}{f_{h,1}} \qquad \beta_3 = \frac{f_{h,3}}{f_{h,1}}$$

t_{zw1}	Dicke der ersten Zwischenschicht
t_{zw2}	Dicke der zweiten Zwischenschicht
$f_{h,zw1}$	Lochleibungsfestigkeit der ersten Zwischenschicht
$f_{h,zw2}$	Lochleibungsfestigkeit der zweiten Zwischenschicht

4.5 Seileffekt in Verbindungen zwischen Holzfaserdämmplatten und Holz

Die Tragfähigkeit von Verbindungen zwischen Holzfaserdämmplatten und Holz kann nach den Gleichungen der Theorie von Johansen (1949) und den vorgestellten erweiterten Gleichungen berechnet werden. Die Parameter für die Berechnung der Tragfähigkeit einer Verbindung sind die Geometrie der Verbindung (Dicken der verbundenen Bauteile und Durchmesser des Verbindungsmittels), das Fließmoment des Verbindungsmittels und die Lochleibungsfestigkeiten der verbundenen Bauteile.

Versuche mit Verbindungen haben gezeigt, dass die Tragfähigkeit im Versuch durch die reine Tragfähigkeit auf Abscheren nach den Abschnitten 4.2 bis 4.4 unterschätzt wird. Diese Beobachtung kann mit einem zusätzlichen Tragfähigkeitsanteil durch die axiale Tragfähigkeit des Verbindungsmittels, dem Seileffekt, erklärt werden: Hierbei kommt es zu einer axialen Beanspruchung in Richtung der Stiftachse. Die im Verbindungsmittel wirkende axiale Kraft wirkt auch in der Fuge zwischen den Bauteilen und erhöht durch die Reibung zwischen diesen die Tragfähigkeit des Verbindungsmittels. Voraussetzung für den Seileffekt ist die Tragfähigkeit des Verbindungsmittels in Richtung der Achse des stiftförmigen Verbindungsmittels. Die Tragfähigkeit in Richtung der Achse des stiftförmigen Verbindungsmittels wird durch die Ausziehtragfähigkeit des Verbindungsmittels im Bauteil mit der Spitze sowie durch die Durchziehtragfähigkeit im Bauteil mit dem Rücken bzw. Kopf begrenzt.

Im Nachweis der Tragfähigkeit von Verbindungsmitteln nach DIN 1052:2008-12 darf der Anteil durch den Seileffekt berücksichtigt werden, sofern das Verbindungsmittel axial beansprucht werden kann. Die Gesamttragfähigkeit setzt sich dann aus der Tragfähigkeit auf Abscheren (s. Abschnitte 4.2 bis 4.4) und dem Anteil in Abhängigkeit von der axialen Tragfähigkeit zusammen. Der rechnerisch ansetzbare Anteil ΔR_k nach Gleichung (26) ist vom Typ des Verbindungsmittels, von der Tragfähigkeit des Verbindungsmittels auf Abscheren und von der Tragfähigkeit des Verbindungsmittels in Richtung der Stiftachse abhängig.

$$\Delta R_k = \min\left\{k_{ax} \cdot R_k ; 0{,}25 \cdot R_{ax,k}\right\} \quad (26)$$

mit

k_{ax}	Koeffizient in Abhängigkeit vom Verbindungsmitteltyp (für Passbolzen: 0,25; für Nägel der TFK III: 0,5 und für Holzschrauben: 1,0)
R_k	charakteristische Tragfähigkeit des Verbindungsmittels auf Abscheren
$R_{ax,k}$	charakteristische Tragfähigkeit des Verbindungsmittels in Richtung der Stiftachse

Der Koeffizient k_{ax} ist vom Verbindungsmitteltyp abhängig und beträgt für Passbolzen k_{ax} = 0,25, für Nägel der Tragfähigkeitsklasse 3 k_{ax} = 0,5 und für Holzschrauben k_{ax} = 1. Die Tragfähigkeit des Verbindungsmittels in Richtung der Stiftachse wird durch die Ausziehtragfähigkeit oder die Durchziehtragfähigkeit begrenzt und kann nach Gleichung (27) berechnet werden.

$$R_{ax,k} = \min\left\{f_{1,k} \cdot d \cdot \ell_{ef} ; f_{2,k} \cdot d_k^{\,2}\right\} \quad (27)$$

mit

$f_{1,k}$	charakteristischer Wert des Ausziehparameters
$f_{2,k}$	charakteristischer Wert des Kopfdurchziehparameters
d	Nenndurchmesser des Verbindungsmittels
d_k	Kopfdurchmesser des Verbindungsmittels
ℓ_{ef}	wirksame Länge im Bauteil mit der Spitze

Die Ausziehtragfähigkeit von Klammern darf nach DIN 1052:2008-12 entsprechend der Ausziehtragfähigkeit von Sondernägeln der Tragfähigkeitsklasse 2 angenommen werden. Da nur für Nägel der Tragfähigkeitsklasse 3 eine Erhöhung der Tragfähigkeit vorgenommen werden darf, darf die Tragfähigkeit von Verbindungen mit Breitrückenklammern nicht erhöht werden. In Vorversuchen wurde jedoch beobachtet, dass die Tragfähigkeit von Holz-HFDP-Verbindungen unterschätzt wird, wenn ausschließlich die Tragfähigkeit auf Abscheren zur Berechnung der Vorhersagewerte der Tragfähigkeit herangezogen wird.

Für die Berechnung von Holz-HFDP-Verbindungen ist somit die Lochleibungsfestigkeit von Holzfaserdämmplatten erforderlich, die bislang nicht systematisch ermittelt wurde. Für die Berücksichtigung der Tragfähigkeitssteigerung durch den Seileffekt wird die Kopf- bzw. Rückendurchziehtragfähigkeit von stiftförmigen Verbindungsmitteln in Holzfaserdämmplatten benötigt.

5 Lochleibungsfestigkeit

5.1 Allgemeines und Kenntnisstand

Die Verbindung zwischen Holzfaserdämmplatten und der Holzunterkonstruktion mit stiftförmigen Verbindungsmitteln wurde in Abschnitt 4 für unterschiedliche Wand- und Dachaufbauten vorgestellt und die Berechnung der Tragfähigkeit erläutert bzw. hergeleitet. In Wänden werden Klammern oder Schrauben mit Haltetellern eingesetzt, die direkt in die Holzfaserdämmplatte eingebracht werden. In Dächern werden Nägel und Schrauben durch die Konterlatte und die Holzfaserdämmplatte in den Sparren eingebracht. Die Eigenschaften der verwendeten stiftförmigen Verbindungsmittel werden in der Berechnung der Tragfähigkeit berücksichtigt.

Die Tragfähigkeit des Verbindungsmittels ist abhängig von der Geometrie der Verbindung (Bauteildicken und Durchmesser des Verbindungsmittels), vom Fließmoment des Verbindungsmittels und von den Lochleibungsfestigkeiten der verbundenen Bauteile. Die Lochleibungsfestigkeiten der verbundenen Bauteile sind daher maßgebende Parameter für die Berechnung der Tragfähigkeit des Verbindungsmittels. Möhler et al. (1978) definierten die Lochleibungsfestigkeit als „... der maximale Widerstand der Lochwandung gegen das Eindrücken eines zylindrischen Körpers.“ In der Versuchsauswertung wird die Lochleibungsfestigkeit dann allerdings aus einer gleichmäßigen Verteilung der Höchstlast auf die projizierte, beanspruchte Lochwandung berechnet.

Lochleibungsfestigkeiten wurden in der Vergangenheit für verschiedene stiftförmige Verbindungsmittel in unterschiedlichen Holzarten und Holzwerkstoffen untersucht. Möhler et al. (1978) bestimmten die Lochleibungsfestigkeit und das Kraft-Eindrückungsverhalten von Holzspanplatten. Die Lochleibungsfestigkeit von Nägeln und Bolzen in Laub- und Nadelholz sowie in verschiedenen Holzwerkstoffen wurde von Whale und Smith (1986a, 1986b) ermittelt und sind in Whale et al. (1987) zusammengefasst. Blaß und Werner (1988a) ermittelten die Lochleibungsfestigkeit von Stabdübeln in Furnierschichtholz aus Fichte. Ehlbeck und Werner (1992) bestimmten die Lochleibungsfestigkeit von Stabdübeln in verschiedenen Laubholzarten. Bejtka (2005) untersuchte die Lochleibungsfestigkeit von selbstbohrenden Holzschrauben in Vollholz. Blaß und Uibel (2007) bestimmten die Lochleibungsfestigkeiten von stiftförmigen Verbindungsmitteln in Brettsperrholz. Sandau-Wietfeldt (2008) führte Versuche zur Bestimmung der Lochleibungsfestigkeit von stiftförmigen Verbindungsmitteln in Hartfaserplatten durch.

Die Lochleibungsfestigkeit von Holz und Holzwerkstoffen ist vorwiegend vom Durchmesser des Verbindungsmittels und von der Rohdichte des Holzwerkstoffs abhängig. Weitere Parameter mit einem Einfluss auf die Lochleibungsfestigkeit sind der Feuchtegehalt des Holzwerkstoffs und die Rauheit des Verbindungsmittels. Die Lochleibungsfestigkeit von Holzfaserdämmplatten, die für die Berechnung von Holz-HFDP-Verbindungen erforderlich ist, wurde bislang nicht systematisch untersucht. Im Rahmen dieser Arbeit wurde die Lochleibungsfestigkeit von Nägeln und Schrauben in unterschiedlichen Holzfaserdämmplatten und für unterschiedliche Klimatisierungen ermittelt.

5.2 Lochleibungsfestigkeit von Nägeln in Holzfaserdämmplatten

Für die Ermittlung der Lochleibungsfestigkeit von Nägeln in Holzfaserdämmplatten wurden Versuche in Anlehnung an DIN EN 383:1993 durchgeführt. In Bild 5-1 sind eine Skizze und ein Bild des Versuchsaufbaus zu sehen. Unterhalb des Nagels wird ein Stahlstift fest im Versuchskörper verankert. Der Versuchskörper wird auf den herausragenden Nagelenden gelagert und zentrisch vertikal belastet. Der Stahlstift verschiebt sich während des Versuchs zusammen mit der Holzwerkstoffprobe relativ zum Nagel in Richtung der Belastung. Die relative Verschiebung zwischen dem Nagel und dem Stahlstift wird auf beiden Seiten mit induktiven Wegaufnehmern gemessen und in der Versuchsauswertung gemittelt. Die Lochleibungsfestigkeit wird aus der maximalen Last in Abhängigkeit vom Nenndurchmesser des stiftförmigen Verbindungsmittels und von der Nenndicke der Holzfaserdämmplatte bestimmt. In Vorversuchen wurde die Anwendung des Prüfverfahrens in Anlehnung an DIN EN 383:1993 untersucht. Dabei konnte kein Einfluss des Winkels α zwischen Kraft- und Plattenlängsrichtung auf die Lochleibungsfestigkeit festgestellt werden. Die Ergebnisse der Vorversuche sind in Blaß und Gebhardt (2007) zusammengestellt.

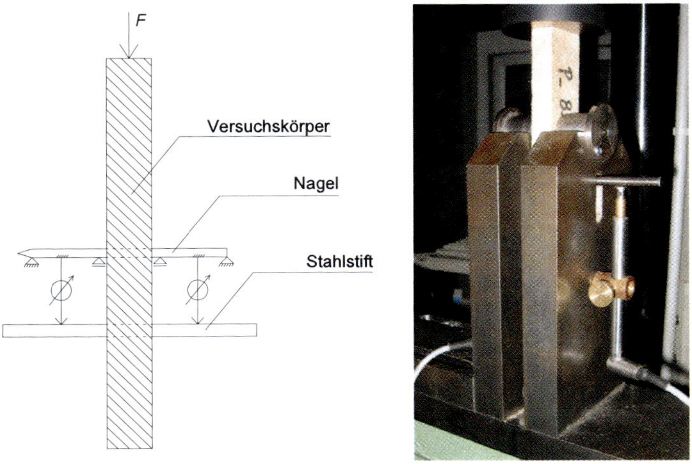

Bild 5-1 Versuchsaufbau und Versuchsdurchführung

In weiteren 608 Versuchen wurden je Platte, Plattendicke und Nageldurchmesser fünf bis zehn Versuche zur Ermittlung der Lochleibungsfestigkeit von Nägeln in Holzfaserdämmplatten durchgeführt. Es wurden fünf Nageldurchmesser zwischen 3,1 und 5 mm berücksichtigt. Die Versuchskörper wurden bis zur Versuchsdurchführung im Normalklima (20°C / 65% relative Luftfeuchte) gelagert. In Versuchen mit Holzfaserdämmplatten mit gleichzeitig hoher Rohdichte und hoher Plattendicke wurde eine Durchbiegung des Verbindungsmittels beobachtet. In diesen Versuchsreihen wurden keine weiteren Versuche durchgeführt. Die Ergebnisse der Versuche sind in Blaß und Gebhardt (2008) zusammengestellt.

In Bild 5-2 sind die Werte der Lochleibungsfestigkeit über den Rohdichtewerten aufgetragen. Der Korrelationskoeffizient zwischen der Lochleibungsfestigkeit und der Rohdichte beträgt R = 0,880. In Tabelle 5-1 sind in einer Korrelationsmatrix die Korrelationskoeffizienten zwischen der Lochleibungsfestigkeit, dem Durchmesser des Nagels, der Rohdichte und der Plattendicke der Holzfaserdämmplatte zusammengestellt. Die Lochleibungsfestigkeit ist mit dem Durchmesser und der Plattendicke negativ sowie mit der Rohdichte positiv korreliert. Zwischen dem Durchmesser und der Rohdichte sowie zwischen dem Durchmesser und der Plattendicke besteht erwartungsgemäß kein Zusammenhang, die Rohdichte ist allerdings negativ mit der Plattendicke korreliert. Für die Bestimmung einer Gleichung zur Berechnung von Vorhersagewerten der Lochleibungsfestigkeit wird daher mit Hilfe einer multiplen Regressionsanalyse ein Ansatz in Abhängigkeit von der Rohdichte und vom Durchmesser gewählt. Das Ergebnis der multiplen Regressionsanalyse ist in Gleichung (28) angegeben.

$$f_h = 18{,}5 \cdot 10^{-5} \cdot \rho^{2{,}04} \cdot d^{-0{,}737} \text{ in N/mm}^2 \qquad (28)$$

mit

ρ Rohdichte der Holzfaserdämmplatte in kg/m^3

d Durchmesser des Verbindungsmittels in mm

In Bild 5-3 sind die Werte aus den Versuchen den mit Gleichung (28) berechneten Werten gegenübergestellt. Der Korrelationskoeffizient zwischen den Versuchswerten und den Vorhersagewerten beträgt R = 0,916. Die Steigung der Ausgleichsgeraden beträgt m = 1,02 und der y-Achsenabschnitt b = -0,0897.

Tabelle 5-1 Korrelationsmatrix der Lochleibungsfestigkeit mit weiteren Variablen

	f_h	d	ρ	t
f_h	1,000	-0,2103	0,8803	-0,6722
d		1,000	0,0231	0,0842
ρ			1,000	-0,6023
t	sym.			1,000

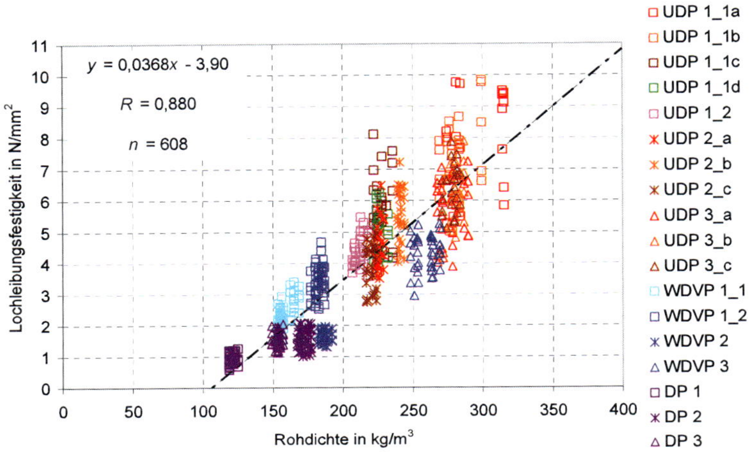

Bild 5-2 Lochleibungsfestigkeit von Nägeln in HFDP über der Rohdichte

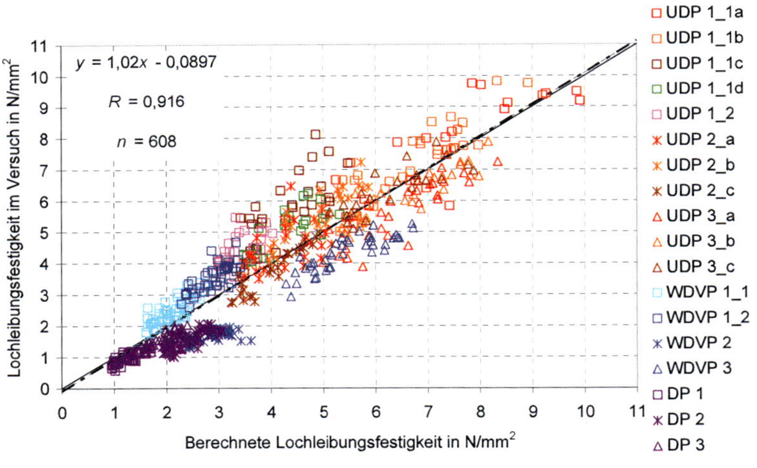

Bild 5-3 Lochleibungsfestigkeit von Nägeln in HFDP über Vorhersagewerten

Für den Nachweis von Holztafeln nach DIN 1052:2008-12 werden die charakteristischen Festigkeitswerte benötigt. Für die Ermittlung der charakteristischen Lochleibungsfestigkeiten wurden die unterschiedlichen Plattentypen Unterdeckplatte (UDP), Wärmedämmverbundplatte (WDVP) und Dämmplatte (DP) getrennt betrachtet. Die

Exponenten in Gleichung (28) wurden gerundet und der Vorfaktor so angepasst, dass für jede Versuchsreihe das 5%-Quantil eingehalten wird. In Gleichung (29) sind die angepassten Gleichungen für die Berechnung der charakteristischen Lochleibungsfestigkeiten für die drei Plattentypen angegeben.

UDP $f_{h,k} = 22{,}2 \cdot 10^{-5} \cdot \rho_k^{\,2} \cdot d^{-0{,}75}$ in N/mm²

WDVP $f_{h,k} = 18{,}9 \cdot 10^{-5} \cdot \rho_k^{\,2} \cdot d^{-0{,}75}$ in N/mm² (29)

DP $f_{h,k} = 15{,}7 \cdot 10^{-5} \cdot \rho_k^{\,2} \cdot d^{-0{,}75}$ in N/mm²

mit

ρ_k charakteristische Rohdichte in kg/m³ (s. Gleichung (30))

Durch Einsetzen von möglichen charakteristischen Rohdichtewerten kann Gleichung (29) vereinfacht werden. Die Wahl der charakteristischen Werte der Rohdichte ist in Blaß und Gebhardt (2009) beschrieben.

UDP ρ_k = 200 kg/m³ $f_{h,k} = 8{,}88 \cdot d^{-0{,}75}$ in N/mm²

WDVP ρ_k = 150 kg/m³ $f_{h,k} = 4{,}25 \cdot d^{-0{,}75}$ in N/mm²

DP ρ_k = 150 kg/m³ $f_{h,k} = 3{,}53 \cdot d^{-0{,}75}$ in N/mm² (30)

ρ_k = 100 kg/m³ $f_{h,k} = 1{,}57 \cdot d^{-0{,}75}$ in N/mm²

5.3 Lochleibungsfestigkeit von Schrauben in Holzfaserdämmplatten

Wärmedämmverbundplatten können mit Breitrückenklammern sowie mit speziellen Schrauben mit Haltetellern auf der Holzunterkonstruktion befestigt werden. Die verwendeten Schrauben besitzen ein Teilgewinde und einen Nenndurchmesser von 6 mm. Für die Berechnung der Tragfähigkeit des Verbindungsmittels ist die Lochleibungsfestigkeit von Schrauben in Holzfaserdämmplatten erforderlich. In einer ersten Annäherung kann die Lochleibungsfestigkeit von Schrauben nach der in Abschnitt 5.2 hergeleiteten Gleichung für Nägel berechnet werden, die allerdings für Nägel mit einem Durchmesser zwischen 3,1 und 5,0 mm ermittelt wurde. Zur Überprüfung dieser Annahme wurde in weiteren Versuchen die Lochleibungsfestigkeit von Schrauben mit zwei Typen von Holzfaserdämmplatten ermittelt. Bild 5-4 zeigt die Ergebnisse der Versuche über den mit Gleichung (28) berechneten Vorhersagewerten. Die Versuchsergebnisse liegen wie auch die Ergebnisse für Nägel in den entsprechenden Holzfaserdämmplatten über den Vorhersagewerten. Die für Nägel in Holzfaserdämmplatten hergeleitete Gleichung (28) kann somit auch für die Bestimmung der Lochleibungsfestigkeit von Schrauben mit einem Durchmesser von 6 mm in Wärmedämmverbundplatten angewendet werden.

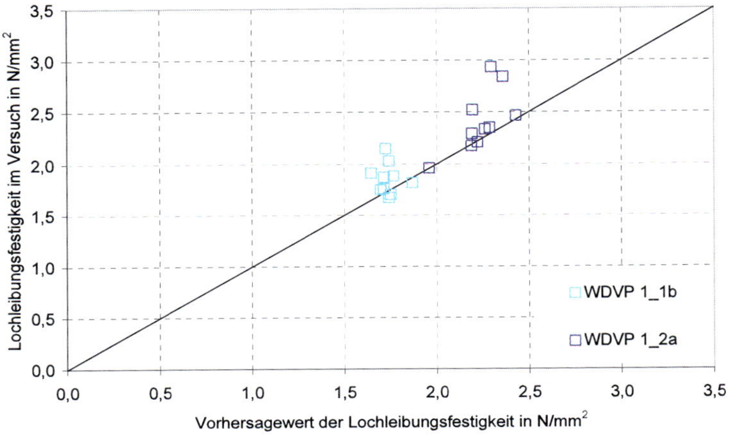

Bild 5-4 Lochleibungsfestigkeit von Schrauben in Wärmedämmverbundplatten über Vorhersagewerten

5.4 Einfluss des Feuchtegehalts auf die Lochleibungsfestigkeit

Für die Bemessung kann die Einordnung des Bauteils in Nutzungsklasse 2 nach DIN 1052:2008-12 erforderlich werden. Im Nachweis sind die Festigkeitseigenschaften dann entsprechend abzumindern. Der Einfluss des Feuchtegehalts auf die Lochleibungsfestigkeit von Nägeln und Schrauben in Holzfaserdämmplatten wurde für zwei Wärmedämmverbundplatten mit unterschiedlichen Rohdichtewerten untersucht. Hierfür wurden die ausgeschnittenen Versuchskörper bis zur Massenkonstanz im Klima 20°C / 85% relative Luftfeuchte gelagert. Sobald die Massenkonstanz erreicht war, wurden die Versuchskörper einzeln aus der Klimakammer entnommen und geprüft. In Tabelle 5-2 sind die Mittelwerte für die Lochleibungsfestigkeit bei einer relativen Luftfeuchte von 65% sowie bei 85% zusammengestellt. Die Lochleibungsfestigkeit bei einer relativen Luftfeuchte von 85% liegt zwischen 55% und 62% des Wertes bei einer relativen Luftfeuchte von 65%.

Tabelle 5-2 Einfluss des Feuchtegehalts auf die Lochleibungsfestigkeit

Wärmedämm-verbundplatte	Verbindungs-mittel	d in mm	f_h – 65% in N/mm²	f_h – 85% in N/mm²	η
1_1b	Na	3,8	2,51	1,38	0,551
		5,0	2,18	1,28	0,587
	Sr	6,0	1,86	1,05	0,565
1_2a	Na	3,8	3,57	2,06	0,577
		5,0	2,90	1,78	0,613
	Sr	6,0	2,41	1,44	0,597
Mittelwert					0,579

6 Kopf- und Rückendurchziehtragfähigkeit

6.1 Allgemeines und Kenntnisstand

Die verschiedenen Möglichkeiten der Verbindung zwischen Holzfaserdämmplatten und der Holzunterkonstruktion sowie die Berechnung der Tragfähigkeit des Verbindungsmittels wurden in Abschnitt 4 vorgestellt. Mit den in Abschnitt 5 ermittelten Werten der Lochleibungsfestigkeit von Nägeln, Klammern und Schrauben in Holzfaserdämmplatten kann die Tragfähigkeit des Verbindungsmittels berechnet werden. Vorversuche mit Verbindungen haben gezeigt, dass die Tragfähigkeit im Versuch größer ist als die rechnerische Tragfähigkeit auf Abscheren nach Abschnitt 4. Diese Beobachtung kann mit dem Seileffekt, einem zusätzlich wirkenden Anteil infolge der axialen Tragfähigkeit des Verbindungsmittels, erklärt werden. Dieser Anteil darf im Nachweis der Tragfähigkeit eines Verbindungsmittels nach DIN 1052:2008-12 berücksichtigt werden. Voraussetzung hierfür ist die mögliche Aufnahme von Kräften in Richtung der Achse des stiftförmigen Verbindungsmittels. Der rechnerisch ansetzbare Anteil ΔR_k ist von der Art des Verbindungsmittels, von der Tragfähigkeit des Verbindungsmittels auf Abscheren und von der Tragfähigkeit des Verbindungsmittels in Richtung der Stiftachse abhängig.

Der Ausziehparameter einer Klammer darf entsprechend dem Ausziehparameter von einem Sondernagel der Tragfähigkeitsklasse 2 angenommen werden. Da nur für Nägel der Tragfähigkeitsklasse 3 eine Erhöhung der Tragfähigkeit vorgenommen werden darf, dürfte die Tragfähigkeit von Breitrückenklammern nicht erhöht werden. In Vorversuchen wurde jedoch beobachtet, dass die Tragfähigkeit von Holz-HFDP-Verbindungen unterschätzt wird, wenn ausschließlich die Tragfähigkeit auf Abscheren zur Berechnung der Vorhersagewerte der Tragfähigkeit herangezogen wird. Daher wird im Rahmen dieser Arbeit die Rückendurchziehtragfähigkeit von Breitrückenklammern in Holzfaserdämmplatten sowie die Kopfdurchziehtragfähigkeit von speziellen Schrauben mit Haltetellern in Holzfaserdämmplatten untersucht.

Kopf- und Rückendurchziehversuche von Verbindungsmitteln in Holz und Holzwerkstoffen wurden in der Vergangenheit nur in einer vergleichsweise geringen Anzahl durchgeführt. Kufner (1968) untersuchte die Kopfdurchziehtragfähigkeit von Nägeln in Spanplatten. Chow et al. (1988) ermittelten die Kopf- und Rückendurchziehtragfähigkeit von Nägeln und Klammern in Sperrholz, OSB und Hartfaserplatten. Für Breitrückenklammern und spezielle Schrauben wurden die Rücken- und Kopfdurchziehtragfähigkeit in Holzfaserdämmplatten bislang nicht systematisch untersucht.

6.2 Versuche mit Breitrückenklammern

Für die Ermittlung der Rückendurchziehtragfähigkeit von Breitrückenklammern in Holzfaserdämmplatten wurden 102 Versuche durchgeführt. In den Versuchen wurden Unterdeckplatten und Wärmedämmverbundplatten berücksichtigt. Für jede Herstellungscharge wurden zwei Versuche und insgesamt mindestens vier Versuche für jeden Holzfaserdämmplattentyp durchgeführt. Die Durchführung der Versuche erfolgte in Anlehnung an DIN EN 1383:2000. Ein Versuchskörper während des Versuchs ist in Bild 6-1 zu sehen.

Bild 6-1 Versuchseinrichtung für die Durchführung von Rückendurchziehversuchen mit Breitrückenklammern in Holzfaserdämmplatten

Das typische Versagen ist in Bild 6-2 zu sehen. Die Einzelergebnisse der Versuche sind in Blaß und Gebhardt (2009) zusammengefasst. Die Ergebnisse der Versuche sind in Tabelle 6-1 zusammengestellt. Für die durchgeführten Versuchsreihen sind der Mittelwert, das Minimum, das Maximum, die Standardabweichung, der Variationskoeffizient und die Verschiebung beim Erreichen der Höchstlast angegeben.

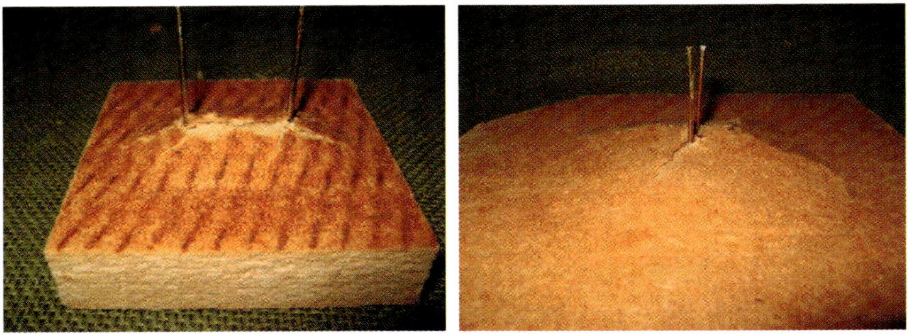

Bild 6-2 Typisches Versagen bei Rückendurchziehversuchen mit Breitrückenklammern in Holzfaserdämmplatten

Tabelle 6-1 Versuchsergebnisse der Rückendurchziehversuche

HFDP	t in mm	Anzahl	F_{max} N					v (F_{max}) in mm
			Mittelwert	Minimum	Maximum	Standardabweichung	Variationskoeffizient %	Mittelwert
UDP								
1_1a	18	6	557	513	627	40	7,23	8,97
1_1a_I	18	4	301	284	330	21	7,01	11,3
1_1b	22	6	628	589	693	47	7,40	11,1
1_1d	35	6	910	845	1003	52	5,77	21,9
1_1d_I	35	4	855	755	930	79	9,21	20,2
1_1d_II	36	4	879	861	903	20	2,32	15,9
2_1a	18	6	276	243	313	30	10,9	10,6
2_1a_I	18	4	551	523	575	23	4,19	9,14
2_b	22	6	523	490	564	32	6,06	10,6
2_c	35	5	627	600	667	30	4,83	19,3
2_d_I	60	4	2327	2258	2407	62	2,66	32,9
3_a	18	6	314	285	348	23	7,44	6,32
3_a_I	18	4	299	268	329	25	8,33	8,45
3_b	22	6	435	320	526	67	15,4	9,25
3_c	35	6	858	779	918	51	5,89	14,0
3_d_I	52	4	1381	1277	1472	89	6,44	24,2
WDVP								
1_2	40	8	755	662	859	70	9,25	26,1
2	60	6	641	564	750	67	10,5	27,1
3	40	6	707	677	750	27	3,78	15,2
		101						

In Bild 6-3 sind die Werte der Verschiebung bei Höchstlast über der Plattendicke der Holzfaserdämmplatte aufgetragen. Der Korrelationskoeffizient liegt bei $R = 0{,}893$. Der y-Achsenabschnitt der Ausgleichsgeraden beträgt $b = 0{,}115$ und die Steigung der Ausgleichsgeraden $m = 0{,}500$. Die Höchstlast wird demnach im Mittel bei einer Verschiebung erreicht, die der halben Plattendicke der Holzfaserdämmplatte entspricht.

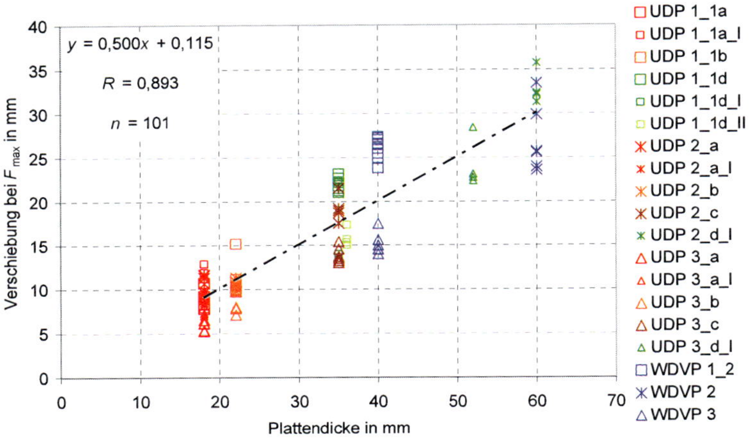

Bild 6-3 Verschiebung bei Erreichen der Höchstlast über der Plattendicke

Mit Hilfe einer multiplen Regressionsanalyse wurde unter Ausschluss der Ergebnisse der vier Versuche mit Unterdeckplatte 2_d_I Gleichung (31) in Abhängigkeit von der Plattendicke und der Rohdichte zur Bestimmung von Vorhersagewerten der Rückendurchziehtragfähigkeit hergeleitet.

$$R_{ax,2} = 0,0403 \cdot \rho^{1,17} \cdot t^{0,947} \text{ in N} \qquad (31)$$

mit

ρ Rohdichte der Holzfaserdämmplatte in kg/m³

t Plattendicke der Holzfaserdämmplatte in mm

Die mit Gleichung (31) berechneten Werte sind in Bild 6-4 den Versuchsergebnissen gegenübergestellt. Der Korrelationskoeffizient beträgt R = 0,814. Die Steigung der Ausgleichsgeraden beträgt m = 1,01 und der y-Achsenabschnitt b = -0,00983. Die nicht berücksichtigten Werte der Unterdeckplatte 2_d_I liegen auf der sicheren Seite und werden somit durch Gleichung (31) unterschätzt. Für die Ermittlung einer Gleichung für Holzfaserdämmplatten mit größeren Plattendicken (> 60 mm) und hohen Rohdichtewerten (> 240 kg/m³) sind weitere Versuche erforderlich. Für den Nachweis können auf der sicheren Seite liegend Rückendurchziehtragfähigkeiten berechnet werden.

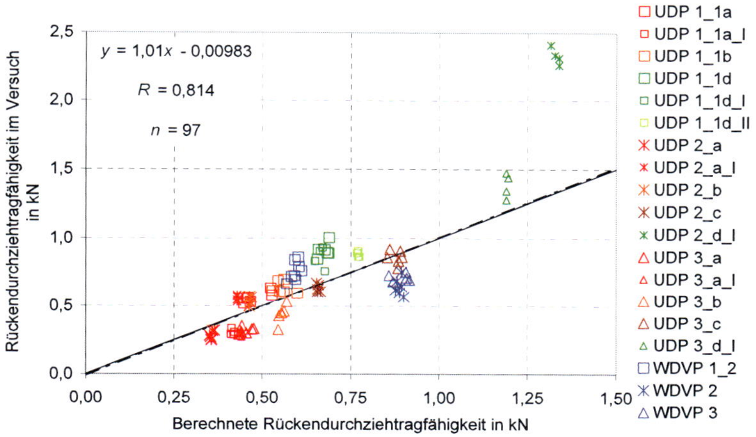

Bild 6-4 Versuchsergebnisse über den Vorhersagewerten

Durch eine Anpassung des Vorfaktors wurde Gleichung (32) zur Bestimmung charakteristischer Werte der Rückendurchziehtragfähigkeit von Breitrückenklammern in Holzfaserdämmplatten hergeleitet. Hierfür wurden die vorgeschlagenen charakteristischen Rohdichtewerte verwendet.

$$R_{ax,2,k} = 0{,}032 \cdot \rho_k^{1{,}17} \cdot t^{0{,}95} \text{ in N} \quad (32)$$

mit

ρ_k charakteristische Rohdichte der Holzfaserdämmplatte in kg/m³

6.3 Vorversuche mit speziellen Schrauben

Für eine Erhöhung der rechnerischen Tragfähigkeit von Verbindungen zwischen Holzfaserdämmplatten und der Holzunterkonstruktion mit speziellen Schrauben mit Haltetellern ist die Kopfdurchziehtragfähigkeit der Schrauben in Holzfaserdämmplatten erforderlich. Daher wurde in weiteren Versuchen die Kopfdurchziehtragfähigkeit von Schrauben mit Haltetellern in Holzfaserdämmplatten ermittelt. In Vorversuchen wurde die Anwendung des Prüfverfahrens untersucht. Der Lochdurchmesser D der Versuchseinrichtung ist nach DIN EN 1383:2000 in Abhängigkeit von der Plattendicke und vom Kopfdurchmesser des Verbindungsmittels festzulegen. Es wurden Versuche mit Lochdurchmessern zwischen D = 20 mm und $D = 2 \cdot t + d_h$ (Annahme eines starren Haltetellers) durchgeführt. Hierbei wurden verschiedene Versagensmechanismen beobachtet. Für die Versuche wurden die Unterdeckplatten 1_1d_I mit t = 35 mm und 2_d_I mit t = 60 mm ausgewählt. Somit wurde der Lochdurchmesser für t = 35 mm zwischen D = 20 mm und D = 130 mm variiert. Für eine Schraube ohne

Halteteller würde der Lochdurchmesser D = 80 mm betragen sowie für einen starren Halteteller D = 130 mm. Je Lochdurchmesser wurde ein Versuch durchgeführt. In Tabelle 6-2 sind die Ergebnisse der Versuche mit der Unterdeckplatte 1_1d_I zusammengestellt. In Bild 6-5 sind die Kraft-Weg-Kurven der sechs durchgeführten Versuche dargestellt. Zu erkennen ist eine Abnahme der Tragfähigkeit mit zunehmendem Lochdurchmesser.

Tabelle 6-2 Ergebnisse der Testversuche mit speziellen Schrauben und UDP 1_1d_I

Versuch	D in mm	F_{max} in kN	v (F_{max}) in mm
1	20	3,09	29,8
2	40	2,94	38,2
3	60	1,94	39,1
4	80	1,39	25,6
5	100	1,66	40,7
6	130	1,13	22,6

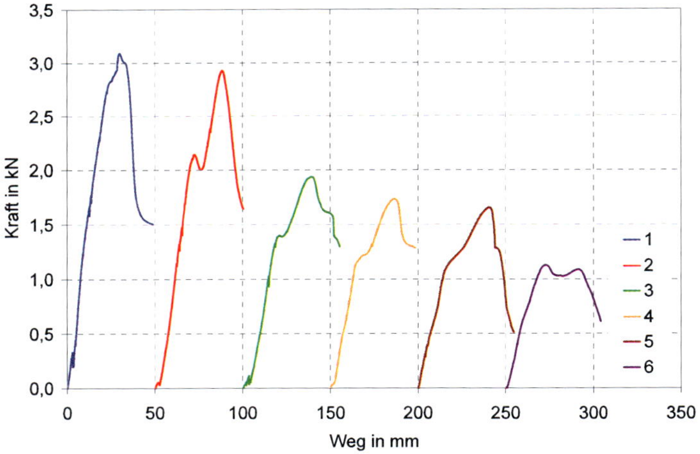

Bild 6-5 Kraft-Weg-Kurven der Testversuche mit speziellen Schrauben in UDP 1_1d_I

In Bild 6-6 und Bild 6-7 ist die Entwicklung des Versagensmechanismus mit steigendem Lochdurchmesser dargestellt. Während der Versagensmechanismus im ersten Versuch durch ein Durchziehen der Schraube durch den Halteteller charakterisiert ist, wurden in den fünf weiteren Versuchen ein Einziehen des Haltetellers und ein Versagen der Holzfaserdämmplatte beobachtet. Die Ergebnisse mit einem Lochdurchmesser D = 130 mm liefern somit konservative Werte. Für die weiteren Versuche wurde daher auf der sicheren Seite liegend ein Lochdurchmesser von D =130 mm gewählt.

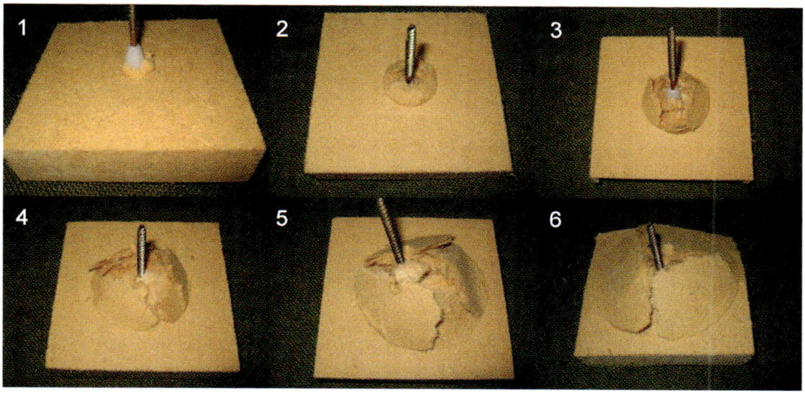

Bild 6-6 Versagensbilder der sechs durchgeführten Versuche – Entwicklung des Ausbruchkegels mit zunehmendem Lochdurchmesser

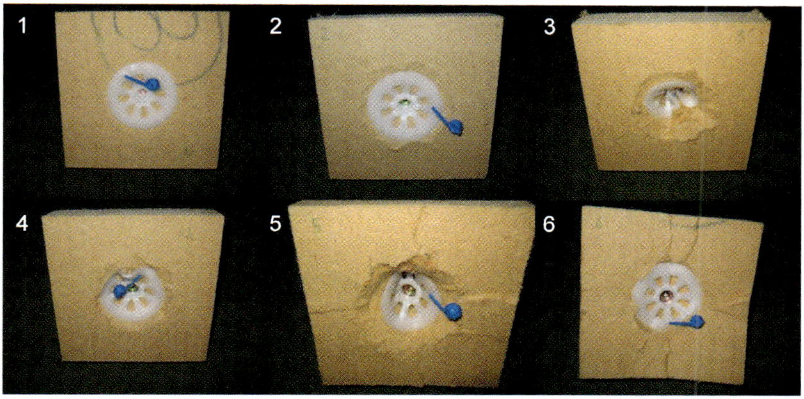

Bild 6-7 Versagensbilder der sechs durchgeführten Versuche – Einziehen und Versagen des Haltetellers und der Holzfaserdämmplatte bei zunehmendem Lochdurchmesser

Die Ergebnisse der Versuche mit der Unterdeckplatte 2_d_I sind in Tabelle 6-3 zusammengefasst. Während der Versagensmechanismus der ersten vier Versuche durch ein Durchziehen der Schraube durch den Halteteller gekennzeichnet ist, wurde in den Versuchen 5 bis 7 der Halteteller in die Platte eingezogen. In Bild 6-8 sind die Kraft-Weg-Kurven der Versuche dargestellt. In Bild 6-9 ist das typische Versagen des Haltetellers zu erkennen.

Tabelle 6-3 Testversuche mit speziellen Schrauben und UDP 2_d_l

Versuch	D in mm	F_{max} in kN	v (F_{max}) in mm
1	20	3,63	35,1
2	40	4,12	41,5
3	60	3,09	26,2
4	80	3,08	21,9
5	100	3,32	23,9
6	130	3,49	26,5
7	180	3,67	25,5

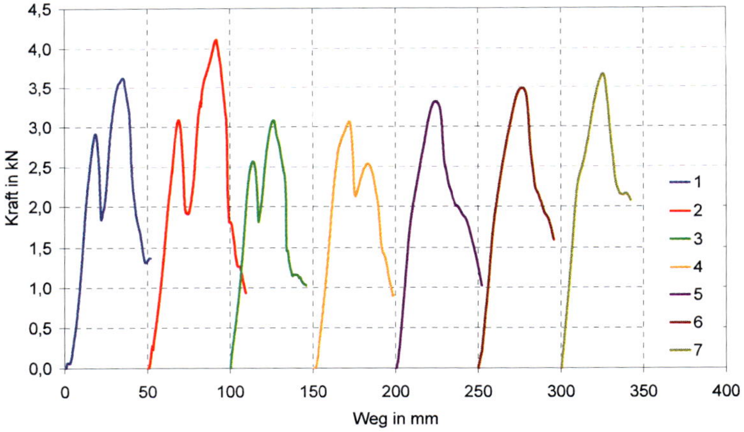

Bild 6-8 Kraft-Weg-Kurven der Testversuche mit speziellen Schrauben in der UDP 2_d_l

Bild 6-9 Typisches Versagen der speziellen Schraube in der UDP 2_d_I – Durchziehen der Schraube durch den Halteteller

6.4 Versuche mit speziellen Schrauben in Unterdeckplatten

Zur Ermittlung der Kopfdurchziehtragfähigkeit von speziellen Schrauben in Holzfaserdämmplatten wurden weitere Versuche mit vier Unterdeckplatten und zwei Wärmedämmverbundplatten durchgeführt. Der Lochdurchmesser wurde hierbei auf der sicheren Seite liegend zu $D = 2 \cdot t + d_h$ gewählt. Um beim Eindrehen der Schraube ein Einziehen des Haltetellers in die Unterdeckplatte zu erreichen, wurden unter den Proben Lattenabschnitte angeordnet. In Bild 6-10 ist ein Versuchskörper mit einem Lattenabschnitt nach dem Versuch dargestellt. Die Ergebnisse der Versuche sind in Tabelle 6-4 zusammengestellt. In Bild 6-11 sind die Höchstlasten über der Dicke der Holzfaserdämmplatte aufgetragen. Der Korrelationskoeffizient beträgt $R = 0{,}913$. Auf eine multiple Regressionsanalyse unter Berücksichtigung der Rohdichte und Dicke der Holzfaserdämmplatte wird aufgrund des geringen Versuchsumfangs verzichtet. Hierfür sind weitere Versuche erforderlich.

Tabelle 6-4 Mittlere Ergebnisse der Kopfdurchziehversuche mit Schrauben mit Haltetellern

Unterdeckplatte	Dicke in mm	ρ in kg/m^3	$R_{ax,2}$ in kN	$v\ (R_{ax,2})$ in mm
1_1d_I	35	225	1,13	25,4
1_1d_II	36	249	1,45	28,2
2_d_I	60	263	3,33	21,8
3_d_I	52	268	2,35	21,5

Bild 6-10 Anordnung eines Lattenabschnitts für ein realitätsnahes Einziehen des Haltetellers in die Unterdeckplatte

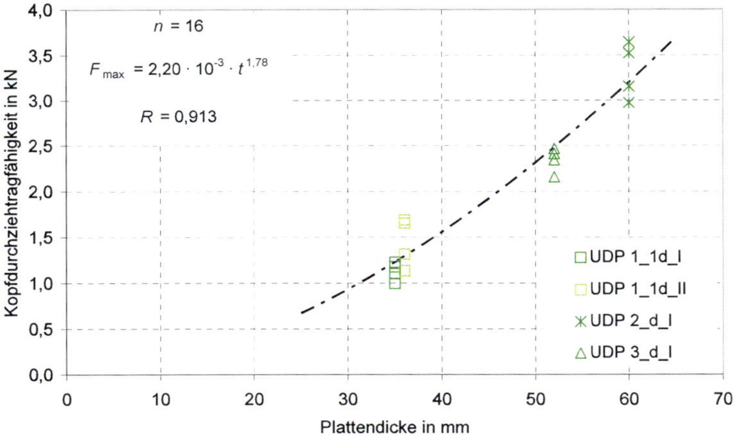

Bild 6-11 Kopfdurchziehtragfähigkeit über der Dicke der Unterdeckplatte

6.5 Einfluss des Feuchtegehalts auf die Kopf- und Rückendurchziehtragfähigkeit

Für zwei Wärmedämmverbundplatten mit unterschiedlichen Rohdichtewerten wurde der Einfluss des Feuchtegehalts auf die Rücken- und Kopfdurchziehtragfähigkeit von Breitrückenklammern und Schrauben mit Haltetellern untersucht. Dabei wurden zwei verschiedene Schrauben mit Haltetellern verwendet. Durch die geringere Rohdichte der Wärmedämmverbundplatten konnte auf die Anordnung eines Lattenabschnitts beim Einbringen der Schrauben verzichtet werden. Die Probekörper wurden bis zur Massenkonstanz im Klima 20/65 bzw. 20/85 gelagert. Sobald die Massenkonstanz erreicht war, wurden die Versuchskörper einzeln aus der Klimakammer entnommen und geprüft. In Tabelle 6-5 sind die Mittelwerte für die Rücken- und Kopfdurchziehtragfähigkeit bei einer relativen Luftfeuchte von 65% bzw. 85% zusammengestellt. Die Rücken- bzw. Kopfdurchziehtragfähigkeit bei einer relativen Luftfeuchte von 85% liegt zwischen 65% und 76% des Wertes bei einer relativen Luftfeuchte von 65%. Die höheren Werte für die Rückendurchziehtragfähigkeit von Breitrückenklammern in der Wärmedämmverbundplatte 1_2a können durch die ermittelten und beobachteten Parameter nicht erklärt werden.

Tabelle 6-5 Einfluss des Feuchtegehalts auf die Rücken- und Kopfdurchziehtragfähigkeit in Holzfaserdämmplatten

Wärmedämm-verbundplatte	Verbindungs-mittel	ρ in kg/m^3	$R_{ax,2}$ – 65% in kN	$R_{ax,2}$ – 85% in kN	η
1_1b	Brk	171	0,346	0,261	0,755
	Sr 1	170	0,924	0,680	0,736
	Sr 2	172	1,00	0,723	0,720
1_2a	Brk	192	0,429	0,437	1,02
	Sr 1	193	1,26	0,947	0,753
	Sr 2	191	1,40	0,916	0,653
Mittelwert					0,723

7 Tragfähigkeit und Steifigkeit von Holz-HFDP-Verbindungen

7.1 Allgemeines und Kenntnisstand

Die Tragfähigkeit einer Holztafel unter einer horizontalen Beanspruchung ist in hohem Maße von der Tragfähigkeit der Verbindung zwischen den Rippen und der Beplankung abhängig. Mit den in Abschnitt 4 vorgestellten und hergeleiteten Gleichungen sowie den Versuchsergebnissen in den Abschnitten 5 und 6 kann die Tragfähigkeit der Verbindung zwischen Holzfaserdämmplatten und der Holzunterkonstruktion berechnet werden. Zur Überprüfung der Berechnung der Tragfähigkeit von Holz-HFDP-Verbindungen und für die Ermittlung von Verschiebungsmoduln wurden Versuche mit Holz-HFDP-Verbindungen durchgeführt.

In der Vergangenheit wurden zahlreiche Versuche mit Holz-Holz-Verbindungen und Holz-Holzwerkstoff-Verbindungen mit stiftförmigen Verbindungsmitteln durchgeführt. Kolb (1953) berichtet über Versuche mit Sondernägeln, die von E.G. Stern am Virginia Polytechnic Institute in den USA durchgeführt wurden. Hierbei wurde neben dem Ausziehwiderstand die Tragfähigkeit bei einer Beanspruchung auf Abscheren untersucht. Möhler und Ehlbeck (1966) führten Versuche mit Sondernägeln bei Beanspruchung auf Abscheren und Herausziehen durch. Es wurde der Einfluss der Rohdichte und der Holzart auf die Ausziehtragfähigkeit untersucht. Möhler et al. (1973) untersuchten für die Anwendung in Tafelelementen das Trag- und Verformungsverhalten von Klammerverbindungen. Gromala (1985) bestimmte im Hinblick auf die Verwendung in Holztafeln die Tragfähigkeit auf Abscheren von Nägeln in Verbindungen zwischen Holz und verschiedenen Holzwerkstoffen wie Sperrholz, harten und mitteldichten Faserplatten sowie Gipskartonplatten. Ein Vergleich der Ergebnisse von Versuchen mit und ohne Entlastungszyklus ergab keine unterschiedlichen Tragfähigkeiten. Ausführliche Versuche mit Holz-Holz-Verbindungen und Holz-Holzwerkstoff-Verbindungen wurden von Whale et al. (1987) vorgestellt. Es wurden Versuche mit ein- und zweischnittigen Verbindungen mit Nägeln und Bolzen durchgeführt und die Ergebnisse mit Vorhersagewerten verglichen. Ehlbeck und Werner (1989) untersuchten das Tragverhalten von Stabdübelverbindungen. In den Versuchen wurden verschiedene Parameter wie die Stabdübelanordnung, die Holzart, die Rohdichte, die Beanspruchungsrichtung und die Geometrie der Verbindung sowie der Werkstoff des Verbindungsmittels variiert. Blaß (1991) untersuchte die Tragfähigkeit zweischnittiger Holz-Holz-Verbindungen mit Nägeln. In Monte-Carlo-Simulationen wurde der Einfluss der Nagelanzahl und der Nagelanordnung auf die Tragfähigkeit ermittelt. Es wurde festgestellt, dass die charakteristische Tragfähigkeit je Nagel unabhängig von der Anzahl der in Kraftrichtung hintereinander angeordneten Nägel ist. Zimmer und Lißner (1992) untersuchten die Tragfähigkeit von Nagelverbindungen bei einer Beanspruchung rechtwinklig zur Stiftachse. Es wurde die Holzqualität, der Jahrringverlauf, die Beanspruchungsart, die Holzfeuchtigkeit, die Nagelanzahl und die Anzahl der Scherfugen berücksichtigt. In der jüngeren Vergangenheit wurde gezielt das Tragverhalten von neuartigen Verbindungsmitteln und Holzwerkstoffen ermittelt. So wurden Holz-Holz-Verbindungen und Stahl-Holz-Verbindungen mit selbstbohrenden Holzschrauben von Bejtka (2005) untersucht. Blaß und Uibel (2007) ermittelten die Tragfähigkeit von Brettsperrholzverbindungen mit stiftförmigen Verbindungsmitteln. Sandau-Wietfeldt (2008) ermittelte für den Einsatz in aussteifenden Holztafeln das Tragverhalten von Verbindungen zwischen Holz und harten Faserplatten.

Die Tragfähigkeit und die Steifigkeit von Verbindungen zwischen Holz und Holzfaserdämmplatten mit stiftförmigen Verbindungsmitteln wurden bislang nicht systematisch untersucht. Im Rahmen dieser Arbeit wurden daher umfangreiche Versuche mit unterschiedlichen Holzfaserdämmplatten und Verbindungsmitteln durchgeführt. In Vorversuchen wurden Druckscherversuche mit Breitrückenklammern und Schrauben durchgeführt. In Zugscherversuchen wurde die Tragfähigkeit und Steifigkeit von Verbindungen mit Breitrückenklammern, Schrauben, Nägeln und Klammern ermittelt. Die Verbindung zwischen Holzfaserdämmplatte und Holz erfolgte bei Breitrückenklammern und Schrauben mit Haltetellern direkt durch die Holzfaserdämmplatte hindurch. Nägel, Klammern und Schrauben wurden durch eine Konterlatte hindurch in die Holzfaserdämmplatte und das Holz eingebracht. In weiteren Versuchsreihen wurde der Einfluss des Feuchtegehalts auf die Tragfähigkeit und Steifigkeit der Verbindung ermittelt.

7.2 Vorversuche mit Breitrückenklammern in Unterdeckplatten

Die einfachste Verbindung zwischen Holzfaserdämmplatten und Holz ist die Verbindung mit Breitrückenklammern. Diese werden direkt durch die Holzfaserdämmplatte in die Holzunterkonstruktion eingebracht. Der im Vergleich zu normalen Klammern breitere Rücken erhöht die Rückendurchziehtragfähigkeit und trägt so durch eine höhere axiale Tragfähigkeit des Verbindungsmittels zu einer höheren Tragfähigkeit des Verbindungsmittels auf Abscheren bei. Versuche zur Ermittlung der Rückendurchziehtragfähigkeit von Breitrückenklammern in Holzfaserdämmplatten wurden in Abschnitt 6 vorgestellt.

Für die Ermittlung der Tragfähigkeit und Steifigkeit von Verbindungen mit Breitrückenklammern können Versuche in Anlehnung an DIN EN 26891:1991 durchgeführt werden. Für die Untersuchung der Anwendbarkeit des Prüfverfahrens wurden Vorversuche durchgeführt. Hierfür wurden Versuchskörper in Anlehnung an DIN EN 1381:2000 hergestellt und geprüft. Es wurden vier Breitrückenklammern je Scherfuge angeordnet und die Versuchskörper in Druckscherversuchen geprüft. Der Winkel α_{crn} zwischen dem Klammerrücken und der Faserrichtung des Holzes wurde zwischen 0°, 45° und 90° variiert. Ein Versuchskörper mit vier Breitrückenklammern je

Scherfuge und mit α_{crn} = 0° ist in Bild 7-1 dargestellt. Der Versuchskörper versagte infolge des Erreichens der Druckfestigkeit in der Holzfaserdämmplatte (s. Bild 7-1).

Bild 7-1 Druckscherkörper mit Breitrückenklammern nach DIN EN 1381:2000 (links) und Erreichen der Druckfestigkeit in der Holzfaserdämmplatte (rechts)

Auch bei einer Verbindung mit zwei Breitrückenklammern je Scherfuge sowie bei einer zweischnittigen Verbindung mit der Anordnung der Holzfaserdämmplatte in der Mitte des Versuchskörpers und nur einer Breitrückenklammer je Scherfuge wurde die Druckfestigkeit der Holzfaserdämmplatte erreicht. Daher wurden alle weiteren Versuche mit einer Breitrückenklammer je Scherfuge durchgeführt. Alle Versuche wurden in Anlehnung an DIN EN 26891:1991 bis zum Erreichen der Höchstlast bzw. einer Relativverschiebung von 15 mm durchgeführt. Die Relativverschiebungen in den Scherfugen wurden mit induktiven Wegaufnehmern gemessen und für die Auswertung gemittelt. Die Versuchsdurchführung und die Ergebnisse sind in Blaß und Gebhardt (2009) zusammengestellt. Für α_{crn} = 45° und α_{crn} = 0° wurden etwa gleich große Werte der Tragfähigkeit ermittelt, die Werte der Tragfähigkeit mit α_{crn} = 90° sind geringer. Die größeren Verschiebungsmoduln wurden für α_{crn} = 45° erreicht.

7.3 Vorversuche mit Schrauben in Unterdeckplatten

Die Tragfähigkeit von Holz-HFDP-Verbindungen mit Schrauben wurde in Vorversuchen mit drei Versuchsserien mit jeweils vier Versuchsreihen ermittelt. Insgesamt wurden in den Vorversuchen 95 Druckscherversuche durchgeführt. Der Aufbau der Versuchskörper ist in Bild 7-2 dargestellt. Die Ergebnisse sind in Blaß und Gebhardt (2009) zusammengestellt und werden im Folgenden zusammengefasst.

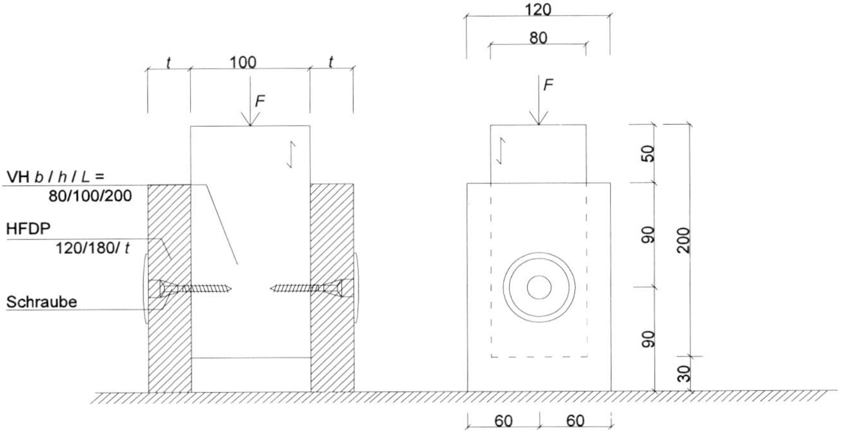

Bild 7-2 Versuchskörper der Druckscherversuche mit Schrauben (Maße in mm)

In der ersten Versuchsserie wurde eine spezielle Schraube mit Halteteller verwendet. Die Schraubenlänge betrug 80 mm für die beiden ersten und 100 mm für die beiden weiteren Versuchsreihen. In den Versuchen der ersten Versuchsserie wurde die Biegetragfähigkeit der Schraube erreicht. In Bild 7-3 ist ein geöffneter Versuchskörper mit der im Bereich des Fließgelenks gebrochenen Schraube dargestellt.

In der zweiten Versuchsserie wurden zwei Schrauben ohne Halteteller untersucht (Würth ASSY II 6 x 80 mm und Würth ASSY VG 6 x 100 mm). Hierbei wurde ein duktiles Versagen der Verbindung erreicht. In Bild 7-4 sind zwei geöffnete Versuchskörper aus der zweiten Versuchsserie dargestellt. Zu erkennen ist der Versagensmechanismus 2b mit der Ausbildung eines Fließgelenks und dem Erreichen der Lochleibungsfestigkeiten in der Unterdeckplatte und im Holz. Die Tragfähigkeiten lagen aufgrund der geringeren Kopfdurchziehtragfähigkeit unter den Werten der ersten Versuchsserie.

In der dritten Versuchsserie wurde die Schraube Würth ASSY II 6 x 80 mm aus der zweiten Versuchsserie mit Haltetellern der speziellen Schraube kombiniert. Hiermit konnte die Kopfdurchziehtragfähigkeit und damit die Tragfähigkeit des Verbindungsmittels gesteigert und gleichzeitig ein duktiles Versagensverhalten erreicht werden.

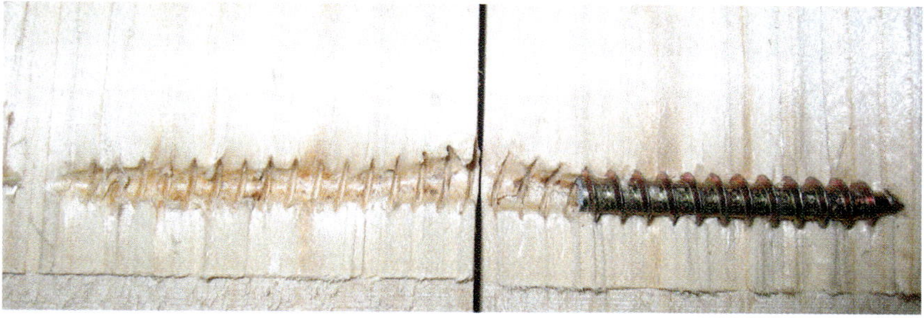

Bild 7-3 Geöffneter Druckscherkörper einer Holz-HFDP-Verbindung mit einer speziellen Schraube mit Halteteller

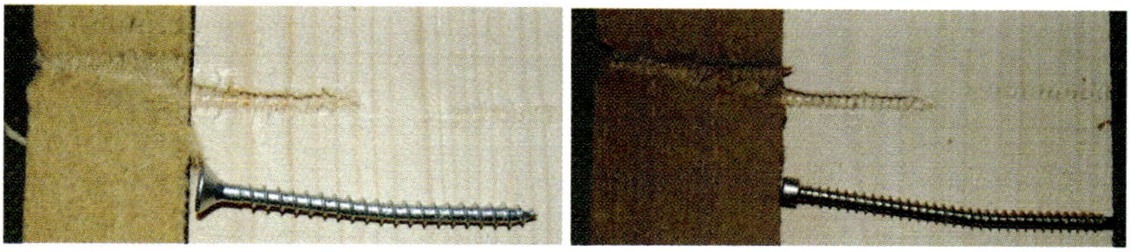

Bild 7-4 Geöffnete Druckscherkörper einer Holz-HFDP-Verbindung mit Schrauben ohne Halteteller (links: Würth ASSY II 6 x 80 mm, UDP 1_1d_l; rechts: Würth ASSY VG 6 x 100 mm, UDP 3_d_l)

7.4 Verbindungen mit Breitrückenklammern in Holzfaserdämmplatten

Die in den Abschnitten 7.2 und 7.3 vorgestellten Versuche mit Breitrückenklammern und Schrauben mit Haltetellern wurden als Druckscherversuche durchgeführt. In Druckscherversuchen wird die Tragfähigkeit des Verbindungsmittels tendenziell überschätzt. Daher wurden alle weiteren im Rahmen dieser Arbeit durchgeführten Versuche als Zugscherversuche durchgeführt.

Das Versuchsprogramm der Zugscherversuche mit Breitrückenklammern ist in Tabelle 7-1 zusammengestellt. Für jede Kombination aus Holzfaserdämmplatte und Breitrückenklammer wurden mindestens drei Versuche durchgeführt. Für jeden Versuch wurde ein doppeltsymmetrischer Zugscherkörper hergestellt. Die Breitrückenklammern wurden direkt in die Holzfaserdämmplatte und das Holz eingebracht. Ein mögliches Verlaufen und Überkreuzen der Klammerschäfte wurde nicht verhindert und ist somit in der Ermittlung der Tragfähigkeit berücksichtigt. Die Durchführung der Versuche erfolgte in Anlehnung an DIN EN 26891:1991. Die Relativverschiebung zwischen Holz und Holzfaserdämmplatte wurde mit vier induktiven Wegaufnehmern gemessen. In Bild 7-5 ist ein Versuchskörper dargestellt. Die nach den Versuchen ermittelten Rohdichtewerte und die Ergebnisse der Versuche sind in Blaß und Gebhardt (2009) zusammengestellt.

Tabelle 7-1 Versuchsprogramm der Zugscherversuche mit Breitrückenklammern

Holzfaserdämmplatte	Bezeichnung	Dicke *t* in mm	Klimatisierung	Anzahl
Unterdeckplatte	1_1a	18	20 / 65	3
	2_a		20 / 65	3
	3_a		20 / 65	3
	1_1b	22	20 / 65	3
	2_b		20 / 65	3
	3_b		20 / 65	3
	1_1d	35	20 / 65	3
	2_c		20 / 65	3
	3_c		20 / 65	3
Wärmedämmverbundplatte	1_1d	80	20 / 65	5
			20 / 85	5
	1_1f	120	20 / 65	5
	1_2a	40	20 / 65	8
			20 / 85	5
	2	60	20 / 65	3
	3	40	20 / 65	3

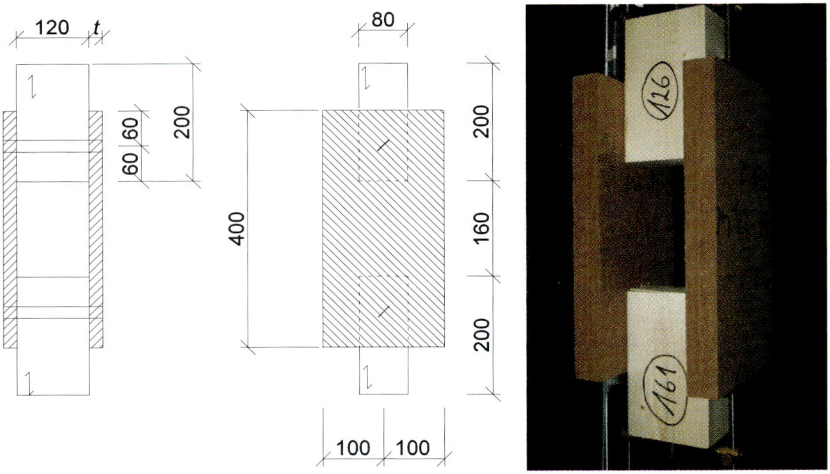

Bild 7-5 Versuchskörper für Versuche mit Breitrückenklammern (Maße in mm)

Die Erwartungswerte der Tragfähigkeit wurden in Anlehnung an die Theorie von Johansen (1949) berechnet. Das Fließmoment M_y der Breitrückenklammer kann in Anlehnung an Untersuchungen mit Nägeln von Werner und Siebert (1991) mit Gleichung (33) abgeschätzt werden.

$$M_y = f_y \cdot W_y \qquad (33)$$

mit

$f_y = 1320 \cdot d_n^{-0,41}$ Fließspannung in N/mm^2

$W_y = \frac{d_n^3}{6}$ plastisches Widerstandsmoment in mm^3

d_n Durchmesser in mm

Zur Überprüfung der mit Gleichung (33) berechneten Werte wurden an zehn zufällig ausgewählten Breitrückenklammern die Fließmomente ermittelt und für die Berechnung verwendet. Die Ergebnisse sind in Blaß und Gebhardt (2009) angegeben. Der Mittelwert lag etwa 12% über dem mit Gleichung (33) berechneten Wert. Die Lochleibungsfestigkeit von Breitrückenklammern in Holzfaserdämmplatten wurde mit der in Abschnitt 5 ermittelten Gleichung (28) berechnet. Die Lochleibungsfestigkeit von Breitrückenklammern in Holz wurde nach Whale et al. (1987) mit Gleichung (34) berechnet.

$$f_{h,mean} = 0,09 \cdot \rho_{mean} \cdot d^{-0,36} \qquad (34)$$

mit

ρ_{mean} Rohdichte in kg/m^3

d Durchmesser in mm

Für die Berechnung der Tragfähigkeitssteigerung durch den Seileffekt wurde die Tragfähigkeit auf Herausziehen der beiden Klammerschäfte als untere Grenze abgeschätzt. Hierfür erfolgte die Berechnung der Ausziehtragfähigkeit nach DIN 1052:2008-12 und den nach den Versuchen ermittelten Rohdichtewerten an Stelle der charakteristischen Rohdichte. Die so erhaltenen Werte liegen über den Rückendurchziehtragfähigkeiten nach Abschnitt 6.2. Für die Rückendurchziehtragfähigkeiten wurden die Mittelwerte aus den entsprechenden Versuchen übernommen. In Bild 7-6 sind die Versuchsergebnisse den berechneten Werten gegenübergestellt. Die Versuchsergebnisse liegen im Mittel etwa 13% über den berechneten Werten.

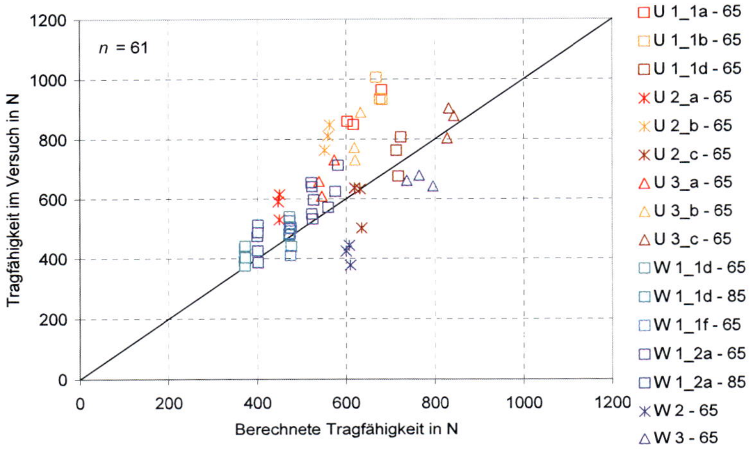

Bild 7-6 Zugscherversuche mit Breitrückenklammern: Tragfähigkeit im Versuch über der berechneten Tragfähigkeit

7.5 Verbindungen mit Schrauben mit Haltetellern in Wärmedämmverbundplatten

Eine weitere Möglichkeit der Verbindung von Holzfaserdämmplatten mit der Holzunterkonstruktion ist eine Befestigung mit Schrauben mit Haltetellern. Vorversuche mit Schrauben mit Haltetellern wurden in Abschnitt 7.3 vorgestellt. Schrauben mit Haltetellern werden direkt durch die Holzfaserdämmplatte in die Holzunterkonstruktion eingedreht. Der Halteteller aus Kunststoff erhöht die Kopfdurchziehtragfähigkeit und trägt so zu einer höheren axialen Tragfähigkeit des Verbindungsmittels und infolge des Seileffekts auch zu einer höheren Tragfähigkeit auf Abscheren bei. Die Ermittlung der Kopfdurchziehtragfähigkeit von Schrauben mit Haltetellern in Holzfaserdämmplatten wurde in Abschnitt 6.4 vorgestellt.

In Tabelle 7-2 ist das Versuchsprogramm der Zugscherversuche mit Schrauben mit Haltetellern zusammengestellt. Es wurden Verbindungsmittel von zwei Herstellern in den Versuchen untersucht. Für jede Kombination aus Holzfaserdämmplatte und Verbindungsmittel wurden fünf Versuche durchgeführt. Für jeden Versuch wurde ein doppeltsymmetrischer Zugscherkörper hergestellt. In Bild 7-7 ist ein Versuchskörper dargestellt.

Tabelle 7-2 Versuchsprogramm der Zugscherversuche mit Schrauben mit Haltetellern

Wärmedämmverbundplatte	Dicke t in mm	Schraubentyp	Klimatisierung	Anzahl
1_1d	80	1	20 / 65	5
			20 / 85	5
		2	20 / 65	5
1_1f	120	1	20 / 65	5
		2	20 / 65	5
1_2a	40	1	20 / 65	5
			20 / 85	5
		2	20 / 65	5

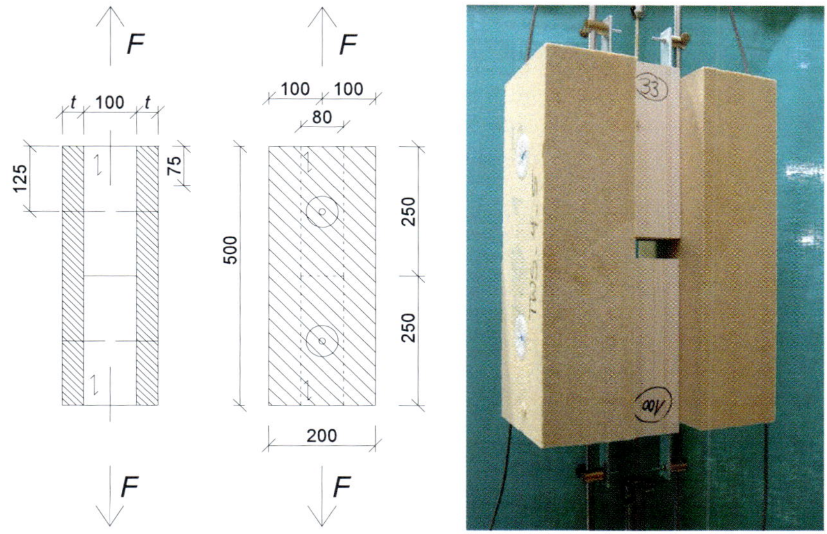

Bild 7-7 Versuchskörper für Versuche mit Schrauben mit Haltetellern (Maße in mm)

Die Erwartungswerte der Tragfähigkeit wurden nach der Theorie von Johansen (1949) berechnet. Das Fließmoment M_y der Schraube kann nach Bejtka (2005) mit Gleichung (35) abgeschätzt werden.

$$M_{y,S} = f_{y,S} \cdot W_{y,S} \qquad (35)$$

mit

$f_{y,S} = 2056 \cdot d_k^{-0,19}$ Fließspannung in N/mm^2

$W_{y,S} = \frac{d_k^3}{6}$ plastisches Widerstandsmoment in mm^3

d_k Kerndurchmesser in mm

Zur Überprüfung der berechneten Fließmomente wurden an zufällig ausgewählten Schrauben die Fließmomente ermittelt und für die Berechnung verwendet. Die Mittelwerte der Fließmomente für die beiden Schraubentypen lagen etwa 7% und 16% unter dem mit Gleichung (35) berechneten Wert. Für die Lochleibungsfestigkeit von Schrauben in Holzfaserdämmplatten wurden die in Abschnitt 5.3 ermittelten Mittelwerte verwendet. Die Lochleibungsfestigkeit von Schrauben in Holz wurde nach Bejtka (2005) mit Gleichung (36) für rechtwinklig zur Holzfaser eingedrehte Schrauben berechnet.

$$f_{h,S} = 0,022 \cdot \rho^{1,24} \cdot d^{-0,3} \qquad (36)$$

mit

ρ Rohdichte des Holzes in kg/m^3

d Schraubennenndurchmesser in mm

Für die Berechnung der Tragfähigkeitssteigerung durch den Seileffekt wurde die Tragfähigkeit auf Herausziehen der Schraube abgeschätzt. Hierfür erfolgte die Berechnung der Ausziehtragfähigkeit nach Frese et al. (2010) mit den nach den Versuchen ermittelten Rohdichtewerten nach Gleichung (37). Der Anteil des Seileffekts wird in Anlehnung an DIN 1052:2008-12 abgeschätzt. Der Reibbeiwert zwischen den verbundenen Bauteilen beträgt 0,25. Dieser Wert wurde auch von Möhler und Maier (1969) als unterer Wert für trockenes, gehobeltes Fichtenholz ermittelt.

$$\ln(R_{ax}) = 6,739 + 0,03257 \cdot \ell_{ef} + 2,148 \cdot 10^{-4} \cdot d \cdot \rho - 1,171 \cdot 10^{-4} \cdot \ell_{ef}^2 \qquad (37)$$

mit

ℓ_{ef} Einschraubtiefe in mm

d Schraubennenndurchmesser in mm

ρ Prüfkörperrohdichte in kg/m^3

Die so berechneten Werte liegen über den Kopfdurchziehtragfähigkeiten nach Abschnitt 6. Für die Kopfdurchziehtragfähigkeiten wurden die Mittelwerte aus den entsprechenden Versuchen verwendet. In Bild 7-8 sind die Versuchsergebnisse den berechneten Werten gegenübergestellt. Die Versuchsergebnisse liegen im Mittel etwa 37% über den berechneten Werten. Diese Abweichung kann sowohl mit der konservativen Ermittlung des Kopfdurchziehparameters als auch mit einem zu gering angenommenen Reibbeiwert erklärt werden. Durch eine Anpassung des Reibbeiwertes wird eine gute Übereinstimmung zwischen der berechneten Tragfähigkeit und den Versuchswerten erreicht. In Bild 7-9 sind die Versuchsergebnisse den angepassten berechneten Werten gegenübergestellt. Der angepasste Reibbeiwert ist in Tabelle 7-3 für die acht Versuchsreihen zusammengestellt.

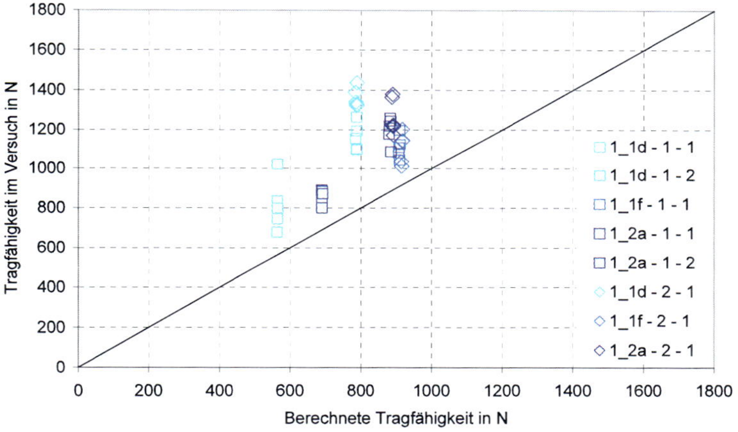

Bild 7-8 Zugscherversuche mit Schrauben mit Haltetellern: Tragfähigkeit im Versuch über der berechneten Tragfähigkeit

Tabelle 7-3 Angepasster Reibbeiwert für die Berechnung der Tragfähigkeit von Verbindungen mit Schrauben mit Haltetellern

WDVP	1_1d	1_1d	1_1f	1_2a	1_2a	1_1d	1_1f	1_2a	Mittelwert
VM	1	1	1	1	1	2	2	2	
NKL	1	2	1	1	2	1	1	1	
$\mu_{angepasst}$	0,655	0,619	0,465	0,498	0,426	0,825	0,439	0,520	0,556

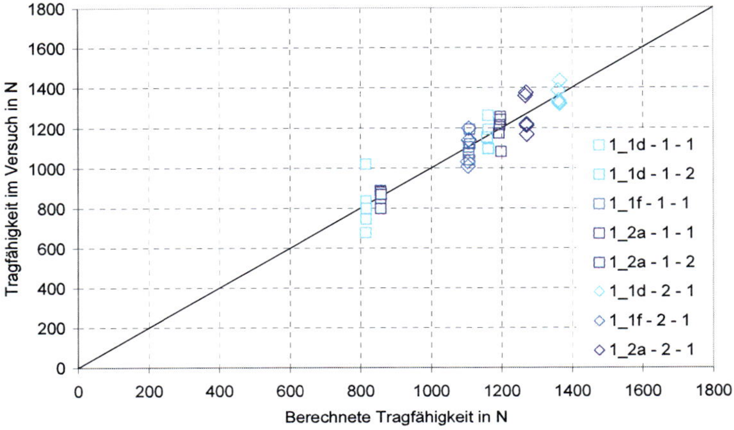

Bild 7-9 Zugscherversuche mit Schrauben mit Haltetellern: Tragfähigkeit im Versuch über der angepassten berechneten Tragfähigkeit

7.6 Verbindungen mit Klammern in Unterdeckplatten

Breitrückenklammern und Schrauben mit Halteteller werden direkt in die Holzfaserdämmplatte eingebracht. Die Rücken- bzw. Kopfdurchziehtragfähigkeit dieser Verbindungsmittel in Holzfaserdämmplatten wird durch den breiteren Klammerrücken bzw. durch den Halteteller erhöht und steigert durch den Seileffekt die Tragfähigkeit des Verbindungsmittels. Bei der Verwendung von Klammern, Nägeln und Schrauben wird eine Konterlatte angeordnet, die Verbindungsmittel werden durch die Konterlatte hindurch in die Holzfaserdämmplatte und die Holzunterkonstruktion eingebracht. Durch die Konterlatte wird die Rücken- bzw. Kopfdurchziehtragfähigkeit des Verbindungsmittels in der Holzfaserdämmplatte nicht maßgebend. Für Klammern wird in Holz und Holzwerkstoffen angenommen, dass die Ausziehtragfähigkeit der Klammerschäfte geringer ist als die Rückendurchziehtragfähigkeit des Klammerrückens. Somit wird für die Berücksichtigung des Seileffekts in der Berechnung der Tragfähigkeit die Ausziehtragfähigkeit der Klammerschäfte angesetzt. Um diese Annahmen zu überprüfen und für die Ermittlung von Verschiebungsmoduln wurden Versuche mit Klammern in Unterdeckplatten durchgeführt. Alle Versuche wurden mit im Normalklima klimatisierten Versuchskörpern durchgeführt (s. Bild 7-10). Das Versuchsprogramm ist in Tabelle 7-4 angegeben. Die Ergebnisse der Versuche sind in Blaß und Gebhardt (2009) zusammengefasst.

Tabelle 7-4 Versuchsprogramm der Zugscherversuche mit Klammern und Unterdeckplatten

Unterdeckplatte	Dicke t in mm	Anzahl
1_1a	18	Jeweils 3 Versuche
2_a		
3_a		
1_1b	22	
2_b		
3_b		
1_1d	35	
2_c		
3_c		

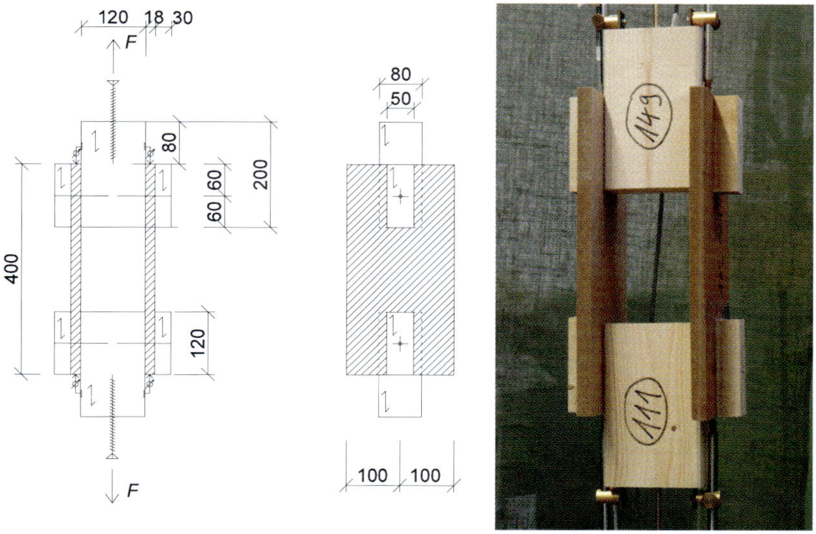

Bild 7-10 Zugscherkörper für Versuche mit Klammern (Maße in mm)

Die Vorhersagewerte der Tragfähigkeit wurden nach den erweiterten Gleichungen der Theorie von Johansen (1949) in Abschnitt 4.3 berechnet. Zusätzliche Parameter in der Berechnung sind hierbei die Lochleibungsfestigkeit und die Dicke der Konterlatte. Das Fließmoment M_y der Klammer kann wie in Abschnitt 7.4 für Breitrückenklammern in Anlehnung an Untersuchungen mit Nägeln von Werner und Siebert (1991) nach Gleichung (33) abgeschätzt werden. Zur Überprüfung der so berechneten Werte wurden an zehn Klammern die Fließmomente ermittelt und für die Berechnung verwendet. Die Ergebnisse sind in Blaß und Gebhardt (2009) angegeben. Der Mittelwert lag etwa 8% über dem mit Gleichung (33) berechneten Wert. Die Lochleibungsfestigkeit von Klammern in Unterdeckplatten wurde mit der in Abschnitt 5 ermittelten Gleichung (28) berechnet. Die Lochleibungsfestigkeit von Klammern in Holz wurde wie in Abschnitt 7.4 für Breitrückenklammern nach Whale et al. (1987) mit Gleichung (34) berechnet.

Für die Berechnung der Tragfähigkeitssteigerung durch den Seileffekt wurde die Tragfähigkeit auf Herausziehen der beiden Klammerschäfte als untere Grenze abgeschätzt. Hierfür erfolgte die Berechnung der Ausziehtragfähigkeit nach DIN 1052: 2008-12 und mit der nach den Versuchen ermittelten Rohdichte an Stelle der charakteristischen Rohdichte. Da die Erhöhung durch den Seileffekt auf die Hälfte der Tragfähigkeit nach Johansen entsprechend Gleichung (26) begrenzt wird, werden die Versuchsergebnisse unterschätzt. Daher wurde die Erhöhung durch den Seileffekt direkt in Abhängigkeit von der axialen Tragfähigkeit des Verbindungsmittels berechnet. In Bild 7-11 sind die Versuchsergebnisse den berechneten Werten gegenübergestellt. Die Versuchsergebnisse liegen im Mittel etwa 20% über den berechneten Werten. Die Tragfähigkeitssteigerung durch die Konterlatte ist in Bild 7-12 dargestellt. Für die Reihe mit der Unterdeckplatte 3_c wurde keine Steigerung der Tragfähigkeit erreicht, da auch ohne Konterlatte Versagensmechanismus 3 maßgebend wird.

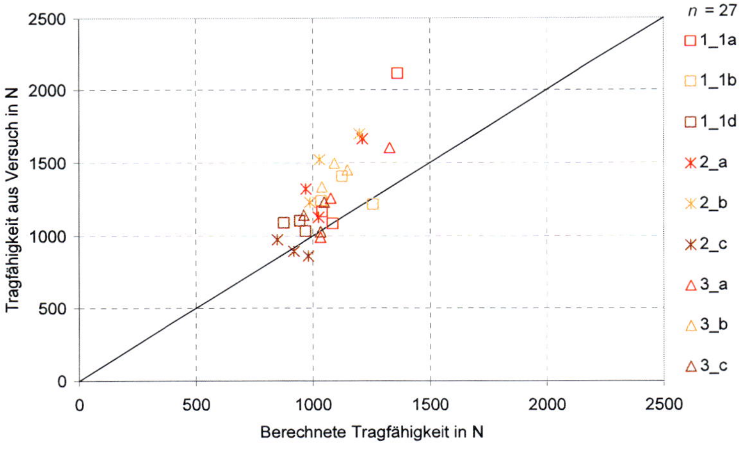

Bild 7-11 Versuchsergebnisse der Zugscherversuche mit Klammern über den berechneten Werten

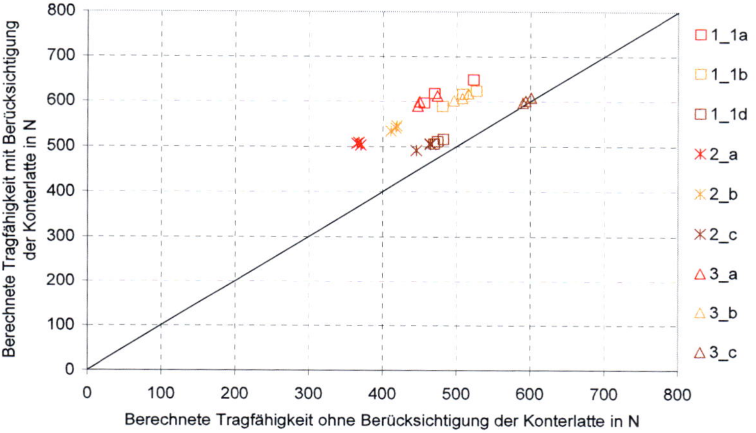

Bild 7-12 Tragfähigkeitssteigerung der Tragfähigkeit auf Abscheren unter Berücksichtigung der Konterlatte

7.7 Verbindungen mit Nägeln in Unterdeckplatten

Nägel werden wie Klammern durch eine Konterlatte hindurch in die Holzfaserdämmplatte und die Holzunterkonstruktion eingebracht. Hierdurch kann wie bei Verbindungen mit Klammern die durch die kleine Fläche des Nagelkopfes geringe Kopfdurchziehtragfähigkeit und die dadurch geringere Tragfähigkeit des Verbindungsmittels ausgeglichen werden. Das Versagen stellt sich dann durch das Erreichen der lateralen Tragfähigkeit und das Herausziehen des Nagels oder Kopfdurchziehen in der Konterlatte ein. Um diese Annahmen zu überprüfen und die Verschiebungsmoduln zu ermitteln, wurden Versuche mit Nägeln in Unterdeckplatten durchgeführt. Die Versuchskörper wurden im Normalklima klimatisiert. Das Versuchsprogramm ist in Tabelle 7-5 zusammengestellt. Der Versuchskörper ist in Bild 7-13 dargestellt. Die Ergebnisse der Versuche sind in Blaß und Gebhardt (2009) zusammengefasst.

Tabelle 7-5 Versuchsprogramm der Zugscherversuche mit Nägeln und Unterdeckplatten

Unterdeckplatte	Dicke t in mm	Nageldurchmesser in mm	Nagellänge in mm	Anzahl
1_1a	18	3,8	100	Jeweils 3 Versuche
2_a				
3_a				
1_1b	22			
2_b				
3_b				
1_1d	35	4,6	145	
2_c				
3_c				

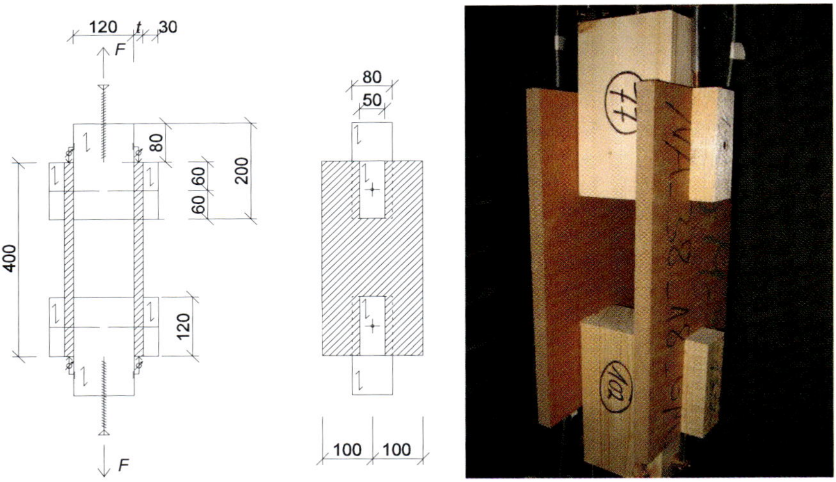

Bild 7-13 Zugscherkörper einer Holz-HFDP-Verbindung mit Nägeln (Maße in mm)

Die Erwartungswerte der Tragfähigkeit wurden wie die Erwartungswerte für Klammern nach den in Abschnitt 4.3 erweiterten Gleichungen der Theorie von Johansen (1949) berechnet. Das Fließmoment von Nägeln kann in Anlehnung an Untersuchungen von Werner und Siebert (1991) nach Gleichung (33) abgeschätzt werden. Zur Überprüfung der so berechneten Werte wurden an jeweils zehn Nägeln die Fließmomente in Anlehnung an DIN EN 409:1993 ermittelt und für die Berechnung verwendet. Die Ergebnisse sind in Blaß und Gebhardt (2009) angegeben. Die Mittelwerte lagen etwa 0,5% und 13% über den mit Gleichung (33) berechneten Werten.

Für die Lochleibungsfestigkeit von Nägeln in Unterdeckplatten wurden die Mittelwerte aus den Versuchen in Abschnitt 5 verwendet. Die Lochleibungsfestigkeit von Nägeln in Holz wurde nach Whale et al. (1987) mit Gleichung (34) berechnet. Für die Geometrie der Verbindung wurden die Nennmaße (Nenndurchmesser und Nennlänge des Verbindungsmittels sowie Nenndicke der Unterdeckplatte) eingesetzt. In der Berechnung wurde für alle Versuchskonfigurationen Versagensmechanismus 1b (Erreichen der Lochleibungsfestigkeit in der Unterdeckplatte) maßgebend. In den Versuchen wurde allerdings Versagensmechanismus 1b nicht beobachtet. Durch die gleichförmige Verschiebung von Unterdeckplatte und Konterlatte und das Öffnen eines Versuchskörpers konnte die Annahme des Versagensmechanismus 3 bestätigt werden. In diesem Versagensmechanismus stellt sich zwischen Konterlatte und Unterdeckplatte keine Relativverschiebung ein. Eine Verschiebung wird nur zwischen Unterdeckplatte und Holz beobachtet. Der Unterschied zwischen dem rechnerisch maßgebenden und dem beobachteten Versagensmechanismus und die damit verbundene Tragfähigkeitssteigerung können durch die Reibung zwischen den verbundenen Bauteilen erklärt werden. In Bild 7-14 ist das typische Versagen mit den erläuterten Verschiebungen und der Ausbildung von zwei Fließgelenken je Verbindungsmittel und Scherfuge dargestellt.

Für die Berechnung der Tragfähigkeitssteigerung durch den Seileffekt wurde die axiale Tragfähigkeit des Verbindungsmittels abgeschätzt. Hierfür erfolgte die Berechnung der Auszieh- und Kopfdurchziehtragfähigkeit nach DIN 1052:2008-12 mit den nach den Versuchen ermittelten Rohdichtewerten an Stelle der charakteristischen Rohdichte. In Bild 7-15 sind die Versuchsergebnisse den Erwartungswerten gegenübergestellt. Die Versuchsergebnisse liegen im Mittel etwa 31% über den berechneten Werten.

Durch das Einbringen der Verbindungsmittel durch eine Konterlatte hindurch können sich die Versagensmechanismen 1 und 2b nach der Johansen-Theorie nicht einstellen. Wird einer der beiden Versagensmechanismen maßgebend, kann durch die Konterlatte die Tragfähigkeit gesteigert werden. Die erweiterten Gleichungen zur Berechnung der Tragfähigkeit für diese beiden Versagensmechanismen wurden in Abschnitt 4.3 hergeleitet. In Bild 7-16 ist für die durchgeführten Versuche mit Nägeln der Unterschied in der berechneten Tragfähigkeit durch den Ansatz der Konterlatte dargestellt. Im Mittel ist der Wert der Tragfähigkeit auf Abscheren unter Berücksichtigung der Konterlatte um 40% größer als ohne Berücksichtigung der Konterlatte.

Bild 7-14 Typisches Versagen mit der Ausbildung von zwei Fließgelenken

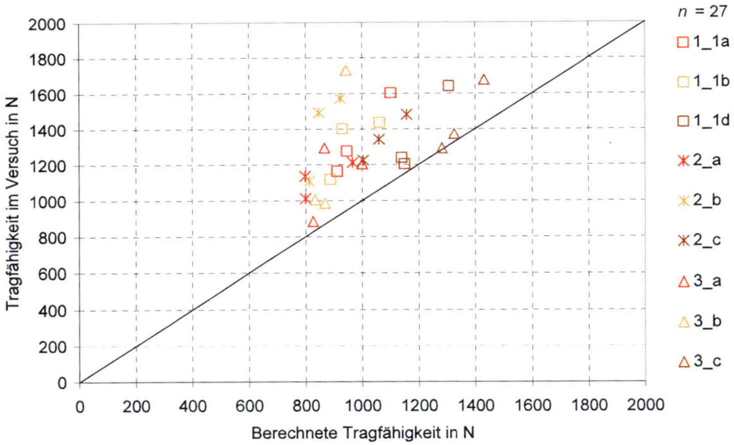

Bild 7-15 Versuchsergebnisse der Zugscherversuche mit Nägeln über den berechneten Werten

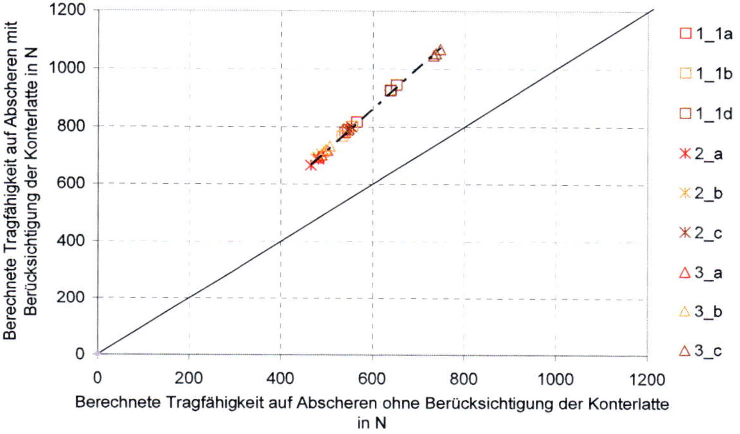

Bild 7-16 Steigerung der Tragfähigkeit auf Abscheren durch die Berücksichtigung der Konterlatte

7.8 Verbindungen mit Schrauben in Unterdeckplatten in Aufsparrendämmsystemen

Die direkte Befestigung von Holzfaserdämmplatten auf der Holzunterkonstruktion mit Breitrückenklammern und speziellen Schrauben sowie die Befestigung mit Klammen und Nägeln durch eine Konterlatte hindurch wurde in den Abschnitten 7.2 bis 7.7 vorgestellt. Eine neben der Unterdeckplatte bzw. Wärmedämmverbundplatte zusätzliche Dämmung kann in diesen beiden Varianten als Zwischensparrendämmung eingebaut werden. In Aufsparrendämmsystemen wird zusätzlich oder an Stelle der Zwischensparrendämmung eine ein- oder zweilagige Aufsparrendämmung zwischen den Sparren und der Unterdeckplatte angeordnet. Als Verbindungsmittel werden Teilgewindeschrauben oder Schrauben mit zwei Gewindegängen verwendet. Diese werden durch die Konterlatte, die Unterdeckplatte und die Aufsparrendämmung in die Sparren eingedreht. Die Tragfähigkeit der Verbindung zwischen Unterdeckplatte und Sparren wird dann maßgeblich durch die Aufsparrendämmung beeinflusst. In Abschnitt 4.4 wurden Gleichungen für die Berechnung der Tragfähigkeit von Verbindungen mit ein- oder zweilagigen Zwischenschichten hergeleitet. Um die Berechnung der Tragfähigkeit zu validieren und Verschiebungsmoduln zu ermitteln, wurden Versuche mit Verbindungen in Aufsparrendämmsystemen durchgeführt. Für die Versuche wurden doppeltsymmetrische Versuchskörper hergestellt. In den Versuchen wurden ein- und zweilagige Dämmschichten mit Dicken zwischen 40 und 240 mm untersucht. Die Versuche wurden in Anlehnung an DIN EN 26891:1991 durchgeführt.

Die Relativverschiebung zwischen dem Sparren und der Unterdeckplatte wurde mit induktiven Wegaufnehmern gemessen. Das Versuchsprogramm ist in Tabelle 7-6 und Tabelle 7-7 zusammengestellt. Aufgrund der unterschiedlichen Dicken der Dämmschichten wurden unterschiedliche Versuchskörperlängen gewählt. Die unterschiedlichen Versuchskörper sind in Bild 7-17 bis Bild 7-22 zu sehen.

Tabelle 7-6 Versuchsprogramm für Versuche mit Schrauben in Aufsparrendämmsystemen mit einer Dämmlage

Anzahl der Dämmlagen	Bezeichnung der Dämmschicht	Dicke der Dämmplatte in mm	Bezeichnung der Unterdeckplatte	Dicke der Unterdeckplatte in mm	Schraube d_s x ℓ_s
1	DP 1	40	1_1a	18	6 x 160
			1_1b	22	
			1_1c	28	
			1_1d	35	
	DP 2	40	2_a	18	
			2_b	22	
			2_c	35	
	DP 3	40	3_a	18	
			3_b	22	
			3_c	35	
	WDVP 1_1d	80	1_1d	35	6 x 180
	WDVP 1_1f	120	1_1b	22	6 x 240
	WDVP 1_1g	160	1_1c	28	8 x 280

Tabelle 7-7 Versuchsprogramm für Versuche mit Schrauben in Aufsparrendämmsystemen mit zwei Dämmlagen

Anzahl der Dämmlagen	Bezeichnung der Dämmschicht	Dicke der Dämmplatte in mm	Bezeichnung der Unterdeckplatte	Dicke der Unterdeckplatte in mm	Schraube $d_s \times \ell_s$
2	DP 1	40	1_1a	18	6 x 200
			1_1b	28	
			1_1c	35	
	DP 2	40	2_a	18	
			2_b	22	
			2_c	35	
	DP 3	40	3_a	18	
			3_b	22	
			3_c	35	
	WDVP 1_1d	80	1_1a	18	8 x 280
	WDVP 1_1f	120	1_1b	22	8 x 360

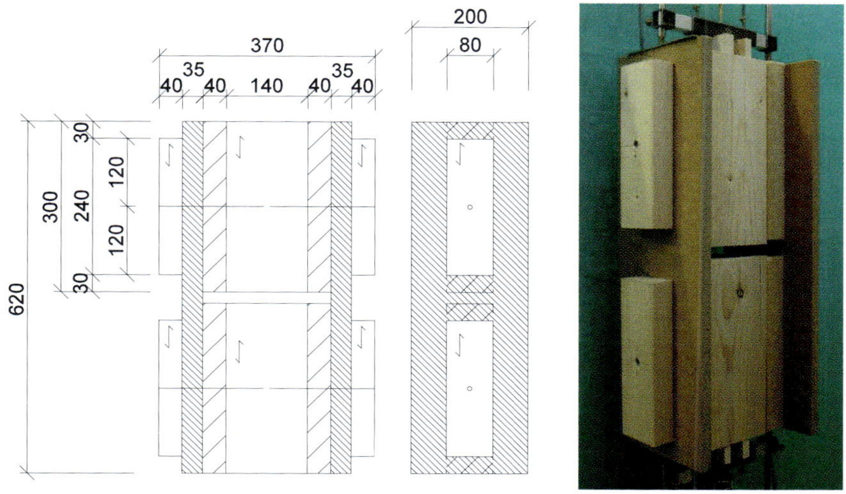

Bild 7-17 Zugscherkörper einer Holz-HFDP-Verbindung in einem einlagigen Aufsparrendämmsystem (Dämmschicht 1 x 40 mm, Maße in mm)

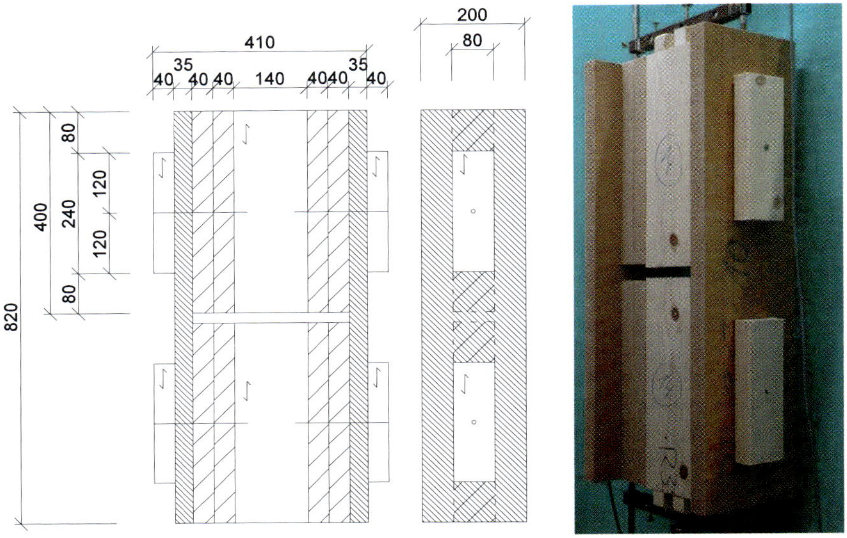

Bild 7-18 Zugscherkörper einer Holz-HFDP-Verbindung in einem zweilagigen Aufsparrendämmsystem (Dämmschicht 2 x 40 mm, Maße in mm)

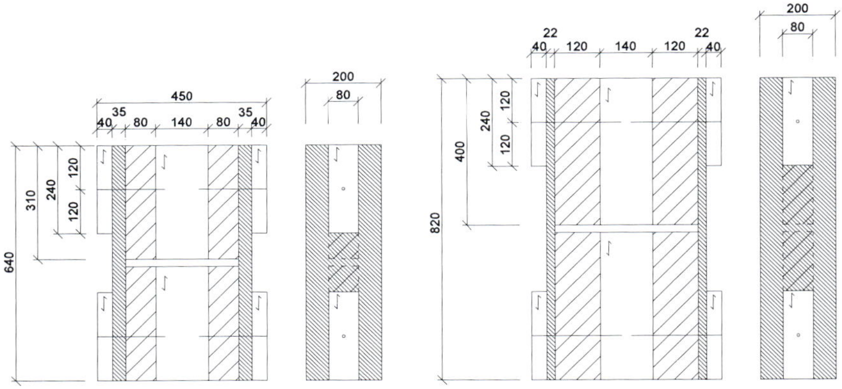

Bild 7-19 Zugscherkörper einer Holz-HFDP-Verbindung in einem einlagigen Aufsparrendämmsystem (Dämmschicht 1 x 80 mm / 1 x 120 mm, Maße in mm)

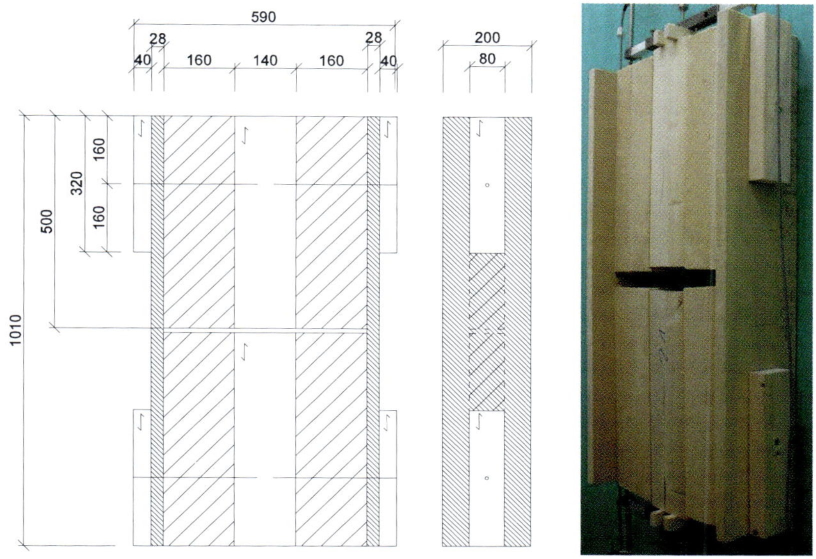

Bild 7-20 Zugscherkörper einer Holz-HFDP-Verbindung in einem einlagigen Aufsparrendämmsystem (Dämmschicht 1 x 160 mm, Maße in mm)

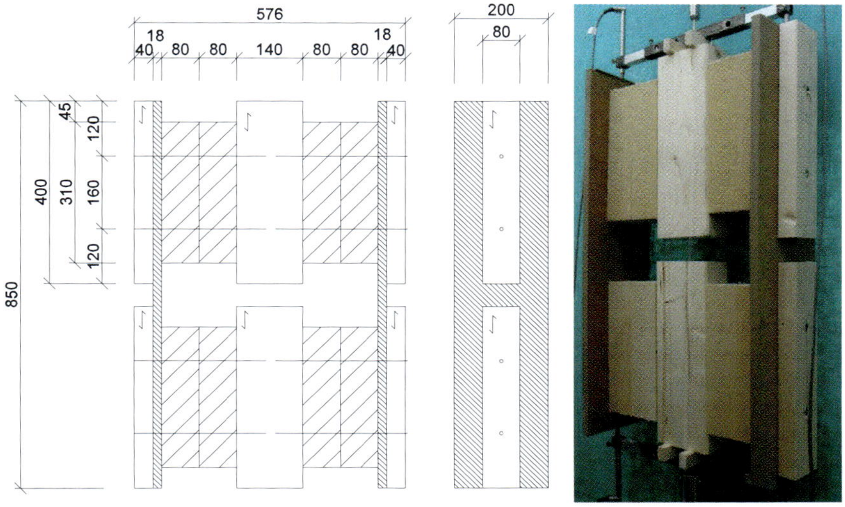

Bild 7-21 Zugscherkörper einer Holz-HFDP-Verbindung in einem zweilagigen Aufsparrendämmsystem (Dämmschicht 2 x 80 mm, Maße in mm)

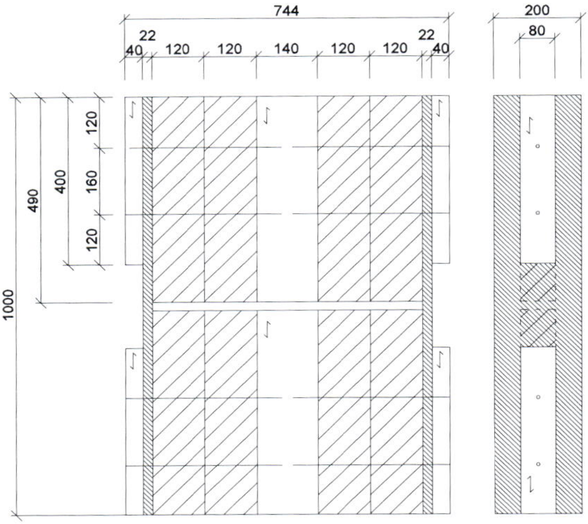

Bild 7-22 Zugscherkörper einer Holz-HFDP-Verbindung in einem zweilagigen Aufsparrendämmsystem (Dämmschicht 2 x 120 mm, Maße in mm)

Die Eigenschaften der Versuchskörper und die Versuchsergebnisse sind in Tabelle 18-15 und Tabelle 18-16 zusammengestellt. Die Erwartungswerte der Tragfähigkeit wurden nach den in Abschnitt 4.4 hergeleiteten Gleichungen berechnet. Das Fließmoment M_y der Schraube wurde nach Bejtka (2005) mit Gleichung (35) abgeschätzt. Die Lochleibungsfestigkeit von Schrauben in Holzfaserdämmplatten wurde mit der in Abschnitt 5 ermittelten Gleichung (28) berechnet. Die Lochleibungsfestigkeit von Schrauben in Holz wurde nach Bejtka (2005) mit Gleichung (36) für rechtwinklig zur Holzfaser eingedrehte Schrauben berechnet.

Für die Berechnung der Tragfähigkeitssteigerung durch den Seileffekt wurde die Tragfähigkeit auf Herausziehen der Schraube abgeschätzt. Hierfür erfolgte die Berechnung der Ausziehtragfähigkeit nach Frese et al. (2010) mit den nach den Versuchen ermittelten Rohdichtewerten nach Gleichung (37). Die Berechnung der Kopfdurchziehtragfähigkeit erfolgte in Anlehnung an DIN 1052:2008-12. Der Anteil des Seileffekts wurde in Anlehnung an DIN 1052:2008-12 abgeschätzt. Somit beträgt die Gesamttragfähigkeit das Doppelte der lateralen Tragfähigkeit. Der maßgebende Versagensmechanismus ist Versagensmechanismus 3 mit der Ausbildung von zwei Fließgelenken. Ein geöffneter Versuchskörper ist in Bild 7-23 zu sehen. Die Ausbildung des Fließgelenks ist auf der Seite des Sparrens (links im Bild) deutlich zu erkennen. Durch die weiche Lagerung des Konterlattenabschnitts auf der Unterdeckplatte und der Dämmschicht ist das zweite Fließgelenk über einen längeren Bereich der Schraube ausgebildet. Die in den Versuchen ermittelten Tragfähigkeiten sind in Bild 7-24 den Erwartungswerten gegenübergestellt.

Bild 7-23 Geöffneter Versuchskörper (Dämmschicht 1 x 40 mm) nach dem Versuch

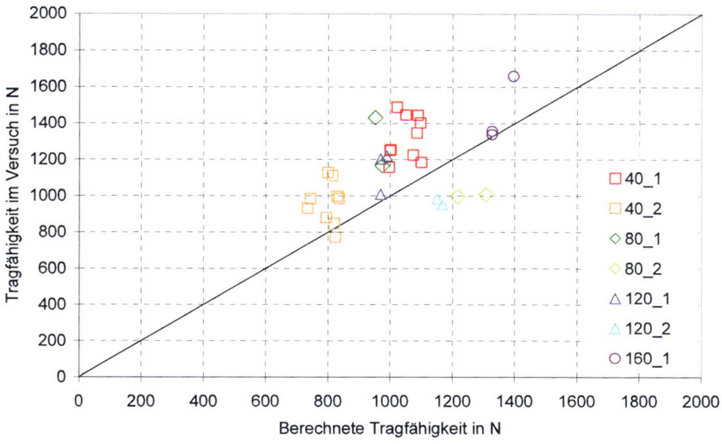

Bild 7-24 Versuchsergebnisse der Zugscherversuche mit Schrauben in Aufsparrendämmsystemen über den berechneten Werten

7.9 Verschiebungsmodul von Verbindungen zwischen Holzfaserdämmplatten und Holz mit Klammern, Breitrückenklammern und Nägeln

Die Verschiebungsmoduln wurden in Anlehnung an DIN EN 26891:1991 im Bereich von 10% bis 40% der Höchstlast und zusätzlich für eine konstante Anfangsverschiebung von v = 0,3 mm ausgewertet. In Bild 7-25 sind für die Versuche mit Nägeln die nach diesen beiden Möglichkeiten ausgewerteten Verschiebungsmoduln über den zugehörigen Verschiebungen aufgetragen. Für die Auswertung im Bereich von 10% bis 40% der Höchstlast ist eine vergleichsweise hohe Streuung unter den ermittelten Verschiebungsmoduln zwischen 500 und 5500 N/mm sowie eine Korrelation zwischen dem Verschiebungsmodul und der zugehörigen Anfangsverschiebung zu erkennen. Dies ist mit dem schon unter 40% der Schätz- bzw. Höchstlast beginnenden plastischen Verhalten zu begründen. Hierdurch liegt die Auswertung der Versuche teilweise im linear-elastischen und teilweise im plastischen Bereich. Die Auswertung im plastischen Bereich bei größeren Verschiebungen führt zu entsprechend kleineren Verschiebungsmoduln, während die Auswertung im linear-elastischen Bereich größere Verschiebungsmoduln zur Folge hat. Der Korrelationskoeffizient der Verschiebungsmoduln mit einer Ausgleichskurve beträgt R = 0,979 und zeigt die Abhängigkeit der Verschiebungsmoduln von der zugehörigen Verschiebung. Durch die Auswertung des Verschiebungsmoduls bei einer konstanten Anfangsverschiebung kann die Streuung der Verschiebungsmoduln reduziert werden. In Bild 7-25 sind weiterhin die Verschiebungsmoduln für eine vorgegebene Auswertung bei v = 0,3 mm dargestellt. Die Verschiebungsmoduln streuen dann zwischen 1000 und 2000 N/mm. Die Auswertung der Verschiebungsmoduln erfolgt hierbei im annähernd linear-elastischen Bereich. Im Weiteren wurden für alle Zugscherversuche die Verschiebungsmoduln bei v = 0,3 mm ausgewertet.

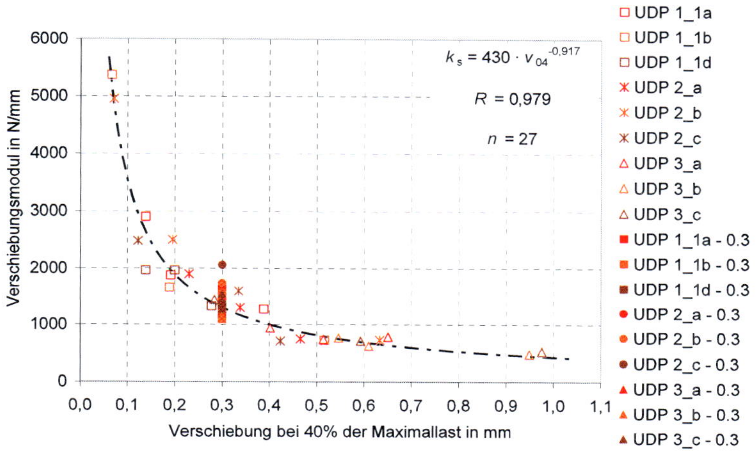

Bild 7-25 Verschiebungsmoduln über Anfangsverschiebung für Nägel; Auswertung nach DIN EN 26891:1991 sowie bei einer vorgegebenen Anfangsverschiebung

Für die Berechnung des Verschiebungsmoduls von Verbindungen mit stiftförmigen Verbindungsmitteln liegen bereits verschiedene Ansätze vor. Nach DIN 1052:2008-12 werden Verschiebungsmoduln von Verbindungen mit stiftförmigen Verbindungsmitteln in Abhängigkeit vom Verbindungsmitteltyp, vom Durchmesser des Verbindungsmittels und von den Rohdichtewerten der verbundenen Bauteile berechnet. Für unterschiedliche Rohdichtewerte ist das geometrische Mittel der Rohdichtewerte der verbundenen Bauteile zu bilden. Für Stahlblech-Holz- und Holz-Holzwerkstoff-Verbindungen ist die Rohdichte des Holzes einzusetzen. Die Begründung hierfür liegt in der höheren Rohdichte von Holzwerkstoffen in Bezug auf die Rohdichte von Holz. Für Klammern und Nägel können die Verschiebungsmoduln nach DIN 1052:2008-12 nach den Gleichungen (38) und (39) berechnet werden.

$$K_{ser} = \frac{\rho_k^{1,5}}{60} \cdot d^{0,8} \text{ in N/mm} \tag{38}$$

$$K_{ser} = \frac{\rho_k^{1,5}}{25} \cdot d^{0,8} \text{ in N/mm} \tag{39}$$

mit

ρ_k charakteristische Rohdichte der miteinander verbundenen Teile in kg/m³

d Stiftdurchmesser in mm

Weitere Ansätze für die Berechnung von Verschiebungsmoduln wurden in der jüngeren Vergangenheit vorgestellt. Blaß und Uibel (2007) ermittelten Gleichung (40) für die Berechnung von Verschiebungsmoduln von Brettsperrholzverbindungen mit Stabdübeln. Der Verschiebungsmodul ist abhängig von den mittleren Rohdichtewerten und den Dicken der verbundenen Bauteile, vom Durchmesser und von einer fiktiven Fließspannung des Verbindungsmittels, die aus den Fließmomenten ermittelt wurde.

$$k_{\text{ser,pred}} = 9{,}3 \cdot 10^{-6} \cdot \rho^{0{,}81} \cdot d^{1{,}29} \cdot f_{\text{y,fiktiv}}^{1{,}89} \cdot \left(\frac{t_2}{t_1}\right)^{-0{,}14} \quad \text{in N/mm} \tag{40}$$

mit

ρ mittlere Rohdichte der miteinander verbundenen Brettsperrhölzer in kg/m³

d Durchmesser des Verbindungsmittels in mm

t_2 Dicke des Mittelholzes in mm

t_1 Dicke des Seitenholzes in mm

$f_{y,fiktiv}$ fiktive Fließspannung des Verbindungsmittels in N/mm²

Nach Blaß et al. (2006) kann der Verschiebungsmodul einer Stahlblech-Holz-Verbindung mit selbstbohrenden Holzschrauben für ein dünnes Stahlblech nach Gleichung (41) und für ein dickes Stahlblech nach Gleichung (42) berechnet werden.

$$K_{\text{ser,G}} = 0{,}037 \cdot \rho^{0{,}82} \cdot d^{1{,}41} \cdot t^{0{,}66} \quad \text{in N/mm} \tag{41}$$

$$K_{\text{ser,E}} = 0{,}31 \cdot \rho^{0{,}72} \cdot d^{1{,}54} \cdot t^{0{,}25} \cdot f_{\text{y,fiktiv}}^{0{,}16} \quad \text{in N/mm} \tag{42}$$

mit

ρ Rohdichte des Holzes in kg/m³

d Durchmesser des Verbindungsmittels in mm

t Stahlblechdicke in mm

$f_{y,fiktiv}$ fiktive Fließspannung des Verbindungsmittels in N/mm²

Mit Hilfe einer multiplen Regressionsanalyse wurde aus den Verschiebungsmoduln der 90 durchgeführten Zugscherversuche Gleichung (43) für die Bestimmung des Verschiebungsmoduls hergeleitet. Die Versuchsergebnisse sind den mit Gleichung (43) berechneten Werten in Bild 7-26 unterteilt nach den unterschiedlichen Holzfaserdämmplatten und in Bild 7-27 unterteilt nach dem Verbindungsmitteltyp gegenübergestellt.

$$K_{ser} = 1{,}25 \cdot \rho_{HFDP}^{0,80} \cdot \rho_{VH}^{0,30} \cdot t^{-0,32} \cdot d^{1,29} \text{ in N/mm} \tag{43}$$

mit

ρ_{HFDP}	Rohdichte der Holzfaserdämmplatte in kg/m³
ρ_{VH}	Rohdichte des Vollholzes in kg/m³
t	Dicke der Holzfaserdämmplatte in mm
d	Durchmesser des Verbindungsmittels in mm

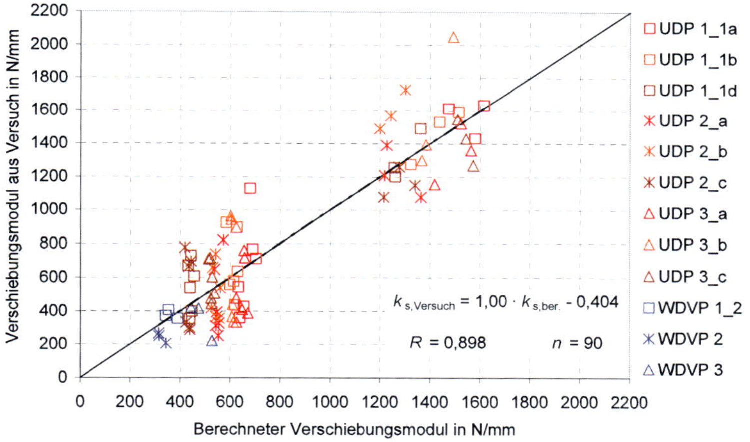

Bild 7-26 Verschiebungsmoduln über berechneten Verschiebungsmoduln unterteilt nach Holzfaserdämmplatten

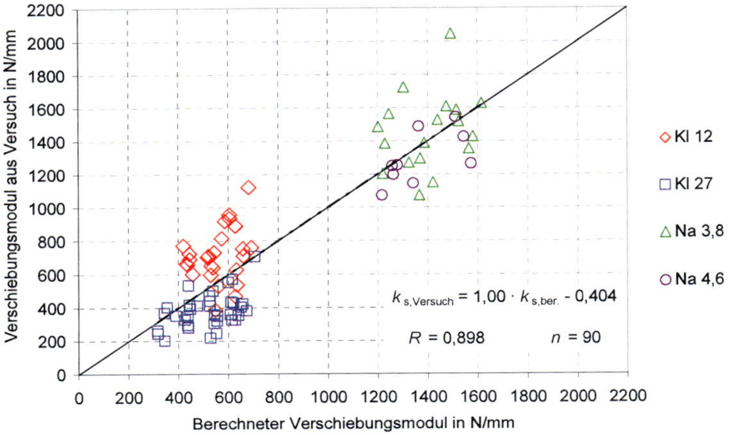

Bild 7-27 Verschiebungsmoduln über berechneten Verschiebungsmoduln unterteilt nach dem Verbindungsmitteltyp

7.10 Verschiebungsmodul von Verbindungen zwischen Wärmedämmverbundplatten und Holz mit Breitrückenklammern und Schrauben mit Haltetellern

Der Verschiebungsmodul nach Gleichung (43) wurde für Breitrückenklammern, Klammern und Nägel im Rahmen eines Forschungsvorhabens hergeleitet. Alle Versuche wurden mit im Normalklima klimatisierten Versuchskörpern durchgeführt. In weiteren Versuchen wurden die Versuchskörper vor der Durchführung der Versuche im Klima 20/85 konditioniert. Weiterhin wurden Versuche mit Schrauben mit Haltetellern durchgeführt. Die Versuche wurden in Abschnitt 7.4 und Abschnitt 7.5 vorgestellt. Für diese Versuche wird im Folgenden die Anwendung von Gleichung (43) untersucht.

Nach DIN 1052:2008-12 kann der Verschiebungsmodul in Abhängigkeit vom Verbindungsmitteltyp, vom Verbindungsmitteldurchmesser und von der Rohdichte der verbundenen Bauteile berechnet werden. Bei Holz-Holzwerkstoffverbindungen wird die Rohdichte des Holzes verwendet. Dies ist mit der im Allgemeinen höheren Rohdichte der Holzwerkstoffe im Vergleich zur Rohdichte von Holz zu begründen. Werden Bauteile aus Holz mit unterschiedlicher Rohdichte miteinander verbunden, ist das geometrische Mittel aus beiden Rohdichtewerten zu verwenden. In einer ersten konservativen Annahme wird der Vorhersagewert des Verschiebungsmoduls nach den Gleichungen (38) und (39) mit der Rohdichte der Wärmedämmverbundplatten und mit dem geometrischen Mittel aus den Rohdichtewerten berechnet. Bild 7-28 und Bild 7-29 zeigen die in den Versuchen ermittelten Verschiebungsmoduln über den berechneten Werten. Während die Berechnung mit den Rohdichtewerten der Wärmedämmverbundplatten konservative Werte liefert, stimmt die Berechnung mit dem geometrischen Mittel aus der Rohdichte mit den Versuchsergebnissen im Mittel überein. Allerdings ist die allgemeine Übereinstimmung in beiden Vergleichen gering.

Im nächsten Schritt wird die Anwendung der in Abschnitt 7.9 hergeleiteten Gleichung (43) untersucht. Diese Gleichung wurde für Klammern, Breitrückenklammern und Nägel im Klima 20/65 hergeleitet. Klammern und Nägel werden durch eine Konterlatte in die Holzfaserdämmplatte und die Holzunterkonstruktion eingebracht. Durch diesen konstruktiven Unterschied werden unterschiedliche Versagensmechanismen maßgebend. In Verbindungen mit einer Konterlatte wird zumeist Versagensmechanismus 3 mit einer Ausbildung von zwei Fließgelenken maßgebend, während in Verbindungen mit Breitrückenklammern und Schrauben mit Haltetellern Versagensmechanismus 2b maßgebend wird. In Bild 7-30 ist der Verschiebungsmodul aus den Versuchen den mit Gleichung (43) berechneten Verschiebungsmoduln gegenübergestellt. Die Versuchsergebnisse werden durch die Erwartungswerte überschätzt. Diese Beobachtung kann durch die unterschiedlichen Versagensmechanismen und die teilweise Klimatisierung in 20/85 erklärt werden.

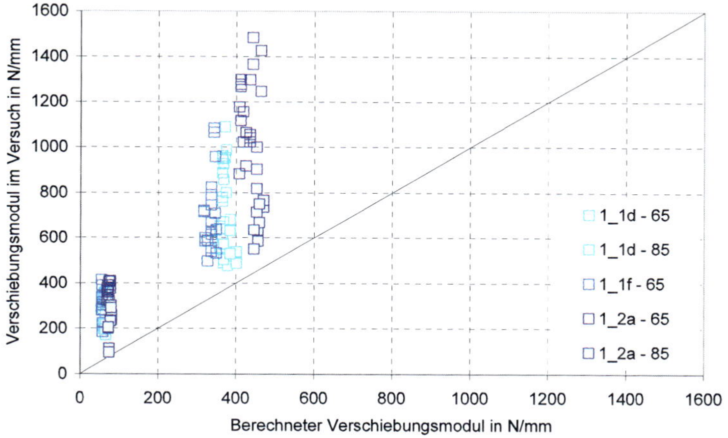

Bild 7-28 Verschiebungsmoduln über berechneten Verschiebungsmoduln nach DIN 1052:2008-12 mit Rohdichte der Wärmedämmverbundplatte

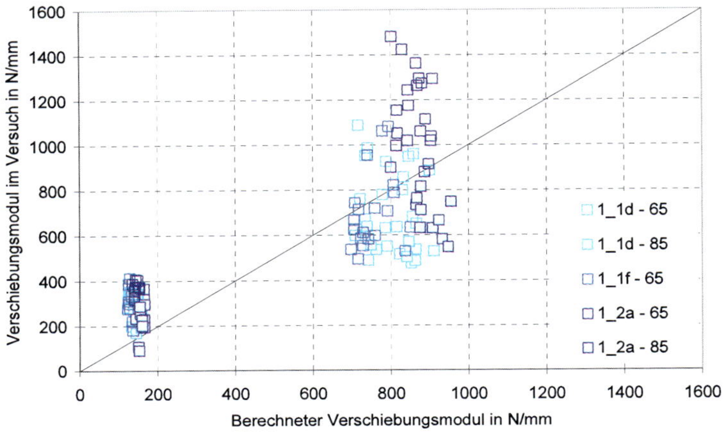

Bild 7-29 Verschiebungsmoduln über berechneten Verschiebungsmoduln nach DIN 1052:2008-12 mit geometrischem Mittel der Rohdichte

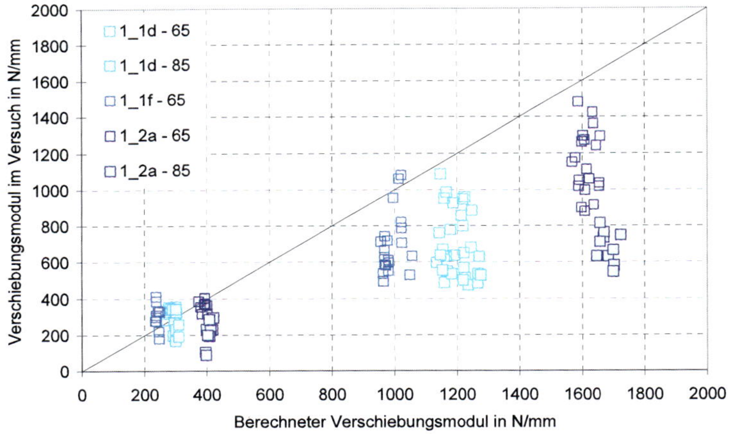

Bild 7-30 Verschiebungsmoduln über berechneten Verschiebungsmoduln nach Gleichung (43)

Der Einfluss der Klimatisierung kann mit einem Faktor berücksichtigt werden, der die berechneten Werte für das Klima 20/85 abmindert. Dieser Faktor wurde für einen ersten Vergleich zu k_{85} = 0,60 gewählt. Bild 7-31 zeigt den Vergleich zwischen den Versuchsergebnissen und den abgeminderten berechneten Werten. Es ist eine Verbesserung im Bereich von etwa 200 bis 400 N/mm zu erkennen. Für höhere Werte werden die Verschiebungsmoduln in den Versuchen durch die berechneten Werte überschätzt. Daher wurde für die Berechnung von Verschiebungsmoduln von Breitrückenklammern und Schrauben mit Haltetellern in den Klimata 20/65 und 20/85 Gleichung (44) hergeleitet. Bild 7-32 zeigt die Versuchsergebnisse über den berechneten Werten sowie die Parameter der Ausgleichsgeraden.

$$K_{ser} = 11{,}0 \cdot \rho_{HFDP}^{0,80} \cdot t^{-0,32} \cdot d^{0,91} \cdot 0{,}62^{k_u} \quad \text{in N/mm} \qquad (44)$$

mit

ρ_{HFDP} Rohdichte der Holzfaserdämmplatte in kg/m³

t Dicke der Holzfaserdämmplatte in mm

d Durchmesser des Verbindungsmittels in mm

k_u Exponent zur Berücksichtigung der Klimatisierung / Nutzungsklasse (k_u = 0 im Klima 20/65 und k_u = 1 im Klima 20/85)

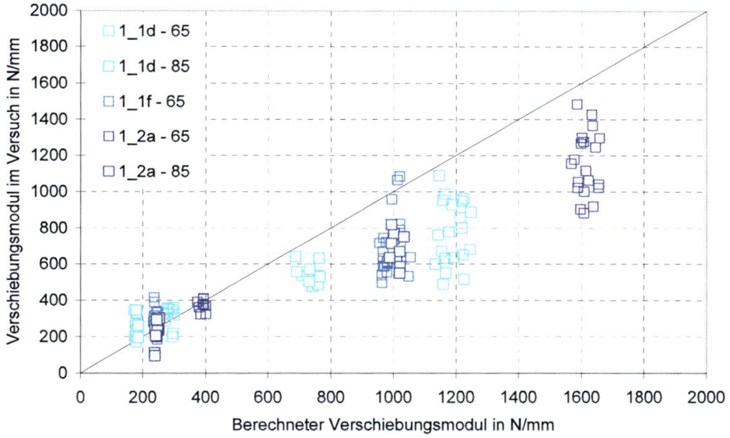

Bild 7-31 Verschiebungsmoduln über berechneten Verschiebungsmoduln nach Gleichung (43) mit k_{85} = 0,6

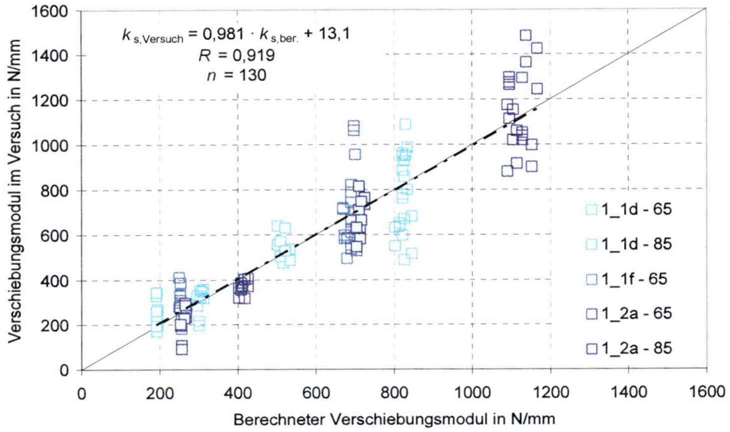

Bild 7-32 Verschiebungsmoduln über berechneten Verschiebungsmoduln nach Gleichung (44)

7.11 Verschiebungsmodul von Verbindungen in Aufsparrendämmsystemen

Für die in Abschnitt 7.8 untersuchten Verbindungen in Aufsparrendämmsystemen wurde neben der Tragfähigkeit auch der Verschiebungsmodul ausgewertet. In Bild 7-33 sind die Verschiebungsmoduln über der Gesamtdicke der Dämmschicht aufgetragen. Die Gesamtdicke der Dämmschicht entspricht der Dicke der Dämmplatte in einlagigen Aufsparrendämmsystemen bzw. der Summe der beiden Dämmplattendicken in zweilagigen Aufsparrendämmsystemen. Der Verschiebungsmodul nimmt mit zunehmender Gesamtdicke der Dämmung ab. Der Zusammenhang zwischen dem Verschiebungsmodul und der Gesamtdicke der Dämmung kann mit einer Potenzfunktion beschrieben werden. Die Gleichung der Potenzfunktion und der zugehörige Korrelationskoeffizient sind in Bild 7-33 angegeben. Ein Versuch der Reihe 160_1 wurde in der Auswertung nicht berücksichtigt. Die weiteren Parameter mit einem Einfluss auf den Verschiebungsmodul sind vergleichsweise gering. Auf die Durchführung einer multiplen Regressionsanalyse wird im Rahmen dieser Arbeit verzichtet. Hierfür sind weitere Versuche erforderlich. Allgemein ist festzustellen, dass der Verschiebungsmodul im Bereich zwischen etwa 200 und 800 N/mm liegt. Dieser Wertebereich wurde auch für Verschiebungsmoduln von Verbindungen mit Breitrückenklammern ermittelt. Somit kann durch eine Unterdeckplatte in einem Aufsparrendämmsystem eine Aussteifung erreicht werden, die mit einer Aussteifung durch Wärmedämmverbundplatten und einer Verbindung mit Breitrückenklammern vergleichbar ist.

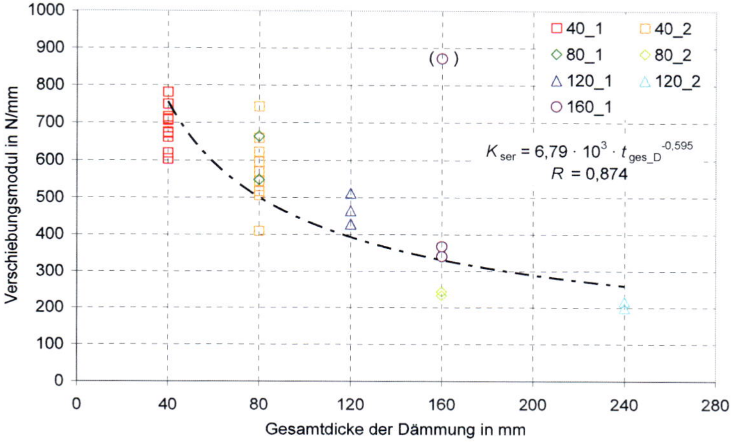

Bild 7-33 Verschiebungsmoduln über der Gesamtdicke der Dämmung in Aufsparrendämmsystemen

8 Schubfestigkeit und Schubmodul von Holzfaserdämmplatten

8.1 Allgemeines und Kenntnisstand

Die theoretischen und experimentellen Grundlagen für die Berechnung der Tragfähigkeit und Steifigkeit der Verbindung zwischen Holzfaserdämmplatten und der Holzunterkonstruktion sowie für die zu führenden Nachweise wurden in den Abschnitten 4 bis 7 ermittelt. Hiermit kann das Versagen der Verbindung als Versagensmechanismus einer Holztafel unter einer horizontalen Beanspruchung berücksichtigt werden. Neben dem Versagen der Verbindung sind das Schubversagen und das Beulen der Beplankung die weiteren zu berücksichtigenden Versagensmechanismen in einer Holztafel unter einer horizontalen Beanspruchung. Als Parameter für die Nachweise der Schubtragfähigkeit und der Gebrauchstauglichkeit werden die Schubfestigkeits- und Schubsteifigkeitskennwerte von Holzfaserdämmplatten benötigt.

In der Vergangenheit wurden verschiedene Methoden für die Bestimmung der Schubeigenschaften von Holz und Holzwerkstoffen untersucht. Während die Schubfestigkeit in einem statischen Versuch bestimmt wird, kann der Schubmodul sowohl in einem statischen Versuch als auch mit Hilfe von dynamischen Messungen bestimmt werden. Ein Messverfahren für die Bestimmung des Schubmoduls von Holz in einem statischen Versuch wurde von Ylinen (1942) vorgestellt und es wurden erste Versuchsergebnisse für finnisches Kiefernholz angegeben. Eine experimentelle und theoretische Bestimmung der Schubmoduln von Fichtenholz wurde von Beldie (1968) erläutert. Albers (1970) untersuchte das Verhalten von Spanplatten und Furniersperrholz unter Schub- und Scherbeanspruchungen. Becker (1973) ermittelte die Schubmoduln von Vollholz mit Hilfe akustischer Torsionsschwingungen. Schwab und Polaczek (1977) führten statische Torsionsversuche zur Ermittlung des Schubmoduls von Holz durch. Ehlbeck und Colling (1983) untersuchten in Scherversuchen Baufurniersperrholz aus Buche. Die Scherfestigkeit rechtwinklig zur Plattenebene wurde in einem Dickenbereich von 10 bis 40 mm ermittelt. Schulte und Frühwald (1996) ermittelten den Schubmodul in Plattenebene für mitteldichte Faserplatten. Für Holzfaserdämmplatten wurden die Schubfestigkeit und der Schubmodul bislang nicht systematisch ermittelt. In den folgenden Abschnitten werden die im Rahmen dieser Arbeit durchgeführten Versuche zur Ermittlung der Schubkennwerte von Holzfaserdämmplatten vorgestellt.

8.2 Prüfverfahren und Vorversuche

Für die Verwendung von Holzfaserdämmplatten als tragende Beplankung in aussteifenden Holztafeln muss der Werkstoff eine ausreichende Schubfestigkeit rechtwinklig zur Plattenebene besitzen. Die Eigenschaften von Holzwerkstoffplatten unter Schubbeanspruchung können in Versuchen z. B. nach DIN EN 789:2005 ermittelt werden.

In Bild 8-1 sind die Geometrie des Versuchskörpers sowie der Versuchsaufbau dargestellt. Der Versuchskörper wird vor der Versuchsdurchführung mit Seitenhölzern verstärkt, die mit dem Versuchskörper verklebt oder verklemmt werden. In Vorversuchen wurden unterschiedliche Verbindungsmöglichkeiten zwischen den Seitenhölzern und dem Versuchskörper sowie die Anwendung des Prüfverfahrens für Holzfaserdämmplatten untersucht. Neben einer Verklebung wurden auch verschiedene Möglichkeiten einer Verbindung mit Bolzen untersucht. In Bild 8-2 sind die Kraft-Verschiebungskurven der Versuche gruppiert nach der Art der Verbindung dargestellt. Ein lockeres Festklemmen mit drei Bolzen führte zu einer unregelmäßigen Lasteinleitung in den Probekörper. Auch eine lockere Klemmwirkung mit fünf Bolzen bewirkte eine unregelmäßige Lasteinleitung. Durch ein festes Anziehen der Bolzen wird eine regelmäßige Lasteinleitung erreicht, die auch mit der Lasteinleitung durch aufgeklebte Seitenhölzer vergleichbar ist. In einem Versuchskörper mit einer dickeren Platte und aufgeklebten Seitenhölzern wurde allerdings die Schubfestigkeit in Plattenebene erreicht. In Bild 8-3 ist das Versagen des Versuchskörpers mit aufgeklebten Seitenhölzern zu sehen. Somit wurden alle weiteren Versuche mit fünf Bolzen als Verbindung zwischen Seitenhölzern und Holzfaserdämmplatte durchgeführt. In Bild 8-4 sind ein Versuchskörper im Versuchsaufbau und das typische Versagensbild dargestellt.

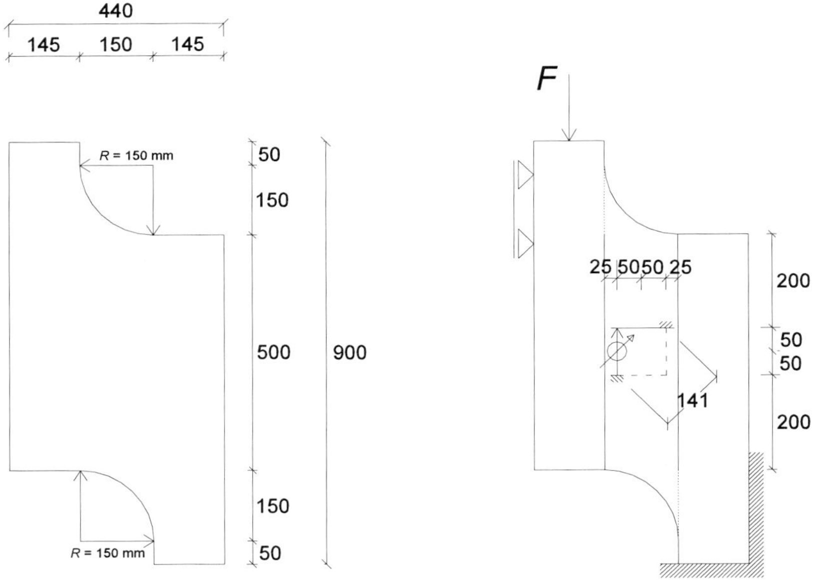

Bild 8-1 Versuchskörpergeometrie und Versuchsdurchführung (Maße in mm)

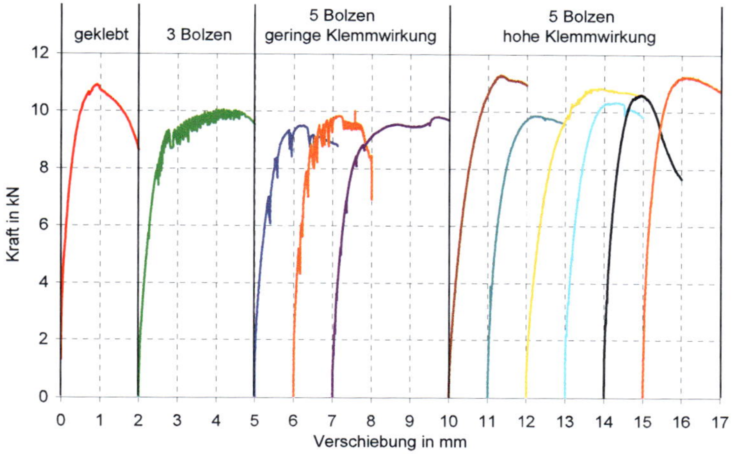

Bild 8-2 Testversuche mit verschiedenen Möglichkeiten der Lasteinleitung

Bild 8-3 Schubversagen in Plattenebene in einem Versuchskörper mit aufgeklebten Seitenhölzern

Bild 8-4 Eingebauter Versuchskörper und typisches Versagen

Für die Bestimmung des Schubmoduls nach DIN EN 789:2005 wird auf beiden Seiten des Prüfkörpers in den Druckdiagonalen die Verkürzung der Ausgangsmessstrecke gemessen und der Mittelwert der Messwerte gebildet. Hierbei wird die Verkürzung der Ausgangsmessstrecke bestimmt. Der Wegaufnehmer müsste sich für eine genaue Messung mitdrehen können. Dies kann z. B. mit einem Seilzugaufnehmer ermöglicht werden. Für die Messung im Schubfeld der Prüfkörper standen keine entsprechend kurzen Seilzugaufnehmer zur Verfügung. Daher wurde in den Versuchen von Blaß und Gebhardt (2009) mit zwei induktiven Wegaufnehmern an Stelle der Differenz *u* die vertikale Relativverschiebung *u'* gemessen. Die Umrechnung ist in Bild 8-5 dargestellt.

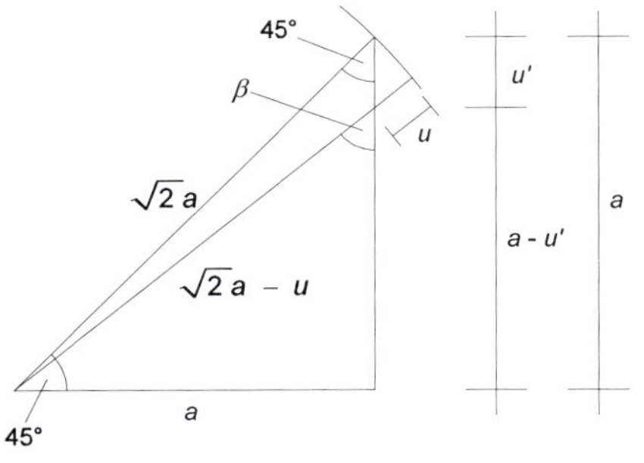

$$\frac{a}{a-u'} = \tan\beta \rightarrow \beta = \arctan\frac{a}{a-u'}$$

$$\frac{a-u'}{\sqrt{2}a-u} = \cos\beta$$

$$u = \sqrt{2}a - \frac{a-u'}{\cos\beta}$$

$$u = \sqrt{2}a - \frac{a-u'}{\cos\left(\arctan\frac{a}{a-u'}\right)}$$

Bild 8-5 Umrechnung der Verschiebung

Für kleine u' ist $\beta \approx 45°$ und der Kreisabschnitt kann durch eine Gerade angenähert werden. Dadurch kann u vereinfacht berechnet werden zu:

$$u = \frac{u'}{\sqrt{2}} \tag{45}$$

mit

u Verkürzung der Ausgangsmessstrecke

u' vertikale Relativverschiebung

Für eine erste Abschätzung der Schubfestigkeiten und Schubmoduln wurden in Vorversuchen sieben Versuchsreihen mit jeweils 12 Versuchen durchgeführt. Die Last wurde kontinuierlich aufgezeichnet und die Höchstlast ermittelt. Die Schubfestigkeit f_v berechnet sich nach Gleichung (46) und der Schubmodul G rechtwinklig zur Plattenebene nach Gleichung (47). Die Ergebnisse der Vorversuche sind in Blaß und Gebhardt (2007) zusammengestellt.

$$f_v = \frac{F_{max}}{\ell \cdot t} \tag{46}$$

mit

F_{max} Höchstlast

ℓ Länge des Prüfkörpers entlang der Mittellinie des Scherbereichs

t mittlere Dicke des Prüfkörpers, gemessen an zwei Stellen der Mittellinie

$$G = \frac{0{,}5 \cdot (F_2 - F_1) \cdot \ell_1}{(u_2 - u_1) \cdot \ell \cdot t} \tag{47}$$

mit

$F_2 - F_1$ Zunahme der Last zwischen $0{,}1 \cdot F_{max}$ und $0{,}4 \cdot F_{max}$

$u_2 - u_1$ Zunahme der Verformung entsprechend $F_2 - F_1$

ℓ_1 Messlänge

8.3 Schubfestigkeit von Holzfaserdämmplatten

Für die Ermittlung charakteristischer Werte der Schubfestigkeit wurden weitere Versuche mit einer größeren Auswahl an Holzfaserdämmplatten durchgeführt. Die Versuchsergebnisse sind in Tabelle 18-1 bis Tabelle 18-10 zusammengestellt. In Bild 8-6 sind die Werte der Schubfestigkeit den ermittelten Rohdichtewerten gegenübergestellt. Zu erkennen ist eine Zunahme der Schubfestigkeit mit steigender Rohdichte. Die Schubfestigkeit kann nach Gleichung (48) in Abhängigkeit von der Rohdichte der

Holzfaserdämmplatte abgeschätzt werden. Der Korrelationskoeffizient zwischen der Schubfestigkeit f_v und der Rohdichte beträgt $R = 0{,}847$.

$$f_v = 1{,}3 \cdot 10^{-6} \cdot \rho^{2{,}39} \text{ in N/mm}^2 \tag{48}$$

mit

ρ Rohdichte der Holzfaserdämmplatte in kg/m³

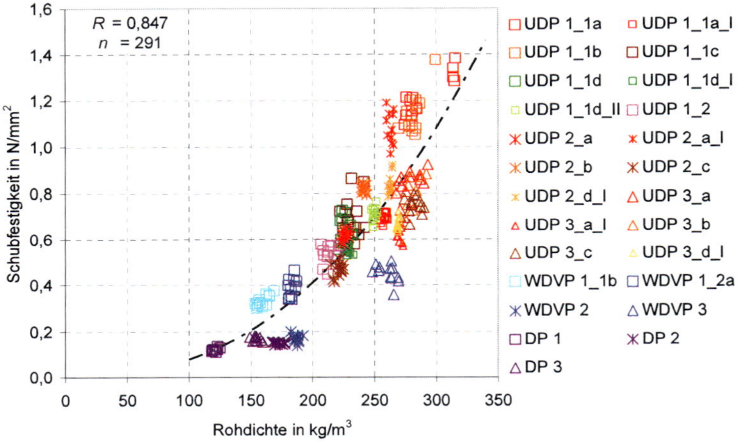

Bild 8-6 Schubfestigkeit aus Versuchen über der Rohdichte

8.4 Schubmodul von Holzfaserdämmplatten

Für die Ermittlung der Schubmoduln von Holzfaserdämmplatten wurde in den Versuchen von Blaß und Gebhardt (2009) die Relativverschiebung in einem Bereich von 100 mm x 100 mm gemessen (s. Abschnitt 8.2). Bei einem Teil der Versuche wurde eine ungleichförmige Last-Verschiebungskurve beobachtet: Erst im höheren Lastbereich oder beim Erreichen der Höchstlast stellte sich eine messbare Relativverschiebung ein. Diese Beobachtung kann durch Ungenauigkeiten in der Wegmessung begründet werden. Daher liegen die für diese Versuche ermittelten Schubmoduln über den wahren Werten.

Für eine Neuauswertung der Schubmoduln wurden im Rahmen dieser Arbeit weitere 26 Versuche durchgeführt. Für jeden Plattentyp und jede Plattendicke wurden zwei Platten aus Reststücken der bereits untersuchten Platten ausgewählt. Mit Hilfe einer Kalibrierung wurde ein Zusammenhang zwischen dem Schubmodul und dem Maschinenweg hergestellt. Damit konnte der Schubmodul in Abhängigkeit der Daten des Maschinenweges für alle durchgeführten Versuche neu ausgewertet werden.

Der Versuchsaufbau erfolgte entsprechend der bereits durchgeführten Versuche. Für die Ermittlung der Schubverzerrung wurde die Verkürzung der Druckdiagonalen mit zwei induktiven Wegaufnehmern (Messbereich: 10 mm) gemessen. Der Versuchsaufbau ist in Bild 8-7 und Bild 8-8 dargestellt. In Bild 8-9 sind eine beispielhafte Kraft-Weg-Kurve sowie der Auswertungsbereich für die Bestimmung des Schubmoduls dargestellt.

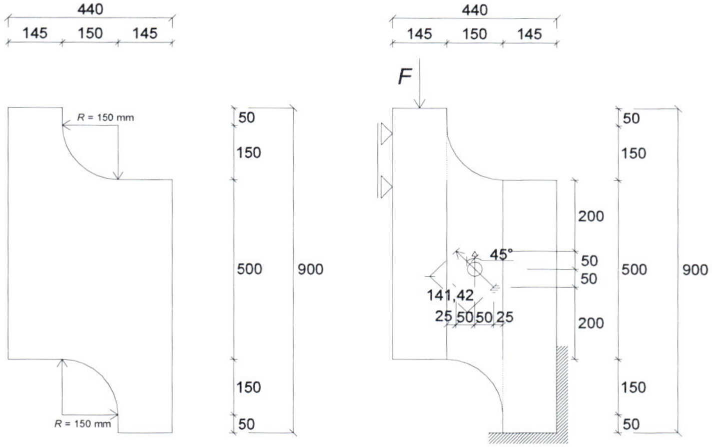

Bild 8-7 Versuchsaufbau Kalibrierungsversuche (Maße in mm)

Bild 8-8 Messung der Verkürzung der Druckdiagonalen

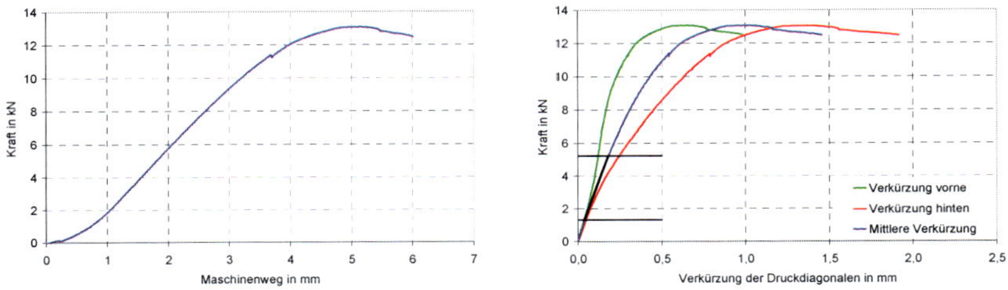

Bild 8-9 Kraft-Weg-Kurven der Kalibrierungsversuche

Neben den Schubfestigkeiten und den Schubmoduln wurde zusätzlich die auf die Dicke der Holzfaserdämmplatte bezogene Versuchssteifigkeit nach Gleichung (49) für die Kalibrierungsversuche und die bereits durchgeführten Versuche ausgewertet.

$$K = \frac{(F_2 - F_1)}{(u_{M,2} - u_{M,1}) \cdot t} \text{ in N/mm}^2 \qquad (49)$$

Die Ergebnisse der Kalibrierungsversuche sind in Tabelle 18-14 angegeben. Die Schubfestigkeiten aus den Kalibrierungsversuchen stimmen im Mittel mit den Schubfestigkeiten aus Blaß und Gebhardt (2009) überein. Die Schubmoduln aus den Kalibrierungsversuchen sind in Bild 8-10 über der Rohdichte aufgetragen. Der Korrelationskoeffizient zwischen dem Schubmodul und der Rohdichte beträgt $R = 0{,}948$. Der Korrelationskoeffizient zwischen der Schubfestigkeit und dem Schubmodul beträgt $R = 0{,}954$.

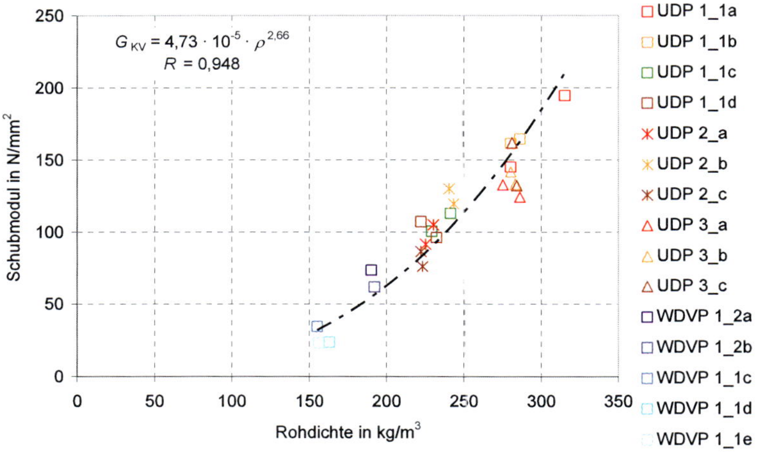

Bild 8-10 Kalibrierungsversuche: Schubmodul über Rohdichte

Der Korrelationskoeffizient zwischen der Versuchssteifigkeit und der Rohdichte beträgt $R = 0{,}851$ und liegt somit unter den Korrelationskoeffizienten der Schubfestigkeit bzw. des Schubmoduls und der Rohdichte. Zwischen dem Schubmodul und dem Versuchsmodul ist eine relativ gute Übereinstimmung zu erkennen. Für einen Teil der Platten wurde allerdings eine geringere Übereinstimmung beobachtet. Daher wird für die Bestimmung des Schubmoduls in Abhängigkeit von der Versuchssteifigkeit für jede Holzfaserdämmplatte das Verhältnis aus der Versuchssteifigkeit und dem Schubmodul bestimmt.

Ein Vergleich zwischen der Versuchssteifigkeit der Kalibrierungsversuche und der Versuchssteifigkeit der Versuche von Blaß und Gebhardt (2009) zeigt, dass die Versuchssteifigkeit in den Kalibrierungsversuchen geringfügig kleiner ist. Dies liegt in einem größeren Maschinenweg in den Kalibrierungsversuchen begründet, der durch eine weichere Befestigung der Seitenhölzer, eine weichere Einspannung des Versuchskörpers im Versuchsstand oder eine geringere Rohdichte der Seitenhölzer erklärt werden kann.

Daher wird in der Neuauswertung der Versuche des Forschungsvorhabens zusätzlich das Verhältnis der beiden Versuchssteifigkeiten berücksichtigt und eine entsprechende Korrektur durchgeführt. Die Neuauswertung der Versuche aus Blaß und Gebhardt (2009) erfolgt nach Gleichung (50).

$$G = \frac{K_{\mathrm{FV}}}{\eta_{\mathrm{G}}} \cdot \eta_{\mathrm{K}} \text{ in N/mm}^2 \tag{50}$$

mit

K_{FV} Versuchsmodul in N/mm^2

η_{G} Verhältnis Versuchssteifigkeit / Schubmodul aus Kalibrierungsversuch

η_{K} Verhältnis Versuchssteifigkeit bei Blaß/Gebhardt (2009) – Versuchssteifigkeit Kalibrierungsversuche

Bild 8-11 zeigt den Schubmodul aus den Kalibrierungsversuchen über den neu ausgewerteten Schubmoduln der Versuche von Blaß und Gebhardt (2009). Im Mittel wird eine sehr gute Übereinstimmung erreicht.

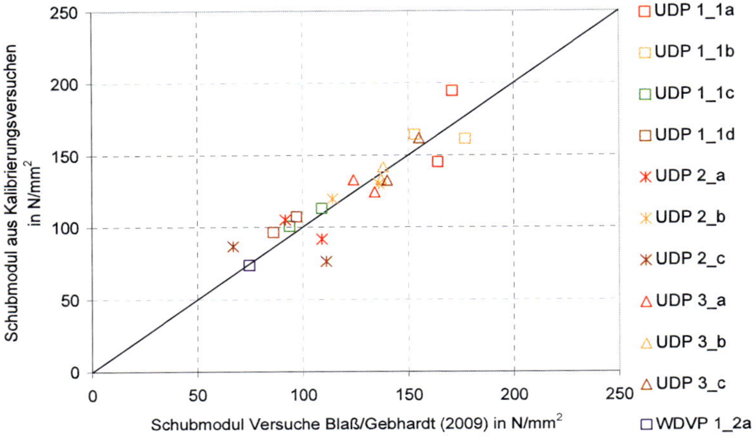

Bild 8-11 Schubmodul aus Kalibrierungsversuchen über den neu ausgewerteten Schubmoduln der Versuche von Blaß und Gebhardt (2009)

Die Ergebnisse der neu ausgewerteten Schubversuche sind in Tabelle 18-1 bis Tabelle 18-10 zusammengestellt. In Bild 8-12 sind die Schubmoduln über der Rohdichte aufgetragen. Der Schubmodul kann nach Gleichung (51) in Abhängigkeit von der Rohdichte abgeschätzt werden. Der Korrelationskoeffizient zwischen dem Schubmodul und der Rohdichte beträgt R = 0,920. In Bild 8-13 ist die Schubfestigkeit über dem Schubmodul aufgetragen.

$$G = 9{,}03 \cdot 10^{-4} \cdot \rho^{2{,}13} \text{ in N/mm}^2 \tag{51}$$

mit

ρ Rohdichte der Holzfaserdämmplatte in kg/m³

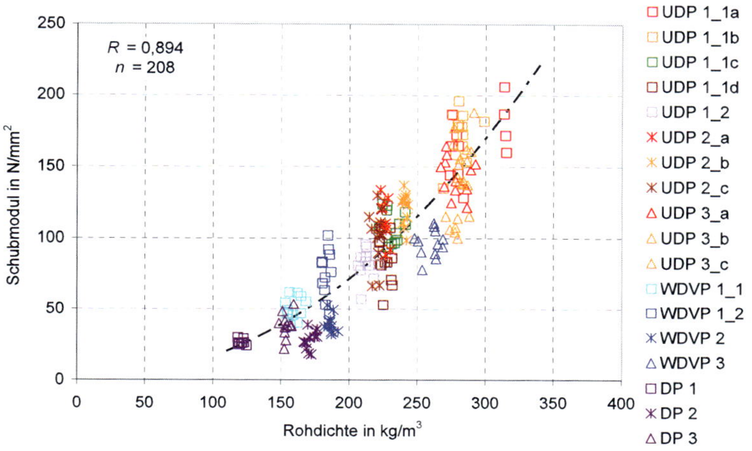

Bild 8-12 Schubmodul über Rohdichte

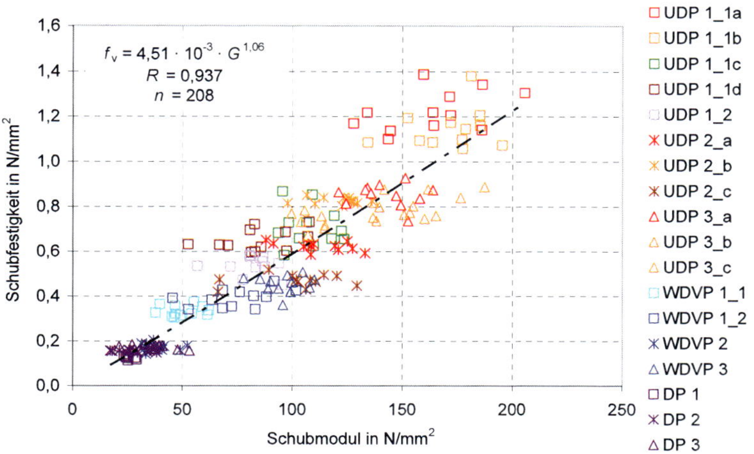

Bild 8-13 Schubfestigkeit über Schubmodul

8.5 Einfluss des Feuchtegehalts auf die Schubeigenschaften

Der Einfluss des Feuchtegehalts auf die Schubfestigkeit und den Schubmodul wurde mit zwei Wärmedämmverbundplatten mit unterschiedlichen Rohdichtewerten untersucht. Hierfür wurden die Versuchskörper bis zum Erreichen der Massenkonstanz im Klima 20°C / 85% relative Luftfeuchte gelagert. Sobald die Massenkonstanz erreicht war, wurden die Versuchskörper einzeln aus der Klimakammer entnommen, mit Seitenhölzern verstärkt und anschließend geprüft. Die Ergebnisse sind in Tabelle 18-11 zusammengestellt. In Tabelle 8-1 sind die Mittelwerte für die Rohdichte und die Eigenschaften unter Schubbeanspruchung bei einer relativen Luftfeuchte von 65% bzw. 85% zusammengestellt. Die Schubfestigkeit bei einer relativen Luftfeuchte von 85% liegt zwischen 70% und 80% der Schubfestigkeit bei einer relativen Luftfeuchte von 65%. Der Schubmodul bei einer relativen Luftfeuchte von 85% liegt zwischen 60% und 75% des Schubmoduls bei einer relativen Luftfeuchte von 65%.

Tabelle 8-1 Einfluss des Feuchtegehalts auf die Schubfestigkeit und den Schubmodul

Wärmedämm-verbundplatte	Klima 20°C / 65%			Klima 20°C / 85%			Verhältnis 85% – 65%		
	ρ kg/m³	f_v N/mm²	G N/mm²	ρ kg/m³	f_v N/mm²	G N/mm²	η_ρ	η_f	η_G
1_1b	159	0,332	50,2	170	0,234	37,9	1,06	0,705	0,754
1_2a	183	0,390	74,5	192	0,313	44,8	1,05	0,804	0,602
Mittelwert							1,06	0,755	0,678

8.6 Verhalten von Wärmedämmverbundplatten mit Putzsystem bei Schubbeanspruchung

Wärmedämmverbundplatten werden vorwiegend als Putzträgerplatten eingesetzt. Nach der Befestigung auf der Unterkonstruktion wird ein mehrschichtiges Putzsystem auf die Wärmedämmverbundplatten aufgetragen. Der Aufbau des Wärmedämmverbundsystems ist in Bild 8-14 dargestellt. Das Verhalten von Wärmedämmverbundplatten mit Putzsystem unter Schubbeanspruchung wurde in zwei Versuchsreihen untersucht. Für die Untersuchung wurden zwei Typen verputzter Versuchskörper hergestellt. Die Versuchskörper des Typs 1 wurden vollständig verputzt, während bei den Versuchskörpern des Typs 2 nur der Bereich zwischen den Seitenhölzern verputzt wurde. Der Unterputz, die Armierung und der Deckputz wurden in zwei Arbeitsgängen auf die Probekörper aufgetragen. Die Arbeitsgänge während der Herstellung der Prüfkörper sind in Bild 8-16 dargestellt.

Der Versuchsaufbau und die Versuchsdurchführung erfolgten entsprechend den Versuchen in Abschnitt 8.2. Das Versagen der Prüfkörper trat durch Schubversagen in der Holzfaserdämmplatte ein und begann im ausgerundeten Bereich. Bis zum Erreichen der Höchstlast wurden keine Risse im Putz beobachtet. Erst nach dem Erreichen der Höchstlast bildeten sich Risse im Putz. Aufgrund der unterschiedlichen Steifigkeiten trat in der Holzfaserdämmplatte auf der Seite des Putzsystems ein Abscheren in Plattenebene auf. Das typische Versagensbild der Versuchskörper ist in Bild 8-15 dargestellt. Die Ergebnisse der Versuche sind in Tabelle 18-12 zusammengefasst. Die Schubfestigkeit der teilweise verputzten Prüfkörper unterscheidet sich nicht signifikant von der Schubfestigkeit der unverputzten Prüfkörper. Die vollständig verputzten Prüfkörper besaßen eine signifikant höhere Schubfestigkeit, da hier ein Teil der Last direkt von der Putzschicht abgetragen wird.

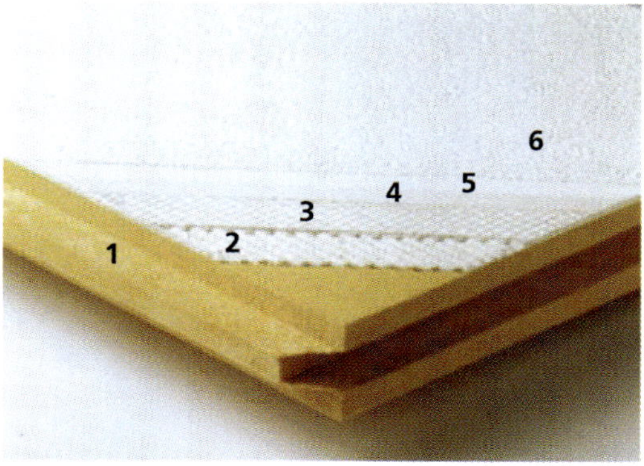

1 Putzträgerplatte
2 Unterputz
3 Armierung
4 Voranstrich
5 Deckputz
6 Farbanstrich

Bild 8-14 Aufbau eines Wärmedämmverbundsystems (Bild: Hersteller 1)

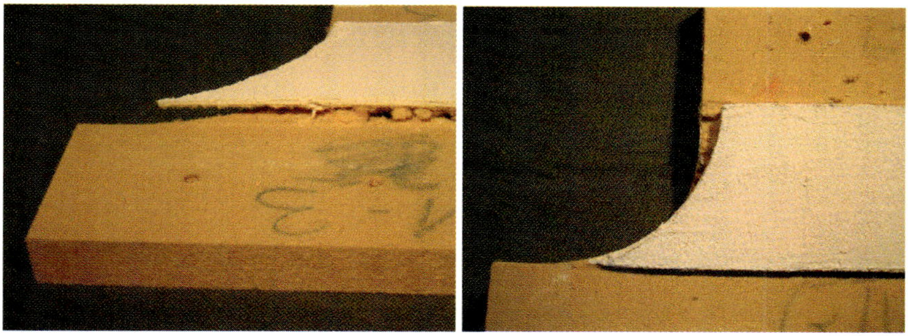

Bild 8-15 Versagensbild des Versuchskörpers mit Putzsystem

Bild 8-16 Herstellung der Versuchskörper mit Putzsystem (Aufbringen des Unterputzes, Zuschnitt der Bewehrungsmatten, Auflegen der Bewehrungsmatten auf den Unterputz, Aufbringen des Oberputzes)

8.7 Vergleichsversuche zur Ermittlung der Eigenschaften von Holzfaserdämmplatten bei Schubbeanspruchung

In den Abschnitten 8.2 bis 8.6 wurde die Bestimmung der Eigenschaften bei Schubbeanspruchung in statischen Druckscherversuchen vorgestellt. Die Schubfestigkeit und der Schubmodul wurden für verschiedene Typen von Holzfaserdämmplatten in Anlehnung an DIN EN 789:2005 bestimmt. Der Einfluss einer höheren Umgebungsfeuchte auf die Eigenschaften unter Schubbeanspruchung wurde für zwei Platten untersucht. Zusätzlich wurden Wärmedämmverbundplatten mit Putzsystem untersucht. Im Folgenden werden Vergleichsversuche zur Bestimmung des Schubmoduls vorgestellt.

Die Schubfestigkeit und der Schubmodul werden nach DIN EN 789:2005 in einem Druckscherversuch bestimmt. Aufgrund der exzentrischen Lasteinleitung in den Versuchskörper ist eine Einspannung des Versuchskörpers erforderlich. Die Einspannung des Versuchskörpers in den Versuchsstand erzeugt im Versuchskörper Druckspannungen, die zusätzlich zu den Schubspannungen wirken. Eine Beurteilung der Spannungszustände in Schubversuchen ist in Heyder et al. (2002) zu finden. Demnach wird die Schubfestigkeit des Materials unterschätzt, wenn im Versuch zusätzlich zu den Schubspannungen Druckspannungen vorhanden sind.

Zur Beurteilung der Ergebnisse der durchgeführten Schubversuche wurden weitere Versuche mit Holzfaserdämmplatten durchgeführt. Der hierfür verwendete Versuchsaufbau ist in Bild 8-17 dargestellt. Die Beanspruchung wird über acht symmetrisch befestigte Seitenhölzer in den Versuchskörper eingeleitet und bewirkt einen annähernd reinen Schubspannungszustand. Eine Einspannung des Versuchskörpers ist somit nicht erforderlich. Die Verformungen wurden mit vier induktiven Wegaufnehmern in den Zug- und Druckdiagonalen des Versuchskörpers gemessen. Die Verformungsfigur und die Geometrie der Verzerrung sind in Bild 8-18 dargestellt. Die Schubfestigkeit und der Schubmodul können aus den gemessenen Verformungen nach den Gleichungen (52) bis (54) berechnet werden. Die Schubfestigkeit der Holzfaserdämmplatten wurde nicht erreicht, da sich das Versagen durch Erreichen der Tragfähigkeit in der Lasteinleitung einstellte. In Tabelle 18-13 sind die Ergebnisse der Vergleichsversuche zusammengestellt.

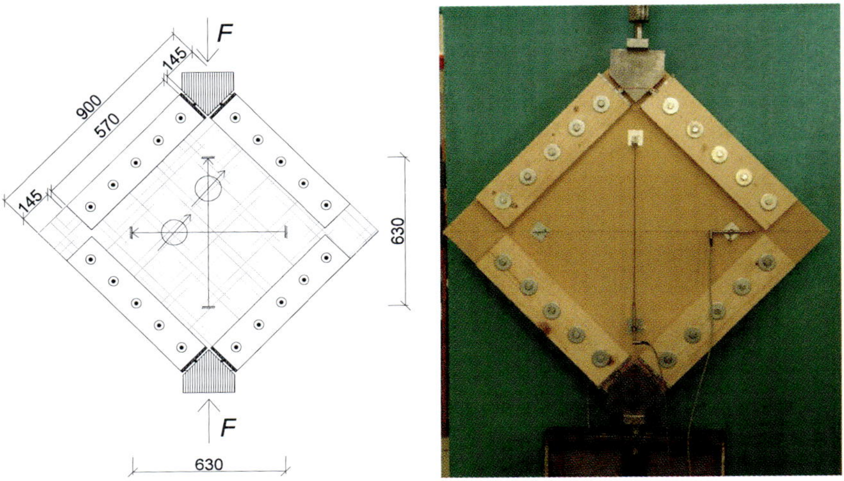

Bild 8-17 Versuchsaufbau in Vergleichsversuchen zur Ermittlung des Schubmoduls von Holzfaserdämmplatten

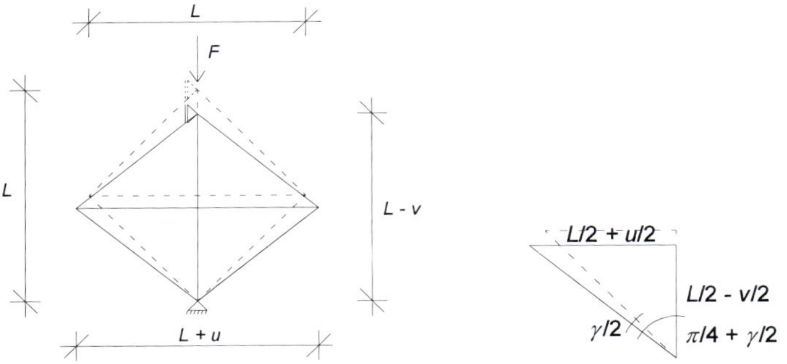

Bild 8-18 Verformungsfigur und Geometrie der Verzerrung

$$\gamma = 2 \cdot \left[\arctan\left(\frac{L+u}{L-v} \right) - \frac{\pi}{4} \right] \tag{52}$$

$$\tau = \frac{F}{\sqrt{2} \cdot a \cdot t} = \frac{F}{d \cdot t} \tag{53}$$

$$G = \frac{1}{d \cdot t} \cdot \frac{F_2 - F_1}{\gamma_2 - \gamma_1} \tag{54}$$

mit

γ Verzerrungswinkel

L Messlänge

$u_{(1/2)}$ horizontale Verschiebung (bei F_1 bzw. F_2)

$v_{(1/2)}$ vertikale Verschiebung (bei F_1 bzw. F_2)

τ Schubspannung

F Kolbenkraft

a Abstand der Schwerpunkte der Lasteinleitung

t Dicke des Prüfkörpers

d Diagonale des Schubfeldes ($d = \sqrt{2} \cdot a$)

G Schubmodul

Die mittleren Schubmoduln aus den Versuchsreihen der Vergleichsversuche sind in Tabelle 8-2 den Schubmoduln aus Abschnitt 8.4 gegenübergestellt. Für Wärmedämmverbundplatten mit einer Dicke von 40 bis 80 mm liegt das mittlere Verhältnis zwischen den Schubmoduln bei 0,683. Heyder et al. (2002) geben für ein Seitenverhältnis $h / b = 1$ ein Verhältnis von 61% bis 72% zwischen dem Schubmodul aus einem Druckscherversuch und dem Schubmodul aus einem reinen Scherversuch an. Es kann also davon ausgegangen werden, dass die ermittelten Schubfestigkeiten und Schubmoduln auf der sicheren Seite liegend für die Nachweise von Holztafeln mit Holzfaserdämmplatten als aussteifender Beplankung verwendet werden können.

Tabelle 8-2 Verhältnis der Schubmoduln nach DIN EN 789:2005 und aus Vergleichsversuchen

Wärmedämm-verbundplatte	Dicke in mm	G_{789} in N/mm²	$G_{Vergl.}$ in N/mm²	$\frac{G_{789}}{G_{Vergl.}}$
1_1d	80	34,8	53,5	0,650
1_1e	100	23,8	66,2	0,360
1_1f	120	23,4	68,4	0,342
1_2a	40	74,0	104	0,713
1_2b	60	62,2	90,8	0,685

9 Modifikations- und Verformungsbeiwerte von Holzfaserdämmplatten

9.1 Allgemeines

Die für einen Einsatz als tragende Beplankung von Holztafeln erforderlichen charakteristischen Festigkeitseigenschaften von Holzfaserdämmplatten (Lochleibungsfestigkeit, Kopf- bzw. Rückendurchziehtragfähigkeit, Schubfestigkeit) wurden in Versuchen ermittelt und können für die Berechnung der Tragfähigkeit verwendet werden. Für den Nachweis der Tragfähigkeit sind allerdings die Bemessungswerte der Festigkeiten erforderlich. Für deren Ermittlung sind die charakteristischen Werte durch den Teilsicherheitsbeiwert zu dividieren und mit dem Modifikationsbeiwert zu multiplizieren. Während der Teilsicherheitsbeiwert für Holz und Holzwerkstoffe allgemein festgelegt wurde (γ_m = 1,3), ist der Modifikationsbeiwert vom Holzwerkstoff, von der Klasse der Lasteinwirkungsdauer und von der Nutzungsklasse abhängig. Modifikationsbeiwerte für Holz und Holzwerkstoffe werden in DIN 1052:2008-12 angegeben. Die Holzwerkstoffe wurden für die Ermittlung von Rechenwerten für den Modifikationsbeiwert in vier Gruppen unterteilt. Die Gruppen sind in Tabelle 9-1 zusammengestellt. Die Baustoffe der Gruppe 1 dürfen in den Nutzungsklassen 1 bis 3, die Baustoffe der Gruppen 2 bis 4 in den Nutzungsklassen 1 und 2 eingesetzt werden. Die Klassen der Lasteinwirkungsdauer sind in Tabelle 9-2 angegeben. Neben der Bezeichnung der Klasse der Lasteinwirkungsdauer und der Größenordnung der akkumulierten Dauer der charakteristischen Lasteinwirkung sind die zugehörige Obergrenze der Lasteinwirkungsdauer, deren Umrechnung in Minuten und die entsprechenden logarithmierten Werte angegeben. Die Modifikationsbeiwerte sind in Bild 9-1 für die vier Baustoffgruppen und die Nutzungsklassen 1 und 2 über der logarithmierten Obergrenze der Lasteinwirkungsdauer aufgetragen. Für Holzfaserdämmplatten wurden bislang keine systematischen Untersuchungen zur Ermittlung der Modifikationsbeiwerte durchgeführt. Eine angenommene Einordnung von Holzfaserdämmplatten in Gruppe 4 ist durch Versuche zu prüfen. Im Rahmen dieser Arbeit wurden Versuche zur Ermittlung der Modifikationsbeiwerte für Holzfaserdämmplatten an einer Wärmedämmverbundplatte mit einer vergleichsweise geringen Rohdichte durchgeführt.

Tabelle 9-1 Einteilung der Baustoffe für die Ermittlung der Modifikationsbeiwerte

Gruppe	Baustoffe
1	Vollholz, Brettschichtholz, Balkenschichtholz, Furnierschichtholz, Brettsperrholz, Sperrholz
2	OSB
3	Spanplatten, Faserplatten Typ HB.HLA2
4	Faserplatten Typ MBH.LA2, Gipskartonplatten

Tabelle 9-2 Umrechnung der Lasteinwirkungsdauer in logarithmierte Minuten

Klasse der Lasteinwirkungsdauer	Größenordnung der akkumulierten Dauer der charakteristischen Lasteinwirkung	Obergrenze der Lasteinwirkungsdauer		
			in min	in $\log_{10}$ min
ständig	länger als 10 Jahre	z. B. 50 Jahre (abh. vom Bauteil)	26.298.000	7,42
lang	6 Monate bis 10 Jahre	10 Jahre	5.259.600	6,72
mittel	1 Woche bis 6 Monate	6 Monate	262.980	5,42
kurz	1 Minute bis 1 Woche	1 Woche	10.080	4,00
sehr kurz	kürzer als 1 Minute	1 Minute	1	0,00

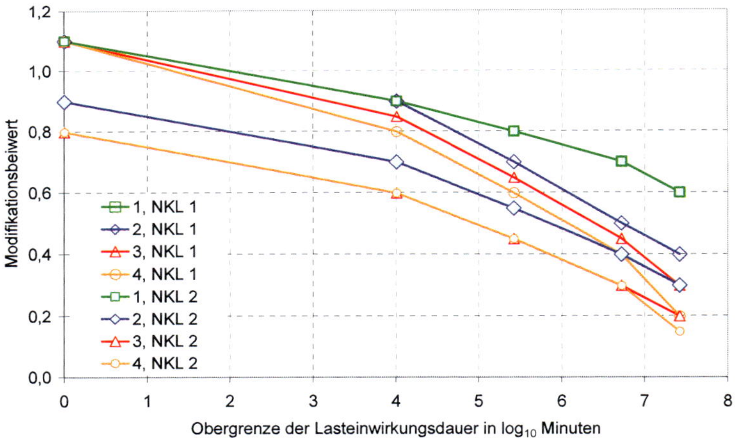

Bild 9-1 Modifikationsbeiwerte nach DIN 1052:2008-12 über der Lasteinwirkungsdauer für vier Baustoffgruppen und Nutzungsklassen 1 und 2

9.2 Kenntnisstand

Bereits im 18. Jahrhundert war bekannt, dass in nur vorübergehend genutzten Konstruktionen eine im Vergleich zu dauerhaft belasteten Konstruktionen höhere Belastung zulässig ist (Buffon (1740), zit. in Hoffmeyer (1990)). Erste Untersuchungen wurden später an fehlerfreiem Holz durchgeführt. Für die zulässige Beanspruchung bei dauerhaft belastetem fehlerfreiem Holz wurden hierbei Werte zwischen 50% und 70% der Höchstlast bei Kurzzeitbeanspruchung ermittelt. Umfangreiche Versuche wurden später von Wood (1947) mit fehlerfreiem Holz durchgeführt. Er stellte die Versuchsergebnisse über der logarithmierten Zeit dar und konnte so eine lineare Regression zwischen dem Spannungsniveau und der logarithmierten Lasteinwirkungsdauer durchführen (Madison-Kurve). Nachdem die ersten Versuche mit Bauholz eine vergleichsweise geringe Langzeitfestigkeit ergaben, konnte in weiteren Versuchen die Anwendung der Madison-Kurve auf Bauholz bestätigt werden. Schniewind (1967) untersuchte das Dauerstandverhalten von Douglasienholz unter zyklischen Klimaänderungen. Er berichtet von einer verkürzten Zeit bis zum Versagen, die allerdings auch vom beanspruchten Volumen abhängt. Ausführliche Untersuchungen zur Dauerbeanspruchung von Holz wurden in Japan durchgeführt und von Sugiyama (1967) zusammengefasst. Der Einfluss des Feuchtegehalts auf die Dauerfestigkeit von Holz wurde von Cizek (1968) mit Hilfe der Proportionalitätsgrenze in einem statischen Versuch bestimmt. Die Dauerfestigkeit sinkt bei steigender Holzfeuchte bis zum Fasersättigungspunkt und bleibt dann auf konstantem Niveau. Schniewind (1968) gibt einen umfangreichen Überblick über die Untersuchungen zum rheologischen Verhalten von Holz und Holzwerkstoffen. Während die meisten Untersuchungen mit Biegeversuchen durchgeführt wurden, untersuchten Glos et al. (1987a) die Dauerstandfestigkeit von Fichtenbrettern bei Zug- und Druckbeanspruchung. In den folgenden Untersuchungen wurden insbesondere die Übertragbarkeit der Ergebnisse von fehlerfreiem Holz auf Bauholz und der Einfluss der Holzfeuchte berücksichtigt.

Für Holzwerkstoffe liegen weitere Forschungsergebnisse zum Dauerstandverhalten vor. Cizek (1961) untersuchte das Verhalten von reinen Holzträgern und Holz-Holzwerkstoff-Trägern unter Dauerbeanspruchung. Möhler (1961) untersuchte ebenfalls das Dauerstandverhalten von Trägern mit Stegen sowie von zweischnittigen Nagelverbindungen. Möhler und Ehlbeck (1968) führten Versuche mit Span- und Furnierplatten durch und ermittelten ein Versagen nach zehn Jahren bei einem Spannungsniveau von etwa 45% bis 68%. Kufner (1970) untersuchte das Kriechen von Spanplatten in Dauerstandbiegeversuchen. Gressel (1972a-c) untersuchte das Zeitstandbiegeverhalten von Holzwerkstoffen in Abhängigkeit vom Umgebungsklima und von der Belastung. Pierce und Dinwoodie (1977), Pierce et al. (1979), Dinwoodie et al. (1981, 1984) untersuchten das Kriechverhalten von Holzwerkstoffen in unterschiedlichen Umgebungsklimata und passten mathematische Modelle an die Versuchsdaten an. Die rechnerische Abbildung und Extrapolation von Kriechvorgängen in Holz und Holzwerkstoffen mit Kriechfunktionen wurde ebenfalls von Gressel (1984) untersucht. Ein erweitertes Modell für die Anpassung wurde in Pierce et al. (1985) vorgestellt. Einheitliche Prüfgrundsätze zur Durchführung und Auswertung von Kriechversuchen wurden von Gressel (1986) vorgeschlagen. Ergebnisse für die Langzeitfestigkeit von Spanplatten wurden von Pierce et al. (1986) angegeben. Die

Vorhersagegenauigkeit von Langzeitergebnissen aus Kurzzeitergebnissen wurde von Dinwoodie et al. (1990) untersucht. Der Einfluss von Feuchtegehalt, Belastungsgrad, Temperatur und Klebstoff auf das Kriechverhalten von unterschiedlichen Holzwerkstoffen ist in Dinwoodie et al. (1991a-c) zusammengestellt. In Dinwoodie et al. (1992) wird weiterhin der Einfluss eines zyklischen Umgebungsklimas auf das Kriechverhalten verschiedener Holzwerkstoffe untersucht. Das Kriechverhalten von mitteldichten Faserplatten wurde von Boehme (1992) untersucht. Es wird über eine im Vergleich zu Spanplatten höhere Kriechneigung und über geringere Dauerstandfestigkeiten berichtet. Weiterhin untersuchte Boehme (1995) das Kriechverhalten von Sperrholz. Fernandez-Golfin Seco (1998) führte Kriechversuche mit mitteldichten Faserplatten durch. Im Rahmen dieser Arbeit wurden Versuche mit Holzfaserdämmplatten durchgeführt.

9.3 Vorgehensweise

Die Zeitstandfestigkeit wurde in Anlehnung an DIN V ENV 1156:1998 ermittelt. Die Zeitstandfestigkeit wird als die zeitabhängige Restfestigkeit unter Belastung definiert und dient als Grundlage für die Festlegung von Modifikationsbeiwerten. Die Zeit bis zum Bruch und die zeitabhängige Zunahme der Verformung werden in einem Biegeversuch durch Aufbringen und Konstanthalten einer Last ermittelt.

Im Rahmen dieser Arbeit wurden die Modifikationsbeiwerte für eine Wärmedämmverbundplatte mit zwei Plattendicken (t = 20 mm und t = 160 mm) und einer vergleichsweise geringen Rohdichte ermittelt. Die Versuchsreihen wurden in zwei konstanten Klimata durchgeführt: im Normalklima 20/65 (entspricht NKL 1 nach DIN 1052:2008-12) und im Klima 20/85 (NKL 2). Die Belastung der Probekörper erfolgte für beide Klimata mit sechs Spannungsniveaus zwischen 80% und 55% (NKL 1) bzw. 75% und 50% (NKL 2) der jeweiligen Kurzzeitfestigkeiten. In jeder Versuchsreihe wurden acht Versuche durchgeführt. Für die jeweils vier Versuchsreihen mit einer höheren Belastung wurde die Zeit bis zum Bruch mit Hilfe einer elektronischen Zeitmessung in Minuten gemessen. Für die beiden Versuchsreihen mit einer geringeren Belastung wurde die Zeit bis zum Bruch durch Beobachtungswerte auf der sicheren Seite liegend abgeschätzt. Dies ist möglich, da die Versuchsdauer bei diesen beiden Versuchsreihen vergleichsweise lang ist und daher der so ermittelte Fehler gering ist und auf der sicheren Seite liegt. Eine Versuchsreihe kann abgeschlossen werden, sobald sechs von acht Probekörpern versagt haben. Die abgebrochenen Versuche (Durchläufer) werden auf der sicheren Seite liegend nicht in der Auswertung berücksichtigt. Nach Abschluss der Versuchsreihe wird für jedes Spannungsniveau die mittlere Zeitdauer bis zum Versagen bestimmt. Mit den Mittelwerten wird eine lineare Regression durchgeführt. Durch Extrapolation der Regressionsgeraden können die Zeitstandfestigkeiten für höhere Lasteinwirkungsdauern und die Modifikationsbeiwerte bestimmt werden. Neben der Zeitstandfestigkeit kann in den Versuchen auch die Kriechzahl ermittelt werden. Als Kriechzahl wird das Verhältnis zwischen der zeitabhängigen Verformungszunahme zur elastischen Ausgangsverformung definiert. Für die Durchführung der Zeitstandversuche sind im ersten Schritt die Kurzzeitbiegefestigkeiten für die beiden Plattendicken und Klimata zu ermitteln.

9.4 Kurzzeitbiegefestigkeit von Holzfaserdämmplatten

Als Grundlage für die Durchführung der Zeitstandversuche wurden Versuche zur Ermittlung der Kurzzeitbiegefestigkeit durchgeführt. Für die beiden untersuchten Plattendicken wurden Proben aus jeweils zehn Wärmedämmverbundplatten ausgeschnitten. Die Versuchskörper bestanden aus einem bzw. zwei verklebten Plattenstreifen (Bezeichnung: a und b). In drei Versuchsreihen wurde ein möglicher Unterschied in der Kurzzeitbiegefestigkeit in Abhängigkeit von der Produktionsrichtung der Platten untersucht. Der Ausschnitt der Versuchskörper aus den beiden Wärmedämmverbundplatten ist in Bild 9-2 dargestellt. Die Kurzzeitbiegefestigkeit wurde in sieben Versuchsreihen mit jeweils zehn Versuchen ermittelt. Variiert wurden hierbei die Plattendicke, die Nutzungsklasse und die Ausschnittsrichtung. Das Versuchsprogramm ist in Tabelle 9-3 angegeben.

Die Kurzzeitbiegefestigkeit wurde mit einer Zug-Druck-Spindelmaschine in einem Vierpunktbiegeversuch ermittelt. Der Versuchsaufbau ist in Bild 9-3 dargestellt. Neben der Biegefestigkeit wurden die Elastizitätsmoduln ermittelt. Die Ergebnisse der Versuche sind in Tabelle 18-17 bis Tabelle 18-20 zusammengestellt. Das typische Bruchbild ist in Bild 9-4 zu sehen. In Bild 9-5 ist die Biegefestigkeit über der Rohdichte aufgetragen. Das Diagramm enthält weiterhin die Regressionsgleichungen der Regressionsgeraden und die zugehörigen Korrelationskoeffizienten. Die Korrelationskoeffizienten weisen auf eine sehr gute Korrelation zwischen der Biegefestigkeit und der Rohdichte hin. In Bild 9-6 ist die Biegefestigkeit über dem Elastizitätsmodul aufgetragen. Das Diagramm enthält die Regressionsgerade und den Korrelationskoeffizienten, der eine sehr gute Korrelation zwischen der Biegefestigkeit und dem Elastizitätsmodul aufzeigt. In Tabelle 9-4 ist der Einfluss des Feuchtegehalts auf die Biegefestigkeit und den Elastizitätsmodul angegeben.

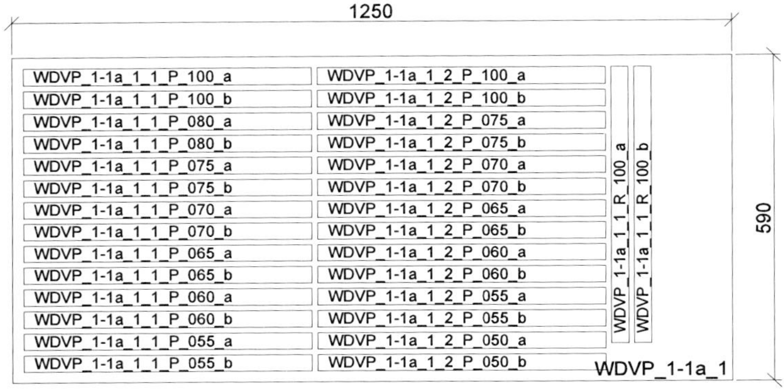

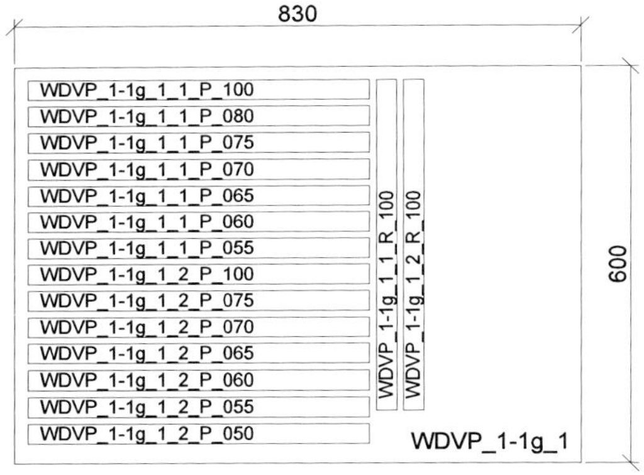

Bild 9-2 Ausschnitt der Versuchskörper aus den Wärmedämmverbundplatten (Maße in mm)

Tabelle 9-3 Versuchsprogramm Kurzzeitbiegeversuche

Plattendicke in mm	Klimatisierung	Ausschnittsrichtung	Anzahl
20	20/65	parallel	10
		rechtwinklig	10
	20/85	parallel	10
160	20/65	parallel	10
		rechtwinklig	10
	20/85	parallel	10
		rechtwinklig	10

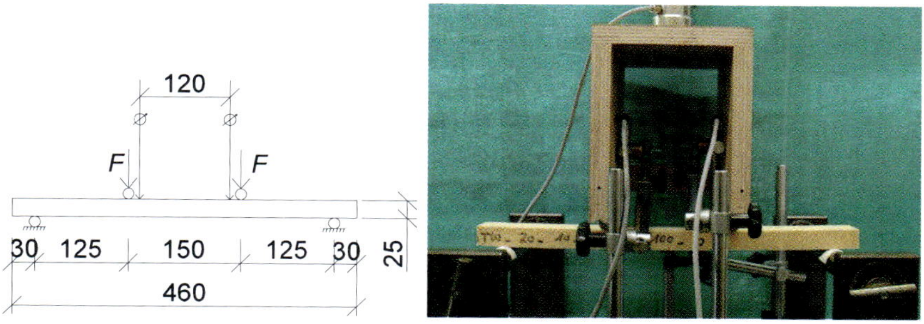

Bild 9-3 Versuchsdurchführung im Kurzzeitbiegeversuch (Maße in mm)

Bild 9-4 Typische Bruchbilder von Holzfaserdämmplatten bei einer Biegebeanspruchung (links: t = 20 mm, rechts: t = 160 mm)

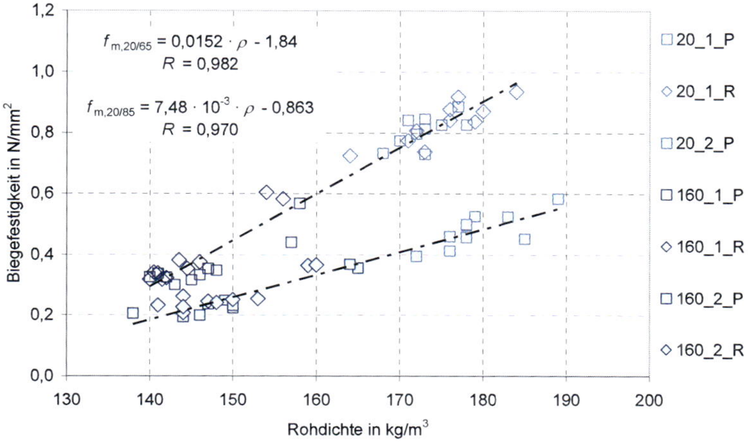

Bild 9-5 Biegefestigkeit über Rohdichte

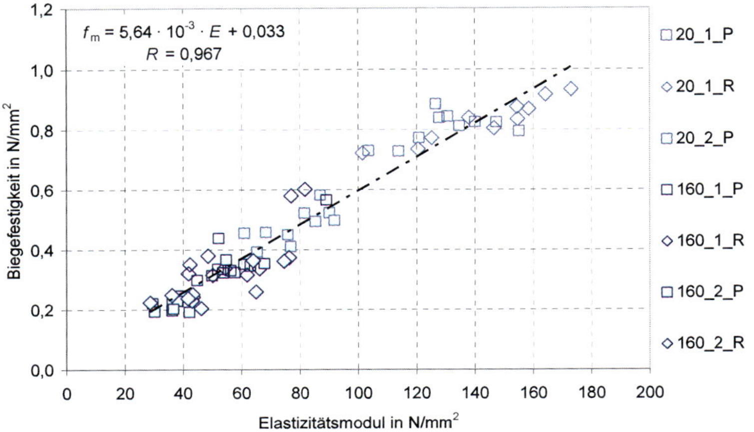

Bild 9-6 Biegefestigkeit über Elastizitätsmodul

Tabelle 9-4 Einfluss des Feuchtegehalts auf die Biegefestigkeit und den Elastizitätsmodul

Wärmedämm-verbundplatte	Klima 20°C / 65%		Klima 20°C / 85%		Verhältnis 85% – 65%	
	f_m in N/mm²	E in N/mm²	f_m in N/mm²	E in N/mm²	η_f	η_E
1_1a	0,807	130	0,480	78,2	0,595	0,602
1_1g, P	0,364	57,9	0,245	41,0	0,673	0,708
1_1g, R	0,393	59,9	0,264	48,5	0,672	0,810
Mittelwert					0,647	0,707

9.5 Zeitstandfestigkeit von Holzfaserdämmplatten

Für die Ermittlung der Zeitstandfestigkeit wurden je Plattendicke und Klima zwischen drei und sechs Versuchsreihen durchgeführt. In Tabelle 9-5 ist das Versuchsprogramm der Zeitstandversuche zusammengestellt. Die Belastung in der jeweiligen Versuchsreihe wurde für die zugehörigen Platten aus den Höchstlasten in den Kurzzeitversuchen ermittelt. Durch die Variation der Ergebnisse in den Kurzzeitversuchen ergeben sich für jeden Versuchskörper unterschiedliche Belastungen. Als Belastungsgewicht wurde Stahlkies eingesetzt. Dieser wurde in Kunststoffflaschen eingefüllt, die wiederum auf einem Lastverteiler und zwei Stahlrollen aufgelagert wurden. Die acht Versuchskörper einer Versuchsreihe wurden auf Auflagerschienen gelagert. Eine gegenseitige Beeinflussung zwischen benachbarten Versuchskörpern im

Versagensfall wurde durch eingeschobene Schotten verhindert. Der Versagenszeitpunkt wurde in den Versuchsreihen mit einer vergleichsweise höheren Belastung für jeden Versuchskörper durch eine elektronische Zeitmessung gemessen. Hierfür wurden auf dem Versuchsstand unter den Versuchskörpern Schalter angeordnet. Die Schaltungen wurden über eine 8-Kanal-USB-Messwerterfassung und der zugehörigen Software in einem PC gespeichert. In Bild 9-8 sind der Versuchsstand und die Lasteinleitung dargestellt. Die Schalter unter den Versuchskörpern sind in Bild 9-9 zu sehen. In Bild 9-10 werden das Messmodul sowie die Oberfläche der Software gezeigt. Der Aufbau der Versuchsreihen ohne elektronische Zeitmessung ist in Bild 9-11 dargestellt.

Während im Kurzzeitversuch die Last durch einen maschinengesteuerten, geführten Belastungskolben („ramp load") aufgebracht wurde, wurden in den Zeitstandversuchen Gewichte für die Belastung („dead load") eingesetzt. Diese beiden Belastungsvorgänge sind vom Betrag der aufgebrachten Kraft vergleichbar. Allerdings haben sie einen unterschiedlichen Einfluss auf das Durchbiegungsverhalten des Prüfkörpers. Die „ramp load" bewirkt durch die geführte Belastung eine über die Breite des Versuchskörpers gleichmäßige Durchbiegung. Die „dead load" ist ungeführt und kann daher eine ungleichförmige Durchbiegung über die Breite des Versuchskörpers nicht verhindern.

Daher wurden in einer Versuchsreihe mit einer kontinuierlichen Zunahme der Belastung die Ergebnisse der maschinengesteuerten Versuche mit den Ergebnissen der Versuche mit einer ungeführten Belastung durch Gewichte verglichen. Die Belastung durch die Befüllung einer aufgeschnittenen Flasche mit Stahlkies erfolgte über eine mit dem maschinengesteuerten Versuch vergleichbare Zeitspanne. Die Ergebnisse aus den maschinengesteuerten Versuchen und aus den Schüttversuchen sind in Bild 9-7 dargestellt. Die Mittelwerte der beiden Versuchsreihen unterscheiden sich um etwa 6%. Damit kann angenommen werden, dass die Schüttversuche und die maschinengesteuerten Versuche zu den gleichen Resultaten führen. Die Ergebnisse aus den maschinengesteuerten Versuchen sind somit eine zutreffende Grundlage für die Zeitstandversuche.

In Vorversuchen zur Ermittlung der Zeitstandfestigkeit mit Proben aus der Wärmedämmverbundplatte mit t = 160 mm wurde eine ungleichmäßige Verformung des Prüfkörpers unter Belastung beobachtet. Die Durchbiegung des Prüfkörpers war über die Plattenbreite nicht konstant. Ein an den Rändern um jeweils 20 mm zugeschnittener Versuchskörper zeigte hingegen ein gleichmäßiges Durchbiegungsverhalten. Somit wurden alle Versuchskörper auf eine Breite von 120 mm zugeschnitten. Die Höchstlasten wurden in NKL 1 mit Schüttversuchen und in NKL 2 mit maschinengesteuerten Versuchen neu ermittelt und die Belastungen für die Spannungsniveaus entsprechend angepasst.

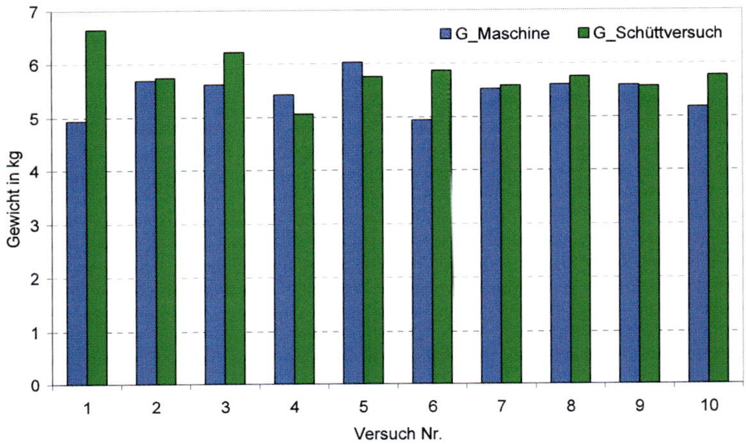

Bild 9-7 Vergleich zwischen den Ergebnissen aus maschinengesteuerten Versuchen und Schüttversuchen

Tabelle 9-5 Versuchsprogramm der Zeitstandversuche

Klimatisierung	Spannungsniveau in %	Anzahl		Versuchsdurchführung
		1_1a	1_1g	
20/65	80	8	8	mit elektronischer Zeitmessung
	75	8	8	
	70	8	8	
	65	8	8	
	60	8	8	ohne elektronische Zeitmessung
	55	8	8	
20/85	75	8	8	mit elektronischer Zeitmessung
	70	8	8	
	65	8	(8) **	
	60	(8) *	8	
	55	8	(8) ***	ohne elektronische Zeitmessung
	50	8	8	

* Vergleichsversuche „ramp load" – „dead load"

** / *** Kurzzeitversuche mit zugeschnittenen Proben, Klima 20/65 und Klima 20/85

Bild 9-8 Versuchsaufbau und Lasteinleitung im Dauerstandversuch

Bild 9-9 Messeinrichtung für die elektronische Zeitmessung bis zum Versagen der Versuchskörper

Bild 9-10 Messmodul und Darstellung der Messdaten auf dem PC-Bildschirm

Bild 9-11 Versuchsaufbau der Versuchsreihen ohne elektronische Zeitmessung im Klima 20/65 mit Vorrichtung für die Verformungsmessung

Die Ergebnisse der Zeitstandversuche sind in Tabelle 18-21 bis Tabelle 18-38 zusammengestellt. Für jede Versuchsreihe wird der Mittelwert der logarithmierten Zeit bis zum Versagen bestimmt. Mit den Mittelwerten wird für jede Versuchsserie (Plattendicke und Klima) eine Regressionsgerade ermittelt. In Tabelle 9-6 sind die Mittelwerte der logarithmierten Zeit bis zum Versagen, die Parameter der Regressionsgeraden und die zugehörigen Korrelationskoeffizienten zusammengestellt. Mit der Gleichung der Regressionsgeraden kann für die Obergrenzen der Lasteinwirkungsdauern der zugehörige Wert des Spannungsniveaus bestimmt werden. Tabelle 9-7 enthält die Zeitstandfestigkeiten für die vier Versuchsserien und die fünf Klassen der Lasteinwirkungsdauern nach DIN 1052:2008-12. In Bild 9-12 bis Bild 9-15 sind die Ergebnisse der Zeitstandversuche grafisch dargestellt. Mit den Ergebnissen für die Zeitstandfestigkeiten und den Ergebnissen der Versuche im Klima 20/85 können die Modifikationsbeiwerte für Wärmedämmverbundplatten bestimmt werden. Für die Nutzungsklasse 1 (Klima 20/65) entsprechen die Modifikationsbeiwerte den Zeitstandfestigkeiten. In der Nutzungsklasse 2 (Klima 20/85) müssen die Zeitstandfestigkeiten zusätzlich mit dem Verhältnis der Festigkeiten im Klima 20/65 und 20/85 multipliziert werden. Das mittlere Verhältnis aus der Lochleibungsfestigkeit (Tabelle 5-2), der Kopf-/Rückendurchziehtragfähigkeit (Tabelle 6-5) und der Schubfestigkeit (Tabelle 8-1) beträgt 0,686. In Tabelle 9-8 sind die vorgeschlagenen Modifikationsbeiwerte für Holzfaserdämmplatten angegeben.

Tabelle 9-6 Ergebnisse der Zeitstandversuche

	WDVP 1_1a		WDVP 1_1g	
Spannungsniveau	20/65	20/85	20/65	20/85
100	0,584	0,693	0,295	0,559
80	2,08	-	1,28	-
75	2,84	3,40	2,65	3,41
70	3,96	4,69	3,79	-
65	3,88	-	3,74	-
60	4,70	-	4,59	-
55	5,30 *)	5,44 *)	5,20 *)	-
50	-	5,75 *)	-	5,17 *)
Steigung	-9,07	-9,40	-8,14	-10,7
Achsenabschnitt	102	108	97,2	107
Korrelationskoeffizient	0,984	0,981	0,966	0,991

*) Versuche laufen (Stand: 24.10.2012)

Tabelle 9-7 Zeitstandfestigkeit für Obergrenzen der Lasteinwirkungsdauern

KLED	WDVP 1_1a		WDVP 1_1g		Mittelwert
	20/65	20/85	20/65	20/85	
Ständig	0,351	0,378	0,368	0,284	0,345
Lang	0,414	0,444	0,425	0,358	0,410
Mittel	0,532	0,566	0,531	0,497	0,531
Kurz	0,661	0,699	0,646	0,648	0,663
Sehr kurz	1,02	1,08	0,972	1,07	1,04

Tabelle 9-8 Vorschlag für Modifikationsbeiwerte für Holzfaserdämmplatten

KLED	k_{mod} NKL 1	k_{mod} NKL 2
Ständig	0,30	0,20
Lang	0,40	0,25
Mittel	0,50	0,35
Kurz	0,65	0,45
Sehr kurz	1,00	0,70

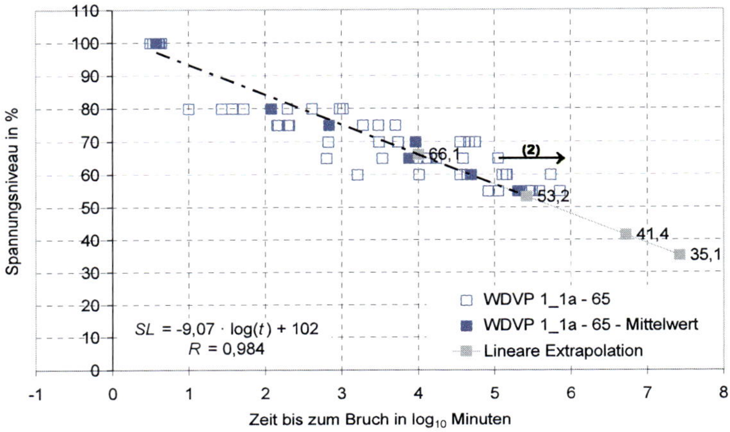

Bild 9-12 Spannungsniveau über Zeit bis zum Bruch für WDVP 1_1a / 65%

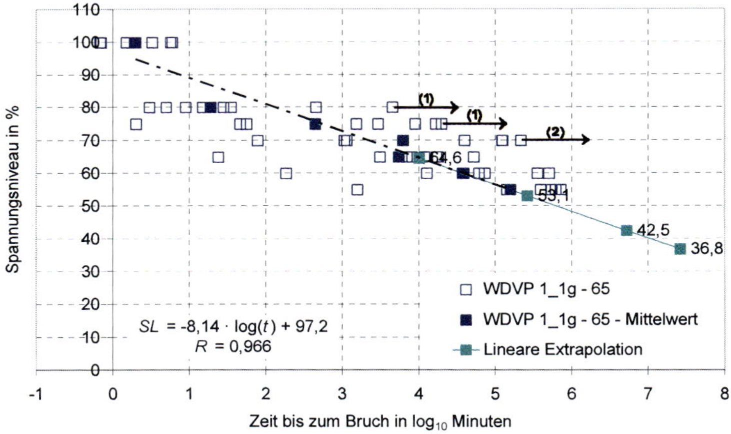

Bild 9-13 Spannungsniveau über Zeit bis zum Bruch für WDVP 1_1g / 65%

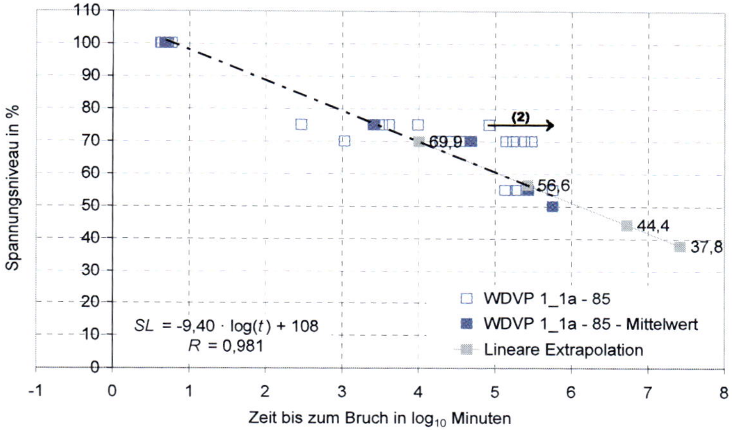

Bild 9-14 Spannungsniveau über Zeit bis zum Bruch für WDVP 1_1a / 85%

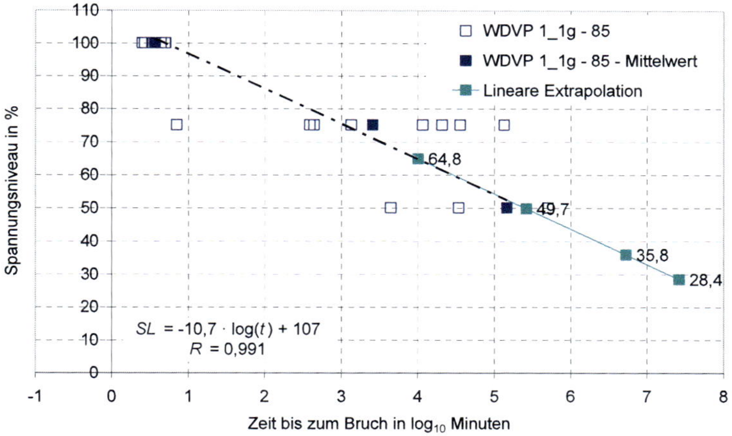

Bild 9-15 Spannungsniveau über Zeit bis zum Bruch für WDVP 1_1g / 85%

9.6 Verformungsbeiwerte von Holzfaserdämmplatten

Die aussteifenden Bauteile in Gebäuden werden zunächst für horizontale Lasten wie z. B. Wind ausgelegt. Zusätzlich wirken auf die aussteifenden Bauteile aber auch horizontale Lasten, die aus Imperfektionen wie z. B. der Schrägstellung von Wänden resultieren. Während die Beanspruchungen der horizontalen Lasten in die Klassen „kurz“ oder „sehr kurz“ eingestuft werden, sind die Beanspruchungen aus Imperfektionen in die Klasse der entsprechenden Lasten einzustufen. D. h., neben einer vorwiegend kurzen Beanspruchung der aussteifenden Bauteile treten zusätzlich ständige Beanspruchungen auf. Bei der Berechnung der Verformung aus den Lasten der Lasteinwirkungsdauer „ständig“ muss der zeitabhängige Verformungsanteil berücksichtigt werden. Für die Ermittlung der zeitabhängigen Verformungen sind die Verformungsbeiwerte bzw. Kriechzahlen erforderlich. Die Kriechzahl entspricht dem Verhältnis der zeitabhängigen Zunahme der Durchbiegung unter einer definierten Belastung zur elastischen Anfangsdurchbiegung. Die Kriechzahl ist von der Zeit unter Belastung, vom Spannungsniveau und vom Klima abhängig. In DIN 1052:2008-12 werden die Verformungsbeiwerte wie auch die Modifikationsbeiwerte in Abhängigkeit von der Nutzungsklasse und vom Holzwerkstoff definiert. Die Holzwerkstoffe wurden für die Ermittlung der Verformungsbeiwerte in fünf Gruppen eingeteilt. Die Einteilung der Gruppen ist in Tabelle 9-9 zusammengestellt.

Tabelle 9-9 Verformungsbeiwerte für Holzwerkstoffe nach DIN 1052:2008-12

Gruppe	Baustoff	NKL 1	NKL 2	NKL 3
1	Vollholz, Brettschichtholz, Balkenschichtholz, Furnierschichtholz mit allen Furnieren faserparallel, Brettsperrholz, Sperrholz	0,60	0,80	2,00
2	Sperrholz, Furnierschichtholz mit Querfurnieren	0,80	1,00	2,50
3	OSB	1,50	2,25	-*
4	Spanplatten, Faserplatten Typ HB.HLA2	2,25	3,00	-*
5	Faserplatten Typ MBH.LA2, Gipskartonplatten	3,00	4,00	-*

* Baustoffe der Gruppen 3 bis 5 dürfen nur in NKL 1 und 2 verwendet werden.

Die Ermittlung der Kriechzahl kann in Anlehnung an DIN V ENV 1156:1998 erfolgen. Während in DIN V ENV 1156:1998 eine Versuchsreihe mit einem Spannungsniveau von 25% empfohlen wird, wurden im Rahmen dieser Arbeit in den Versuchsreihen ohne elektronische Zeitmessung die Verformungen der Versuchskörper mit Spannungsniveaus von 60% und 55% bzw. 55% und 50% nach vorgegebenen Zeitintervallen gemessen. Es wird hierbei angenommen, dass die daraus abgeleiteten Kriechzahlen über den Kriechzahlen bei einem geringeren Spannungsniveau liegen und damit eine konservative Abschätzung darstellen.

Die Zeitintervalle für die ersten Messungen der Verformung betrugen 5, 10, 50 und 100 Minuten. Weitere Messungen wurden anfänglich in Tagesintervallen und folgend in längeren Zeitintervallen bis zu maximal sechs Wochen durchgeführt. In Bild 9-16 sind die Verformungen der Versuchskörper der Versuchsreihen mit Spannungsniveaus von 60% und 55% im Klima 20/65 über der Zeit aufgetragen, sowie in Bild 9-17 die Verformungen der Versuchskörper der Versuchsreihen mit Spannungsniveaus von 55% und 50% im Klima 20/85.

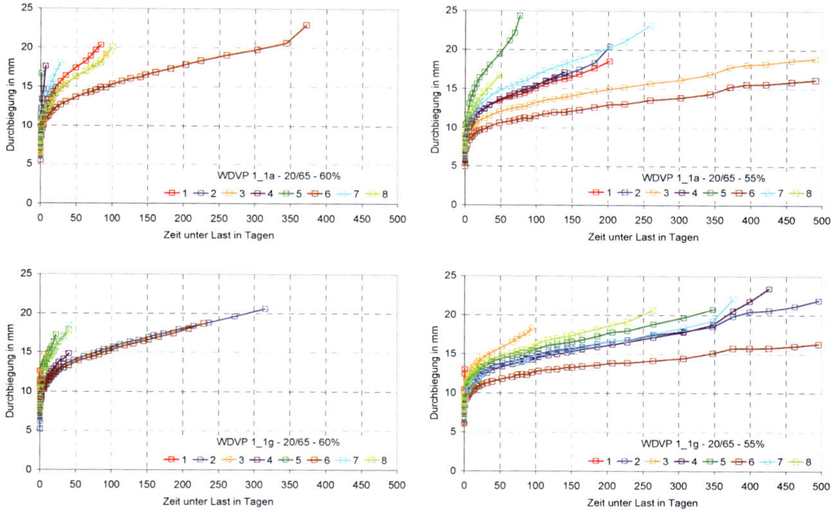

Bild 9-16 Durchbiegungen der Versuchskörper bei Spannungsniveaus von 60% und 55% im Klima 20/65 (Stand: 24.10.2012)

Die Kriechzahl wird nach DIN V ENV 1156:1998 für jeden Versuchskörper und jede Belastungsdauer nach Gleichung (55) berechnet.

$$k_c = \frac{a_T - a_1}{a_1 - a_0} \qquad (55)$$

mit

a_T Gesamtdurchbiegung zum Zeitpunkt T (T in Minuten) in mm

a_1 Durchbiegung nach einer Minute in mm

a_0 Durchbiegung des unbelasteten auf die Kriechvorrichtung aufgelegten Prüfkörpers (im Rahmen dieser Arbeit angenommen zu: a_0 = 0 mm)

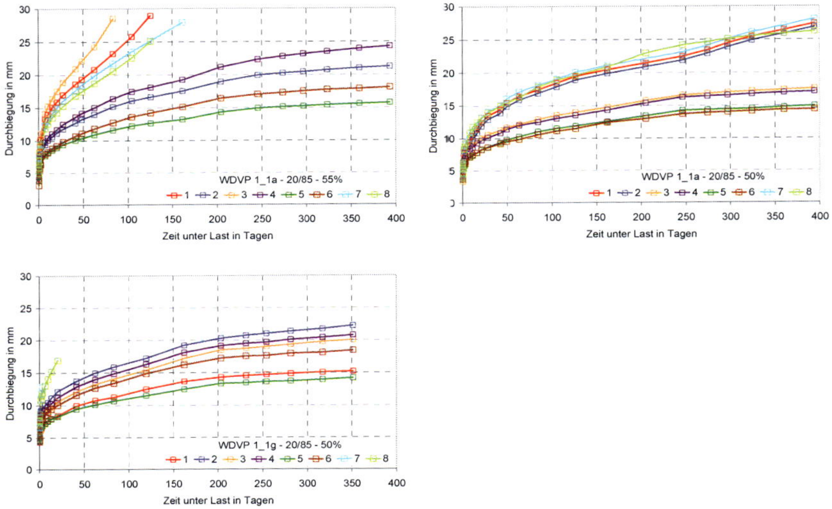

Bild 9-17 Durchbiegungen der Versuchskörper bei Spannungsniveaus von 55% und 50% im Klima 20/85 (Stand: 24.10.2012)

Für die Bestimmung der Kriechzahl für eine bestimmte Lasteinwirkungsdauer werden für alle Versuche die mittleren Kriechzahlen für jedes erfasste Zeitintervall berechnet. Aus dem 10er-Logarithmus der mittleren Kriechzahlen und dem 10er-Logarithmus der Zeit werden mit Hilfe einer linearen Regressionsanalyse die Kriechzahlen für die maßgebenden Lasteinwirkungsdauern abgeleitet. Der 10er-Logarithmus der mittleren Kriechzahlen ist in Bild 9-18 über dem 10er-Logarithmus der Zeit aufgetragen. In Tabelle 9-10 sind die Parameter der zugehörigen Regressionsgeraden und die sich ergebenden Kriechzahlen zusammengestellt. Für NKL 1 beträgt die mittlere Kriechzahl 6,51 und für NKL 2 beträgt die mittlere Kriechzahl 10,1.

Für Faserplatten und Gipskartonplatten in NKL 1 wird in DIN 1052:2008-12 ein Verformungsbeiwert von 3,0 angegeben. Ob die relativ größeren Kriechbeiwerte für Holzfaserdämmplatten im Spannungsniveau oder im Werkstoff begründet sind, lässt sich nur durch weitere Versuche mit einem geringeren Spannungsniveau belegen. Die ermittelten Werte stellen allerdings einen ersten auf der sicheren Seite liegenden Anhaltswert für den Verformungsbeiwert von Holzfaserdämmplatten dar und können für die Berechnung von Verformungen verwendet werden.

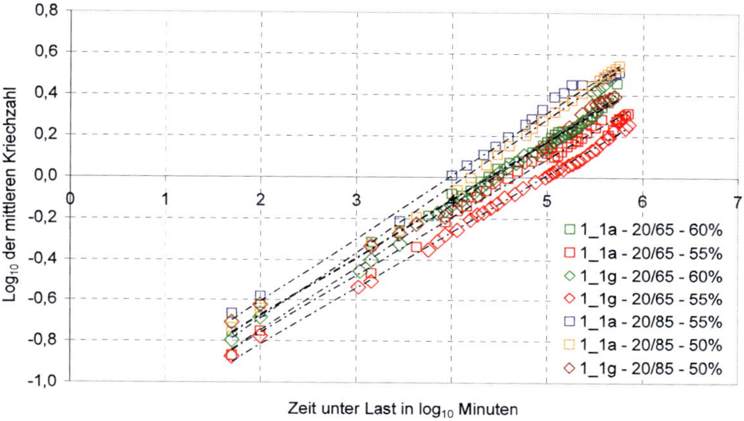

Bild 9-18 10er-Logarithmus der mittleren Kriechzahlen über dem 10er-Logarithmus der Zeit für Versuchsreihen

Tabelle 9-10 Kriechzahlen für die durchgeführten Versuchsreihen

Wärmedämm-verbundplatte	Klima	Spannungs-niveau	Steigung	Achsen-abschnitt	R	$\log_{10}(k_c)$	k_c
1_1a	20/65	55	0,282	-1,32	0,992	0,771	5,90
		60	0,282	-1,24	0,995	0,856	7,18
	20/85	50	0,324	-1,34	0,996	1,07	11,6
		55	0,306	-1,22	0,991	1,06	11,3
1_1g	20/65	55	0,275	-1,37	0,994	0,676	4,75
		60	0,307	-1,36	0,984	0,915	8,22
	20/85	50	0,283	-1,24	0,994	0,856	7,18
Mittel	20/65						6,51
	20/85						10,1

10 Tragfähigkeit und Steifigkeit von HFDP-HFDP-Verbindungen

10.1 Allgemeines und Kenntnisstand

Die Tragfähigkeit einer mit Holzfaserdämmplatten beplankten Holztafel unter einer horizontalen Beanspruchung kann mit den Ergebnissen der vorgestellten Untersuchungen berechnet und nachgewiesen werden. Die Beplankung einer nach DIN 1052:2008-12 nachgewiesenen Holztafel darf horizontal einmal gestoßen werden, wenn die Plattenränder schubsteif miteinander verbunden sind. Eine schubsteife Verbindung der Plattenränder kann beispielsweise mit einem Stoßholz ausgeführt werden. Die Tragfähigkeit und die Steifigkeit der Verbindung zwischen einer Holzfaserdämmplatte und dem Stoßholz können dann entsprechend einer vergleichbaren Verbindung zwischen einer Holzfaserdämmplatte und einer Rippe nach den durchgeführten Untersuchungen abgeschätzt werden.

Eine neuere Entwicklung für eine schubsteife Verbindung zwischen OSB oder Spanplatten als Beplankung von Holztafeln ist eine Verbindung der Plattenränder mit Wellennägeln. Mit diesen können die einzelnen, stumpf gestoßenen Beplankungsplatten direkt miteinander verbunden werden. Hierdurch kann auf die Verwendung eines Stoßholzes verzichtet und die Übertragung des Schubflusses ermöglicht werden. Der Einsatz von Wellennägeln in OSB oder Spanplatten wurde bereits in einer allgemeinen bauaufsichtlichen Zulassung geregelt.

Holzfaserdämmplatten werden häufig mit einer Nut- und Federfräsung ausgebildet. In die Plattenränder werden dann eine oder mehrere Federn bzw. Nuten eingefräst. Die benachbarten Platten werden nicht stumpf aneinandergestoßen, sondern greifen durch das Nut-Feder-System ineinander. Durch dieses Ineinandergreifen der benachbarten Platten ist neben der Verbindung mit Wellennägeln auch eine direkte Verbindung der beiden Platten mit stiftförmigen Verbindungsmitteln möglich. Im Rahmen dieser Arbeit wurden Verbindungen zwischen Holzfaserdämmplatten mit Breitrückenklammern untersucht. Die Ränder der untersuchten Platten waren bis auf eine Platte mit einer Feder bzw. Nut ausgebildet. Eine der untersuchten Platten besaß zwei Federn und zwei Nuten.

10.2 Voruntersuchungen und Versuchsdurchführung

Breitrückenklammern werden bei der Herstellung von Holztafeln mit Klammergeräten eingebracht. In ersten Voruntersuchungen wurde die Möglichkeit untersucht, mit einem Klammergerät Breitrückenklammern in das Nut-Feder-System von Holzfaserdämmplatten einzubringen. Durch das Einschießen der Breitrückenklammer wurde allerdings eine Beschädigung der Holzfaserdämmplatte auf der dem Klammerrücken gegenüberliegenden Nutseite verursacht. Durch ein Unterlegen der Verbindung mit einer weiteren Holzfaserdämmplatte konnte eine Beschädigung der verbundenen

Platten verhindert werden. In Bild 10-1 sind die beschädigte Platte und eine Platte nach dem Entfernen der Unterlage dargestellt.

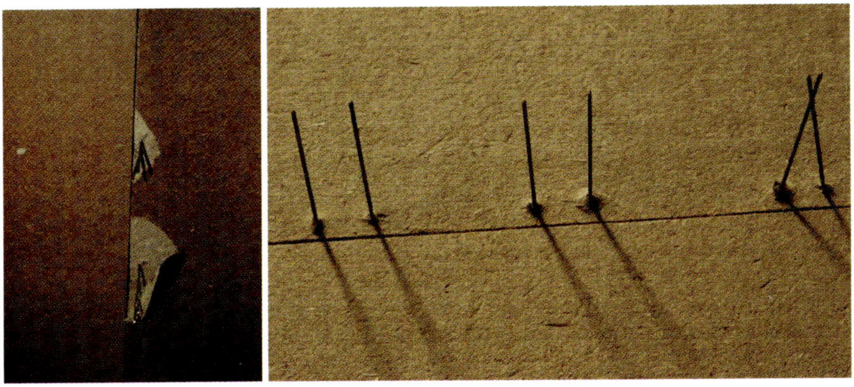

Bild 10-1 Einschießversuche von Breitrückenklammern in HFDP-HFDP-Verbindungen

Für die Ermittlung der Tragfähigkeit und Steifigkeit von Verbindungen zwischen Holzfaserdämmplatten mit Breitrückenklammern wurden Zugscherversuche durchgeführt. Für die Versuche wurde ein doppeltsymmetrischer Versuchskörper hergestellt. Hierbei wurden aus zwei Platten Streifen entnommen, die in jeweils drei Teile zugeschnitten wurden. Der Zusammenbau des Versuchskörpers und die Versuchsdurchführung sind in Bild 10-2 dargestellt. Die Breitrückenklammern wurden mit einem Hammer eingeschlagen.

10.3 Ergebnisse

Die Versuchskörper wurden in eine Zug-Druck-Spindelmaschine eingebaut und bis zum Versagen der Verbindung geprüft. Die Verschiebung wurde an den Stellen der vier Verbindungsmittel mit jeweils einem induktiven Wegaufnehmer gemessen. Die Tragfähigkeit wurde bereits vor einer Relativverschiebung von 15 mm zwischen den verbundenen Teilen erreicht. Die Ergebnisse der Versuche sind in Tabelle 18-39 und Tabelle 18-40 zusammengestellt. Das Versagen trat durch Ausreißen der Feder und/oder der Nut ein. Ein Ausreißen wurde sowohl in Richtung der Belastung zum beanspruchten Rand hin als auch rechtwinklig zur Belastungsrichtung beobachtet. Insgesamt wurden fünf unterschiedliche Versagensfälle beobachtet: In den ersten beiden Versagensfällen trat ein Ausreißen der Feder oder der Nut rechtwinklig zur Belastungsrichtung auf. Dabei wurde die Feder bzw. die Nut nur im Bereich der Breitrückenklammer ausgerissen. Im dritten Versagensfall trat sowohl ein Ausreißen der

Feder als auch der Nut rechtwinklig zur Belastungsrichtung auf. In den weiteren beiden Fällen kam es zu einem Ausreißen der Feder oder der Nut sowohl rechtwinklig als auch in der Richtung der Belastung. Die fünf typischen Versagensmechanismen sind beispielhaft in Bild 10-3 bis Bild 10-5 dargestellt.

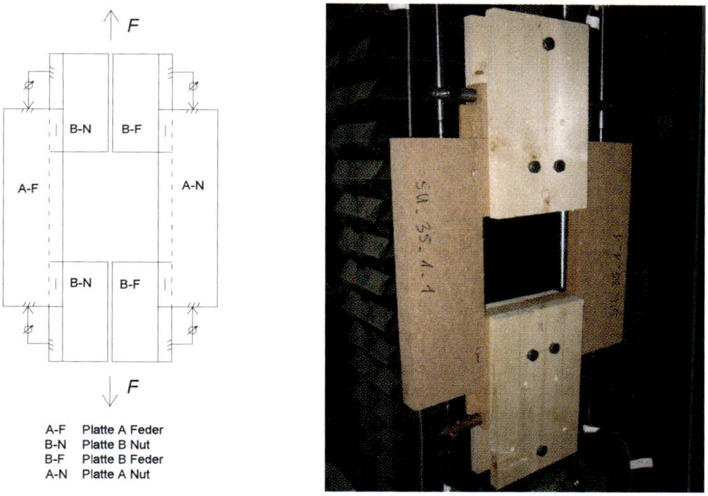

Bild 10-2 Versuchsaufbau für Versuche mit HFDP-HFDP-Verbindungen

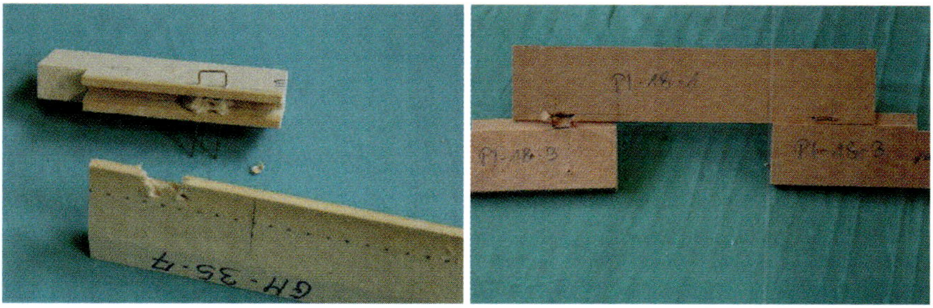

Bild 10-3 Versagensmechanismus Ausreißen der Feder (links) oder der Nut (rechts) rechtwinklig zur Belastungsrichtung

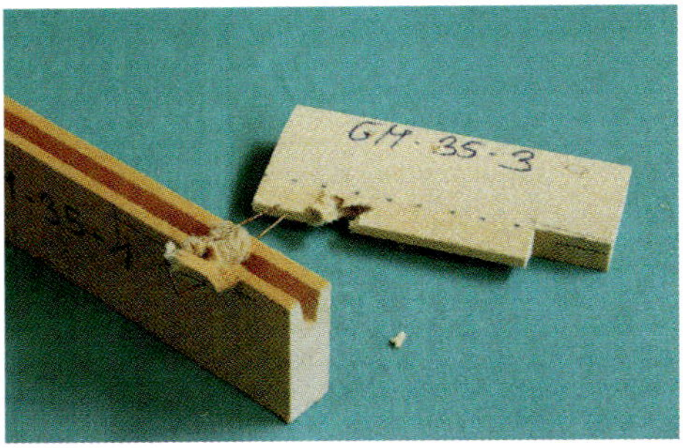

Bild 10-4 Versagensmechanismus Ausreißen der Feder und der Nut rechtwinklig zur Belastungsrichtung

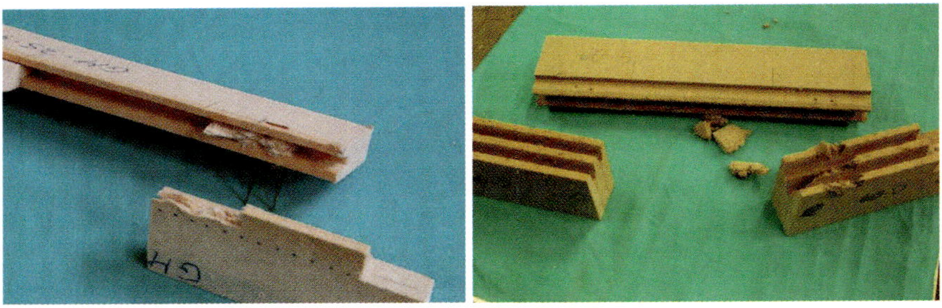

Bild 10-5 Versagensmechanismus Ausreißen der Feder (links) oder der Nut (rechts) rechtwinklig und parallel zur Belastungsrichtung

Die je Verbindungsmittel und Feder ermittelten Höchstlasten sind in Bild 10-6 über der mittleren Rohdichte der miteinander verbundenen Holzfaserdämmplatten aufgetragen. Die Höchstlasten liegen in einem Bereich zwischen 100 und 650 N. Die höchste Tragfähigkeit wurde in der Verbindung von Unterdeckplatten des Typs 3_2 erreicht. Diese Unterdeckplatte besitzt eine vergleichsweise hohe Rohdichte und zwei Federn (s. Bild 10-5). Auf einen Vergleich der erreichten Tragfähigkeiten mit berechneten Tragfähigkeiten nach der Theorie von Johansen in Abhängigkeit von der Lochleibungsfestigkeit der Holzfaserdämmplatte und vom Fließmoment der Breitrückenklammer wird im Rahmen dieser Arbeit verzichtet. Die beobachteten spröden Versagensmechanismen werden in der Theorie nach Johansen nicht berücksichtigt. In Bild 10-7 sind die Verschiebungsmoduln der untersuchten Verbindungen über der mittleren Rohdichte der verbundenen Holzfaserdämmplatten aufgetragen.

Die in diesem Abschnitt vorgestellten Untersuchungen zeigen die Möglichkeit, durch eine Verbindung im Nut-Feder-System zweier miteinander verbundener Holzfaserdämmplatten mit stiftförmigen Verbindungsmitteln Kräfte zu übertragen. Die Verbindung sollte im Hinblick auf ein duktiles Tragverhalten durch größere Randabstände optimiert werden.

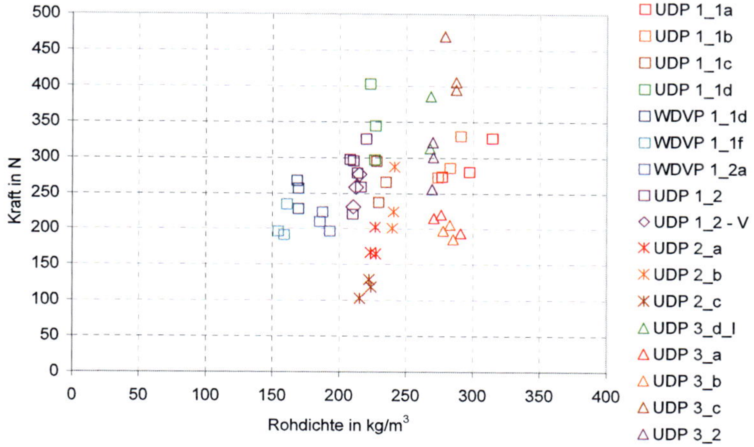

Bild 10-6 Höchstlast je Verbindungsmittel und Feder über der mittleren Rohdichte der verbundenen Holzfaserdämmplatten

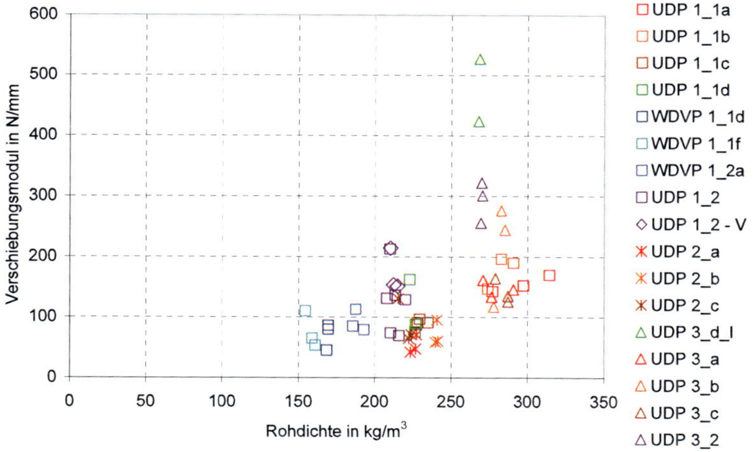

Bild 10-7 Verschiebungsmodul je Verbindungsmittel und Feder über der mittleren Rohdichte der verbundenen Holzfaserdämmplatten

11 Elastizitätsmodul von Holzfaserdämmplatten

11.1 Allgemeines

Holztafeln mit Holzfaserdämmplatten als aussteifender Beplankung können mit Hilfe der Finite-Elemente-Methode modelliert und die Tragfähigkeit und Steifigkeit berechnet werden (s. Abschnitt 14). Mit der Modellierung und Berechnung können zeit- und materialaufwändige Versuche mit bauteilgroßen Wandscheiben ersetzt werden. Im Modell werden den Rippen, der Beplankung und der Verbindung zwischen den Rippen und der Beplankung unterschiedliche Elemente zugewiesen. Für die Modellierung der Beplankung werden zwei Parameter benötigt. Diese können aus den drei Materialeigenschaften Elastizitätsmodul, Schubmodul und Querkontraktionszahl gewählt werden. Der Schubmodul von Holzfaserdämmplatten wurde in umfangreichen Versuchen ermittelt und kann für die Eingabe in das Modell aus den Versuchsergebnissen oder in Abhängigkeit von der Rohdichte abgeschätzt werden (s. Abschnitt 8). Als zweiter Parameter kann die Querkontraktionszahl oder der Elastizitätsmodul in Plattenebene verwendet werden. Die Ermittlung der Querkontraktionszahl für Holz und Holzwerkstoffe ist vergleichsweise aufwändig. Daher wird im Rahmen dieser Arbeit auf die Ermittlung der Querkontraktionszahl verzichtet, und als zweiter Parameter für die Modellierung der Elastizitätsmodul von Holzfaserdämmplatten ermittelt. Ein weiterer Zweck der Ermittlung des Elastizitätsmoduls liegt in der Möglichkeit, den Elastizitätsmodul für die werkseigene Produktionskontrolle im Rahmen der bauaufsichtlichen Überwachung zu verwenden.

11.2 Kenntnisstand und Vorgehensweise

Die Elastizitätsmoduln von Holz und Holzwerkstoffen können mit zwei unterschiedlichen Methoden ermittelt werden: in statischen Biegeversuchen oder mit Hilfe der Schwingungsmessung. Im statischen Biegeversuch wird ein Versuchskörper in einem Drei- oder Vierpunktbiegeversuch geprüft und aus den gemessenen Verformungen der Elastizitätsmodul bestimmt. In der Vergangenheit wurden vorwiegend Versuche mit dünnen Holzwerkstoffplatten durchgeführt. Sekhar et al. (1969) untersuchten den Einfluss des Verhältnisses zwischen der Stützweite und der Probendicke auf die Biegefestigkeit von Faserplatten. Noack et al. (1984) berichten über die auftretenden Probleme bei der statischen Bestimmung der Biegefestigkeit von dünnen Holzwerkstoffplatten. Boehme (1989) untersuchte den Einfluss verschiedener Parameter auf die Biegefestigkeit von dünnen Spanplatten und wies einen signifikanten Einfluss der untersuchten Parameter auf die Biegeeigenschaften nach. Die Bestimmung des statischen Elastizitätsmoduls von Holz und Holzwerkstoffen ist in Anlehnung an unterschiedliche Normen möglich. In DIN EN 13879:2002 werden die Herstellung und die Anzahl der Prüfkörper in Abhängigkeit von der Plattendicke festgelegt. Die Prüfung wird für kleine Prüfkörper nach DIN EN 310:1993 und für mittelgroße Prüfkörper nach DIN EN 789:2005 durchgeführt. Der Versuchskörper und der Versuchsaufbau für die Prüfung nach DIN EN 310:1993 sind in Bild 11-1 dargestellt.

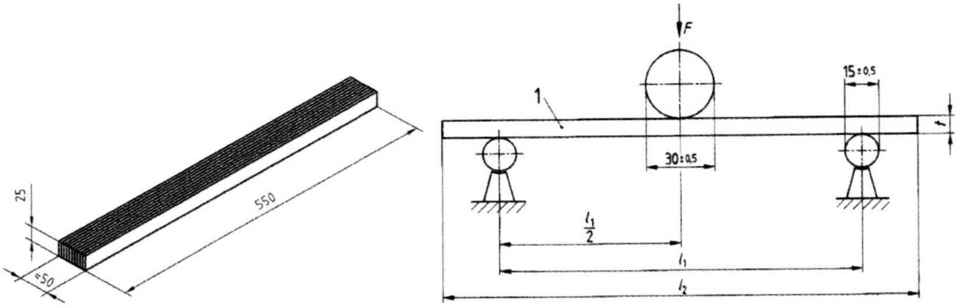

Bild 11-1 Bestimmung des statischen Elastizitätsmoduls nach DIN EN 310

Die Herstellung der Versuchskörper und die Versuchsdurchführung stellen einen vergleichsweise hohen Aufwand für die Ermittlung des statischen Elastizitätsmoduls dar. Eine Alternative ist die Bestimmung des dynamischen Elastizitätsmoduls mit Hilfe der Schwingungsmessung. Eine stabförmige Probe wird zur Längs- oder Biegeschwingung angeregt und mit der ermittelten Frequenz der Elastizitätsmodul bestimmt. Die Anwendung des Messverfahrens für die Bestimmung des Elastizitätsmoduls von Holz wurde von Görlacher (1984) vorgestellt. Mehlhorn und Merkel (1986) stellten eine Möglichkeit für die Bestimmung des dynamischen Elastizitätsmoduls von Spanplatten vor. Dabei wird ein Schwingungsbeiwert so bestimmt, dass die dynamischen Elastizitätsmoduln mit den statischen Elastizitätsmoduln übereinstimmen. Greubel und Merkel (1987) untersuchten den Einfluss von unterschiedlichen Parametern auf den dynamischen Elastizitätsmodul. Greubel und Wissing (1995) ermittelten den dynamischen Elastizitätsmodul und den dynamischen Schubmodul von Spanplatten. Niemz und Poblete (1996) untersuchten den Zusammenhang zwischen der Schallgeschwindigkeit bei Durchschallung parallel zur Plattenebene und der Biegefestigkeit sowie dem Elastizitätsmodul. Der Elastizitätsmodul von Holzfaserdämmplatten wurde bislang weder mit der statischen noch mit der dynamischen Methode systematisch ermittelt.

11.3 Vergleich der statisch und dynamisch ermittelten Elastizitätsmoduln

In Abschnitt 9 wurden die als Grundlage für die Dauerstandversuche durchgeführten Kurzzeitversuche vorgestellt. Neben der Höchstlast wurde in den Versuchen der statische Elastizitätsmodul ermittelt. Vor den Versuchen wurde mit Hilfe der Schwingungsmessung der dynamische Elastizitätsmodul der Probekörper mit t = 20 mm bestimmt. Für die Messung der Frequenz wurde ein GrindoSonic-Gerät verwendet. Mit Hilfe der Schwingungsmessung wurden der Elastizitätsmodul mit der Frequenz bei einer Längsschwingung sowie die Elastizitätsmoduln mit den Frequenzen bei

Biegeschwingungen in Plattenebene und rechtwinklig zur Plattenebene bestimmt. Aus insgesamt zehn Platten wurden jeweils die vier für die Kurzzeitversuche vorgesehenen Proben untersucht. Der Ausschnitt der Proben aus den Platten ist in Abschnitt 9 dargestellt. Somit wurden an 40 Versuchskörpern der Elastizitätsmodul mit der Frequenz bei einer Längsschwingung sowie die Elastizitätsmoduln mit den Frequenzen bei einer Biegeschwingung 1. Ordnung in Plattenebene und rechtwinklig zur Plattenebene ermittelt. Die Probenmaße betrugen 500 mm x 30 mm x 20 mm. Für die Bestimmung der Elastizitätsmoduln wurden jeweils die Mittelwerte der Frequenz aus zehn Einzelmessungen verwendet. Die Erregung der Probekörper erfolgte mit einem zum Messgerät zugehörigen speziellen Hammer oder mit einem gewöhnlichen Hammerstiel. Die Lagerung der Proben erfolgte auf Hartgummi. Der Versuchsaufbau ist in Bild 11-2 dargestellt. Die Ergebnisse sind in Tabelle 18-41 zusammengestellt.

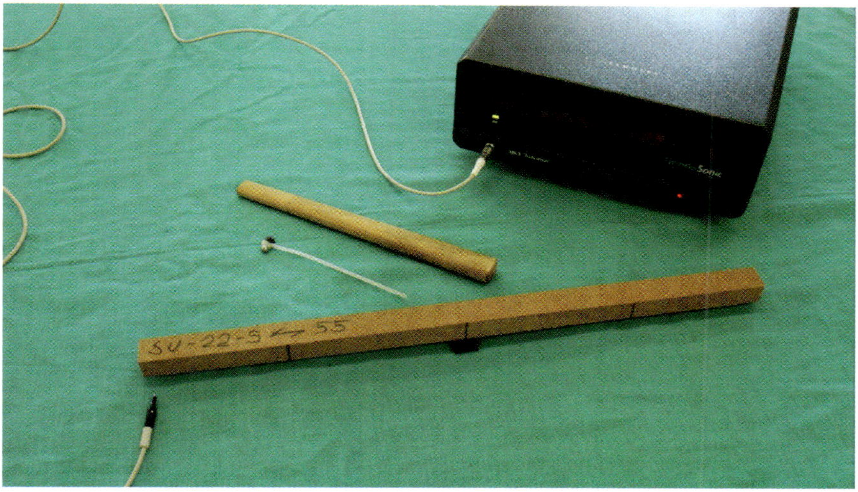

Bild 11-2 Versuchsaufbau für die Ermittlung der dynamischen Elastizitätsmoduln von Holzfaserdämmplatten

In den statischen Versuchen wurden Kurzzeitversuche mit parallel (P) und rechtwinklig (R) zur Plattenlängsseite ausgeschnittenen Probekörpern durchgeführt. Ein Probekörper bestand hierbei aus zwei verklebten Plattenstreifen (a und b). Für den Vergleich der statischen Elastizitätsmoduln mit den dynamischen Elastizitätsmoduln werden daher jeweils die Ergebnisse der Plattenstreifen a und b gemittelt. Der Vergleich ist in Bild 11-3 für beide Ausschnittsrichtungen dargestellt.

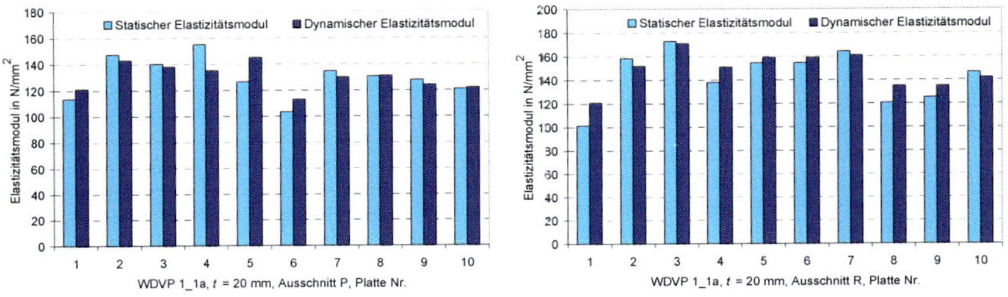

Bild 11-3 Vergleich zwischen dynamischen und statischen Elastizitätsmoduln für WDVP 1_1a, Proben „P“ und „R“

Der Vergleich der Mittelwerte der beiden Elastizitätsmoduln über alle Versuche ergibt ein Verhältnis von 1,07 zwischen dem dynamischen Elastizitätsmodul und dem statischen Elastizitätsmodul. Dieser Wert entspricht etwa dem Wert, der in der Vergangenheit in Versuchen mit Holz ermittelt wurde. Somit kann auf die aufwändigere Bestimmung der Elastizitätsmoduln von Holzfaserdämmplatten mit statischen Versuchen verzichtet werden. Als Alternative werden für die Modellierung von Holztafeln mit der Finite-Elemente-Methode die dynamischen Elastizitätsmoduln ermittelt.

11.4 Dynamischer Elastizitätsmodul von Holzfaserdämmplatten

Die dynamischen Elastizitätsmoduln von Holzfaserdämmplatten wurden in einer ersten Versuchsserie an kleinen, unverklebten Probekörpern entsprechend Bild 11-1 ermittelt. Die Längsschwingung lieferte für alle Holzfaserdämmplatten auswertbare Ergebnisse, während die Biegeschwingung für zwei Holzfaserdämmplatten in Plattenebene und für vier Holzfaserdämmplatten rechtwinklig zur Plattenebene keine auswertbaren Ergebnisse lieferte. Die Ergebnisse der Versuche sind in Tabelle 18-42 bis Tabelle 18-59 zusammengestellt. Die Mittelwerte der Versuchsreihen sind in Tabelle 11-1 angegeben. In Bild 11-4 bis Bild 11-6 sind die Ergebnisse über den zugehörigen Werten der Rohdichte aufgetragen. In den Diagrammen sind Regressionsgleichungen zur Abschätzung des Elastizitätsmoduls in Abhängigkeit von der Rohdichte sowie die zugehörigen Korrelationskoeffizienten angegeben.

Tabelle 11-1 Mittelwerte der Ergebnisse der Ermittlung des dynamischen Elastizitätsmoduls mit kleinen Proben

Bezeichnung	L mm	b mm	h mm	ρ kg/m³	$f_{längs}$ Hz	$E_{längs}$ N/mm²	$f_{Scheibe}$ Hz	$E_{Scheibe}$ N/mm²	f_{Platte} Hz	E_{Platte} N/mm²
UDP 1_1a	545	18,8	25,7	285	1281	558	117	499	90	515
UDP 1_1b	545	22,8	25,5	286	1256	539	114	475	102	482
UDP 1_1c	545	28,1	25,2	237	1118	351	97	289	113	317
UDP 1_1d	550	35,3	25,3	225	1076	315	90	248	135	283
UDP 1_2	550	50,8	24,9	218	1060	296	87	230	175	225
UDP 2_a	545	18,8	25,3	225	1166	366	104	317	78	348
UDP 2_b	545	22,1	25,3	239	1234	432	113	395	101	428
UDP 2_c	550	37,5	25,1	222	1096	322	93	264	129	226
UDP 3_a	550	17,6	25,6	275	1200	479	106	406	75	450
UDP 3_b	545	21,6	25,4	287	1169	466	104	399	91	402
UDP 3_c	545	35,2	25,4	278	1253	518	111	444	148	411
UDP 3_d	545	52,5	25,3	264	1265	502	112	429	213	362
WDVP 1_1b	550	40,0	24,8	166	866	151	70	117	118	125
WDVP 1_2a	550	40,8	24,4	188	1010	232	83	187	139	190
WDVP 2	550	40,8	24,4	188	1010	232	-	-	-	-
WDVP 3	550	40,1	25,1	270	1079	381	94	326	-	-
DP 2	550	40,3	24,5	178	745	120	-	-	-	-
DP 3	550	41,4	24,3	162	905	160	550	41,4	-	-

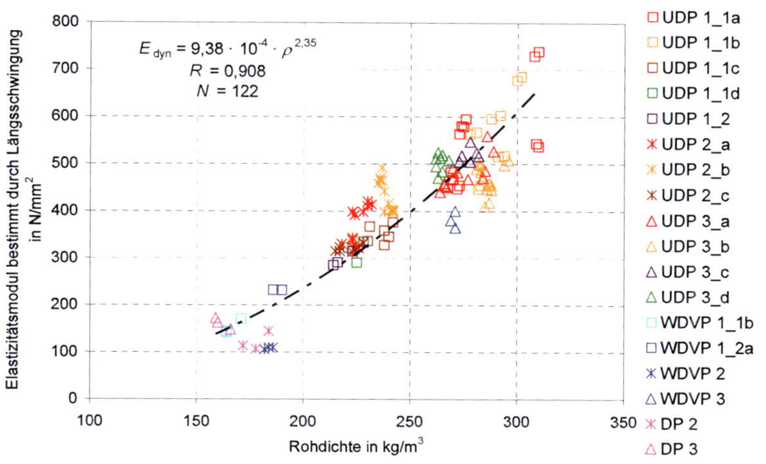

Bild 11-4 Elastizitätsmodul bestimmt durch Längsschwingung an kleinen Proben nach DIN EN 310 über zugehöriger Rohdichte

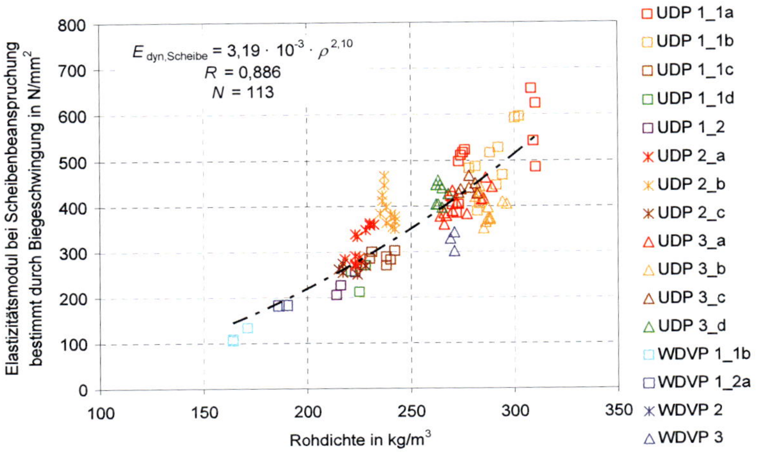

Bild 11-5 Elastizitätsmodul bestimmt durch Biegeschwingung an hochkant beanspruchten, kleinen Proben nach DIN EN 310 über Rohdichte

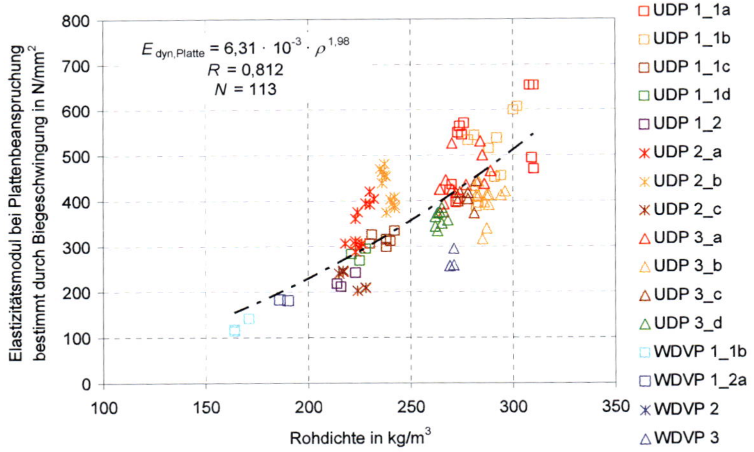

Bild 11-6 Elastizitätsmodul bestimmt durch Biegeschwingung an flachliegend beanspruchten, kleinen Proben nach DIN EN 310 über Rohdichte

11.5 Einfluss der Probenform auf die Ermittlung des Elastizitätsmoduls

Die Elastizitätsmoduln wurden in Abschnitt 11.4 an kleinen Probekörpern nach DIN EN 310:1993 ermittelt. Der statische Elastizitätsmodul kann aber auch an mittelgroßen Prüfkörpern nach DIN EN 789:2005 bestimmt werden. Hierfür werden Streifen mit den Maßen 1150 mm x 25 mm x *t* so miteinander verbunden, dass ein Prüfkörper mit einer Breite von ca. 300 mm entsteht. Der Versuchskörper und der Versuchsaufbau sind in Bild 11-7 dargestellt. Für einen Vergleich der Elastizitätsmoduln von kleinen und mittelgroßen Prüfkörpern wurde in weiteren Versuchen der dynamische Elastizitätsmodul an mittelgroßen Probekörpern ermittelt. Darüber hinaus wurden in Anlehnung an Probekörper für die Flachkantbiegeprüfung nach DIN EN 789:2005 breite Probekörper aus Platten ausgeschnitten. Diese Probekörper besaßen eine Breite von bis zu 300 mm und eine Länge von 1200 mm. An beiden Probekörpertypen konnten neben der Frequenz aus der Längsschwingung keine weiteren Ergebnisse aus der Biegeschwingung ermittelt werden. Die Ergebnisse der Versuche sind in Tabelle 18-60 bis Tabelle 18-93 zusammengestellt. Die mittleren Ergebnisse der Versuche sind in Tabelle 11-2 und Tabelle 11-3 angegeben. In Bild 11-8 und Bild 11-9 ist der dynamische Elastizitätsmodul über der zugehörigen Rohdichte aufgetragen. Nach den im Rahmen dieser Arbeit durchgeführten Untersuchungen eignen sich für die Ermittlung des dynamischen Elastizitätsmoduls Proben nach DIN EN 310:1993 am besten. Während an den kleinen Proben in Anlehnung an DIN EN 310:1993 Elastizitätsmoduln aus der Längsschwingung sowie aus beiden Biegeschwingungen ermittelt wurden, konnten an den mittelgroßen und breiten Proben in Anlehnung an DIN EN 789:2005 nur Elastizitätsmoduln aus der Längsschwingung ermittelt werden.

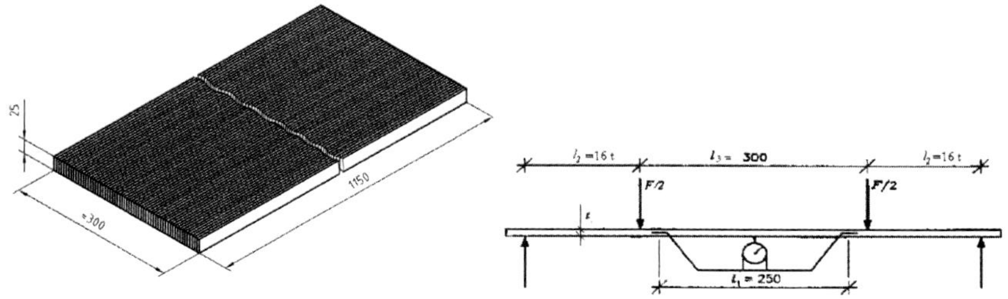

Bild 11-7 Bestimmung des statischen Elastizitätsmoduls in Plattenebene bei Hochkant- und Flachkantbiegung nach DIN EN 789

Tabelle 11-2 Mittelwerte der Ergebnisse der Ermittlung des dynamischen Elastizitätsmoduls mit Proben für die Hochkantbiegung

Bezeichnung	L in mm	b in mm	h in mm	ρ in kg/m³	$f_{längs}$ in Hz	$E_{längs}$ in N/mm²
UDP 1_1a	1200	25,5	18,7	287	566	530
UDP 1_1b	1200	25,4	22,7	285	552	500
UDP 1_1c	1200	25,2	28,1	236	519	366
UDP 1_1d	1200	25,3	35,2	229	505	336
UDP 1_2	1200	25,0	50,9	217	495	307
UDP 2_a	1200	25,1	18,8	229	574	434
UDP 2_b	1200	25,2	21,8	242	605	510
UDP 2_c	1200	25,1	37,5	220	528	352
UDP 3_a	1200	25,3	17,6	279	561	506
UDP 3_b	1200	25,3	21,6	284	553	500
UDP 3_c	1200	25,3	35,2	281	594	570
WDVP 1_1b	1200	24,8	40,0	165	404	155
WDVP 1_2a	1200	24,5	40,8	187	469	237
WDVP 2	1200	25,2	60,0	186	346	129
WDVP 3	1200	25,2	40,0	265	527	423
DP 2	1180	25,0	40,3	178	394	156
DP 3	1200	24,6	41,5	160	439	176

Tabelle 11-3 Mittelwerte der Ergebnisse der Ermittlung des dynamischen Elastizitätsmoduls mit Proben für die Flachkantbiegung

Bezeichnung	L in mm	b in mm	h in mm	ρ in kg/m³	$f_{längs}$ in Hz	$E_{längs}$ in N/mm²
UDP 1_1a	929	300	18,2	301	761	600
UDP 1_1b	1058	300	22,7	284	633	508
UDP 1_1c	1148	300	28,0	240	553	387
UDP 1_1d	1148	300	35,2	231	532	346
UDP 1_2	1149	60	50,0	220	520	315
UDP 2_a	929	300	18,3	234	759	466
UDP 2_b	1060	300	22,0	244	696	531
UDP 2_c	1148	300	36,7	223	522	321
UDP 3_a	929	300	18,0	273	750	531
UDP 3_b	1058	300	21,0	298	629	528
UDP 3_c	1148	300	35,0	285	641	618
WDVP 1_1b	1149	140	40,0	168	435	168
WDVP 1_2a	1148	100	40,0	189	497	246
WDVP 2	1148	300	60,0	196	376	146
WDVP 3	1148	90	40,0	264	569	452
DP 2	1147	300	40,0	177	351	115
DP 3	1149	155	41,0	164	476	196

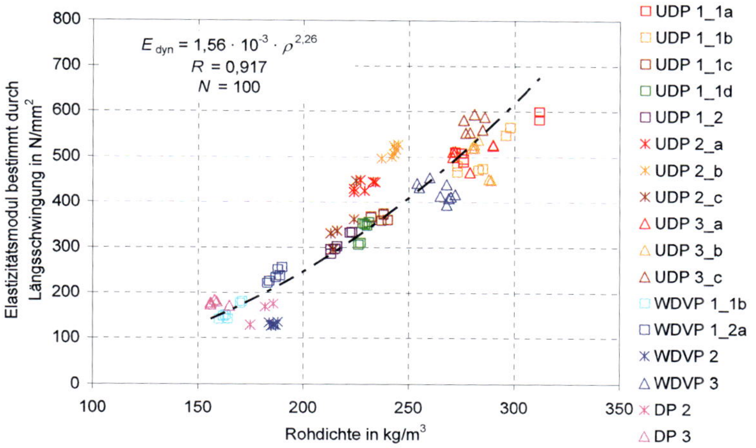

Bild 11-8 Elastizitätsmodul bestimmt durch Längsschwingung an mittelgroßen Proben für die Hochkantbiegung nach DIN EN 789 über Rohdichte

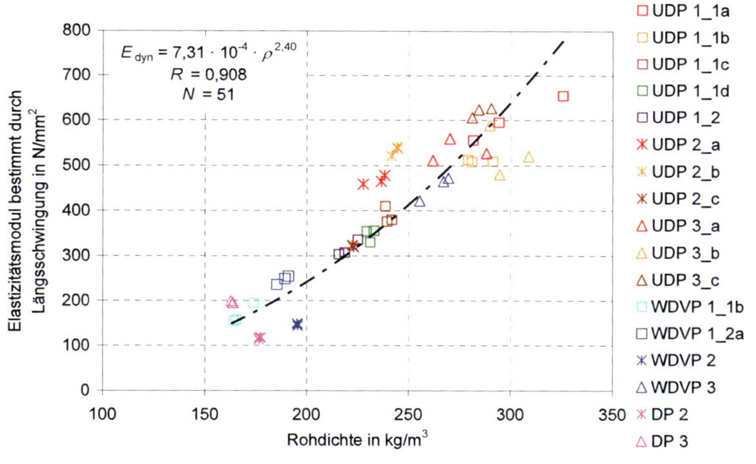

Bild 11-9 Elastizitätsmodul bestimmt durch Längsschwingung an Proben für die Flachkantbiegung nach DIN EN 789 über zugehöriger Rohdichte

In Bild 11-10 sind die durch Längsschwingung ermittelten Elastizitätsmoduln an kleinen, mittelgroßen und breiten Proben über der Rohdichte sowie die zugehörige Regressionskurve aufgetragen. Bild 11-11 zeigt den Vergleich zwischen den an den unterschiedlichen Probekörperformen ermittelten Elastizitätsmoduln bei Längsschwingung und den an den kleinen Probekörpern ermittelten Elastizitätsmoduln bei Biegeschwingung in Plattenebene und rechtwinklig zur Plattenebene. Zu erkennen sind die gute Übereinstimmung der an unterschiedlichen Probekörperformen ermittelten Elastizitätsmoduln bei Längsschwingung und die Übereinstimmung bei der Biegeschwingung. Die mit der Biegeschwingung ermittelten Elastizitätsmoduln liegen unterhalb der mit der Längsschwingung ermittelten Elastizitätsmoduln. Für die Eingabe bei der Berechnung von Wandscheiben mit der Finite-Elemente-Methode wird der Elastizitätsmodul in Plattenebene (Scheibenbeanspruchung) verwendet. Bild 11-12 zeigt den Vergleich zwischen der extrapolierten Regressionskurve für die Elastizitätsmoduln an kleinen Probekörpern mit den Elastizitätsmoduln für mitteldichte und harte Faserplatten nach DIN 1052:2008-12 (s. Tabelle 11-4). Die Regressionskurve der Elastizitätsmoduln ermittelt durch Längsschwingung liegt oberhalb und die Regressionskurve der Elastizitätsmoduln ermittelt durch Biegeschwingung unterhalb der Elastizitätsmoduln nach DIN 1052:2008-12.

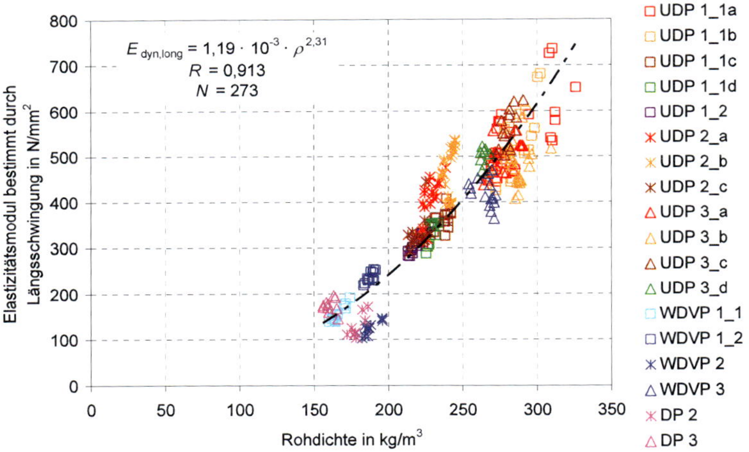

Bild 11-10 Elastizitätsmodul bestimmt durch Längsschwingung an kleinen, mittelgroßen und breiten Proben über Rohdichte

Tabelle 11-4 Elastizitätsmoduln von mittelharten und harten Faserplatten nach DIN 1052:2008-12

Technische Klasse	Harte Platten HB.HLA2		Mittelharte Platten MBH.LA2	
Nenndicke der Platten in mm	> 3,5 bis 5,5	> 5,5	≤ 10	> 10
Rohdichte in kg/m³	850	800	650	600
Elastizitätsmodul in N/mm²	4800	4600	3100	2900

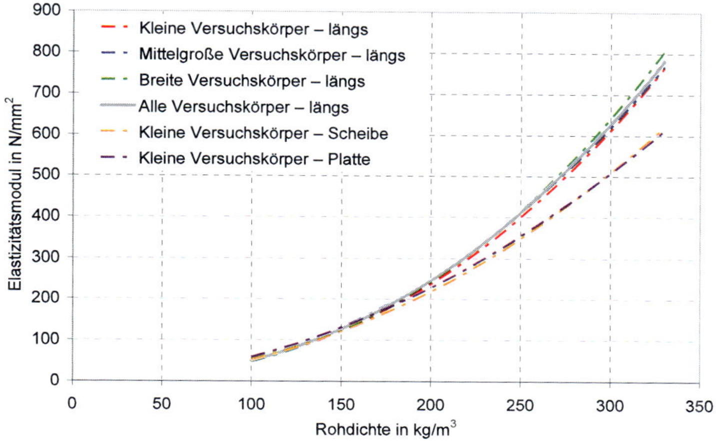

Bild 11-11 Regressionskurven für den Elastizitätsmodul bestimmt durch Längs- und Biegeschwingung an kleinen, mittelgroßen und breiten Proben über Rohdichte

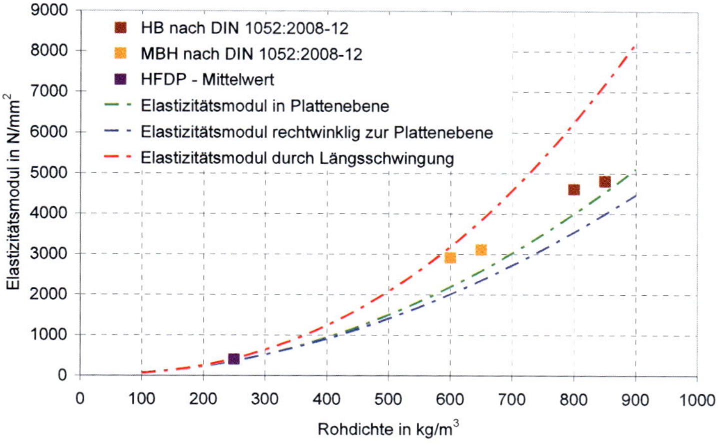

Bild 11-12 Vergleich der Regressionskurven für den Elastizitätsmodul mit den Werten für harte und mittelharte Faserplatten

12 Tragfähigkeit und Steifigkeit von Wandscheiben

12.1 Allgemeines

Die Tragfähigkeit und die Steifigkeit von Holztafeln mit Holzfaserdämmplatten als aussteifender Beplankung können mit den Ergebnissen der analytischen und experimentellen Untersuchungen berechnet und nachgewiesen werden. Als Grundlage für die Ermittlung der Tragfähigkeit der Verbindung zwischen den Rippen und der Beplankung wurden die Lochleibungsfestigkeit von stiftförmigen Verbindungsmitteln in Holzfaserdämmplatten (s. Abschnitt 5) und die Kopf- bzw. Rückendurchziehtragfähigkeit (s. Abschnitt 6) in Versuchen ermittelt. In Abschnitt 7 wurden die Verschiebungsmoduln von Verbindungen zwischen Holzfaserdämmplatten und der Holzunterkonstruktion ermittelt sowie die Anwendung der Parameter Lochleibungsfestigkeit und Kopf- bzw. Rückendurchziehtragfähigkeit auf die Berechnung der Tragfähigkeit validiert. Die Schubfestigkeit und der Schubmodul von Holzfaserdämmplatten wurden in Abschnitt 8 ermittelt. Mit den Modifikationsbeiwerten (s. Abschnitt 9) kann der Einfluss der Lasteinwirkungsdauer und der klimatischen Randbedingungen im Nachweis nach DIN 1052:2008-12 berücksichtigt werden. Somit liegen alle Parameter vor, die für die Abschätzung der Tragfähigkeit und Steifigkeit sowie für den Nachweis von Holztafeln mit Holzfaserdämmplatten als tragender Beplankung erforderlich sind.

Beim Erreichen der Tragfähigkeit von Holztafeln können drei unterschiedliche Versagensmechanismen auftreten: Versagen der Verbindung, Schubversagen der Beplankung oder Beulen der Beplankung. Sofern das Beulen der Beplankung aufgrund der vergleichsweise großen Plattendicke der Holzfaserdämmplatten unberücksichtigt bleiben kann, wird beim Erreichen der Tragfähigkeit einer der zwei weiteren Versagensmechanismen maßgebend. Für eine Überprüfung der Annahmen für die Berechnung und für eine Beurteilung des Verhaltens von bauteilgroßen Wandscheiben wurden Versuche mit bauteilgroßen Wandscheiben aus Holztafeln mit Holzfaserdämmplatten als tragender Beplankung durchgeführt.

12.2 Kenntnisstand

Die historische Entwicklung von Gebäuden aus Holz wurde in Abschnitt 1 vorgestellt. Die Holztafelbauweise mit Holzwerkstoffplatten als tragender Beplankung wurde vorwiegend in der zweiten Hälfte des 20. Jahrhunderts in Nordamerika entwickelt und eingeführt. Bevor Holzwerkstoffplatten aus der industriellen Herstellung zur Verfügung standen, wurden Holztafeln mit einer horizontalen Brettschalung ausgebildet und in den Ecken mit eingelassenen Streben ausgesteift. Für den Nachweis der Tragfähigkeit und der Steifigkeit von Holztafeln mit Holzwerkstoffplatten als tragender Beplankung standen anfänglich noch keine theoretischen Grundlagen zur Verfügung. Daher wurden die Tragfähigkeit und die Steifigkeit in Bauteilversuchen ermittelt. So wurde noch vor der allgemeinen Anerkennung eines rechnerischen Nachweisverfahrens ein einheitliches Testverfahren festgelegt. Die so getesteten Wände besaßen Maße von 2,40 m x 2,40 m und eine Beplankung mit zwei Holzwerkstoffplatten (1,20 m x 2,40 m). Neben einzelnen Wänden wurden aber auch ganze Häuser in Versuchen getestet. So berichten Tuomi und McCutcheon (1975) über Versuche an einem eingeschossigen Haus mit horizontalen und vertikalen Beanspruchungen. Als Schwachpunkt der Konstruktion wurden die Verbindungen identifiziert. Die Herleitung einer theoretischen Methode für die Berechnung der Tragfähigkeit von Holztafeln und der Vergleich mit Versuchsergebnissen wurden ebenfalls von Tuomi und McCutcheon (1978) vorgestellt. Die Eingangsdaten in die Berechnung sind die Geometrie der Holztafel, die Anzahl und die Abstände der Verbindungsmittel und die Tragfähigkeit der Verbindung zwischen der Beplankung und den Rippen. Die Tragfähigkeit von Holztafeln mit Spanplatten als Beplankung wurde von Lyon und Barnes (1979) ermittelt. Dabei wurden die Spanplatten durch eine Nagelpressleimung mit den Rippen verbunden. Variiert wurden der Typ des Leimes in der Herstellung der Spanplatten und für die Verklebung mit den Rippen, die Klimatisierung der Versuchskörper, die Maße der Rippen und die Orientierung der Beplankung. Das Versagen trat im Bereich der Verklebung zwischen der Beplankung und den Rippen auf. Price und Gromala (1980) untersuchten das Trag- und Verformungsverhalten von Spanplatten und Sperrholz als Beplankung von Holztafeln. Dabei wurden zehn Spanplattentypen und zwei Sperrholztypen in Versuche mit kleinen und bauteilgroßen Wandscheiben einbezogen. Easley et al. (1982) geben ebenfalls eine Formel für die Berechnung der Tragfähigkeit von Holztafeln an, die auf einer im Vergleich zu Tuomi und McCutcheon (1978) anderen Verformungsannahme beruht. Weiterhin wird eine Formel für die Berechnung der Steifigkeit hergeleitet sowie ein Finite-Elemente-Modell entwickelt und mit Versuchsergebnissen verglichen. Eine weitere Methode für die Berechnung der Tragfähigkeit von Holztafeln wird von Itani et al. (1982) vorgestellt. Die Beplankungsplatten werden hierbei durch zwei diagonale Federn ersetzt. Mit Hilfe dieses Modells können aus mehreren Holztafeln zusammengesetzte Wände mit Tür- und Fensteröffnungen mit einfachen Stabwerksprogrammen berechnet werden. Wagner (1982) untersuchte die Modellierung von Wand- und Deckenscheiben mit unterschiedlichen statischen Systemen. Schnittlasten wurden mit einem Stabwerk-Scheibensystem oder mit einem reinen Stabwerkssystem ermittelt. Atherton (1983) untersuchte den Einfluss der Dicke der Beplankung sowie der Nagel- und der Beplankungseigenschaften auf die Tragfähigkeit von Holztafeln in Dach- und Deckenscheiben. Die größte Tragfähigkeitssteigerung wurde durch eine Verringerung der Abstände der Verbindungsmittel untereinander erreicht. Källsner (1983) leitete Berechnungsmodelle für Wände her und führte Versuche mit Verbindungen und Wandscheiben durch. Es wurde eine gute Übereinstimmung zwischen dem Berechnungsmodell und den Versuchsergebnissen festgestellt. Henrici (1984) gab ein Bemessungsverfahren für Wandscheiben unter Schubbeanspruchung an. Gupta und Kuo (1985) präsentierten ein einfaches numerisches Modell für die Berechnung der Tragfähigkeit und Steifigkeit von Holztafeln, das als Alternative zur Finite-Elemente-Modellierung auch nicht-lineare dynamische Berechnungen ermöglicht. McCutcheon (1985) stellte eine auf Tuomi und McCutcheon (1978) basierende Theorie zur Vorhersage des Verformungsverhaltens von Holztafeln vor. Das in Verbindungsversuchen oder mit kleinen Tafeln ermittelte nicht-lineare Last-Verformungsverhalten der Verbindung wird hierbei mit Potenzfunktionen abgebildet. Patton-Mallory et al. (1985) untersuchten den Einfluss der Tafellänge und von Tür- und Fensteröffnungen auf das Trag- und Verformungsverhalten von Holztafeln mit Gipskartonplatten und Sperrholz als Beplankung. Glos et al. (1987b) untersuchten die Tragfähigkeit von ein- und zweiseitig beplankten Holztafeln. Neben der ein- oder zweiseitigen Beplankung wurden die Anzahl der aufgebrachten Beplankungslagen, das Material der Beplankung und die Verbindung variiert. In Gupta und Kuo (1987a) wird der Einfluss des Abhebens der Rippen von der Schwelle auf das Trag- und Verformungsverhalten der Holztafel berücksichtigt. Patton-Mallory und McCutcheon (1987) erweiterten das Berechnungsmodell für eine beidseitige Beplankung von Holztafeln mit unterschiedlichen Materialien. Für das Last-Verformungsverhalten der Verbindung wurden vier Ansatzfunktionen untersucht. In einer weiteren Untersuchung wurde von Gupta und Kuo (1987b) das Verhalten eines Hauses unter einer horizontalen Beanspruchung modelliert. Als Vergleich wurde der Versuch von Tuomi und McCutcheon (1975) herangezogen. Gutkowski und Castillo (1988) modellierten Holztafeln mit einer beidseitigen Beplankung und stellten die Berechnungs- und Versuchsergebnisse einander gegenüber. Hierbei wurde auch der Einfluss von Fugen zwischen den Beplankungsplatten untersucht. Källsner und Lam (1995) entwickelten verschiedene Modelle für die Berechnung der Tragfähigkeit von Holztafeln. In unterschiedlichen Modellen wird für die Verbindung zwischen der Beplankung und den Rippen lineares und plastisches Verhalten angenommen. Dettmann (2003) entwickelte Modelle zur Abschätzung des Trag- und Verformungsverhaltens von Holztafeln. Das räumliche Tragverhalten von mehrgeschossigen Gebäuden in Holztafelbauart wurde von zur Kammer (2006) modelliert. Sandau-Wietfeldt (2008) untersuchte insbesondere die Beulgefahr von Holztafeln mit Hartfaserplatten als aussteifender Beplankung. Das Trag- und Verformungsverhalten von Holztafeln mit Holzfaserdämmplatten wurde bislang nicht systematisch untersucht. Im Rahmen dieser Arbeit wurden sowohl Versuche mit Wandscheibenabschnitten als auch mit ganzen Wandscheiben durchgeführt.

12.3 Versuche mit Wandscheibenabschnitten

In Anlehnung an standardisierte Wandelemente eines am durchgeführten Forschungsvorhaben beteiligten Fertighausherstellers wurden Versuchskörper entworfen und im Labor hergestellt. Ein standardisiertes Wandelement des Fertighausherstellers ist in Bild 12-1 dargestellt. In Bild 12-2 ist der in Anlehnung an das standardisierte Wandelement entworfene Versuchskörper zu sehen. Außer den Verbindungsmitteln zwischen den Rippen und der Beplankung wurden keine weiteren Verbindungsmittel in die Holztafel eingebracht. Im Versuch wurden jeweils zwei baugleiche Wandelemente miteinander verbunden und symmetrisch belastet. Die Verbindung erfolgte im Zug- und Druckstoß durch gelenkige Anschlüsse. Das Versuchsprinzip ist in Bild 12-3 dargestellt. In Bild 12-4 ist ein Versuchskörper im Versuchsaufbau zu sehen. Die Ausbildung der Auflager als festes bzw. verschiebliches Auflager ist in Bild 12-5 dargestellt. Die symmetrische Lasteinleitung in die beiden Rähme, der Druckstoß auf der Oberseite sowie die gelenkige Verbindung der beiden Holztafelabschnitte auf der Unterseite sind in Bild 12-6 gezeigt.

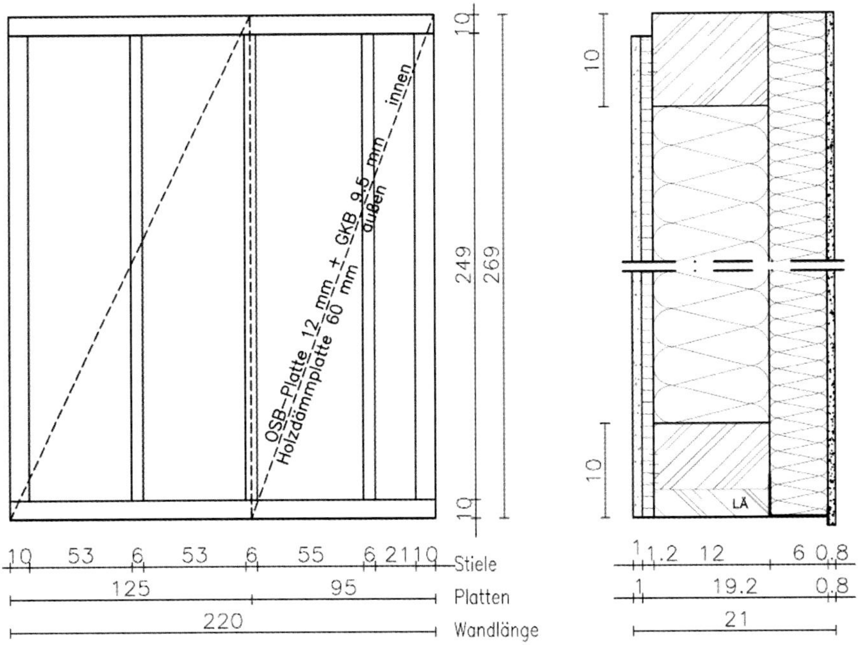

Bild 12-1 Standardisiertes Wandelement des am Forschungsvorhaben beteiligten Fertighausherstellers

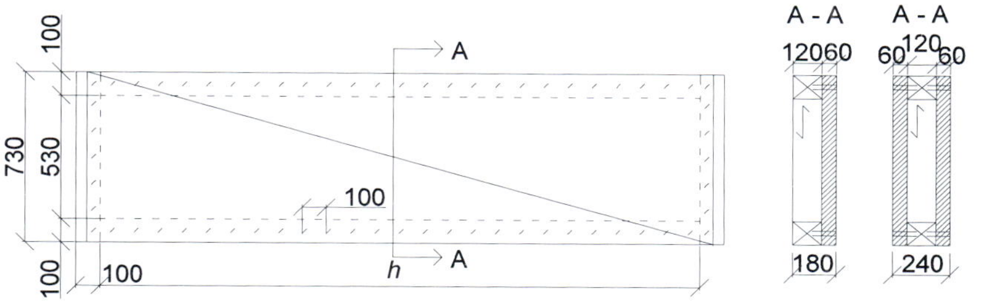

Bild 12-2 Versuchskörper für die Versuche mit Wandscheibenabschnitten (Schnitt A-A: einseitig und beidseitig beplankte Holztafel); Maße in mm

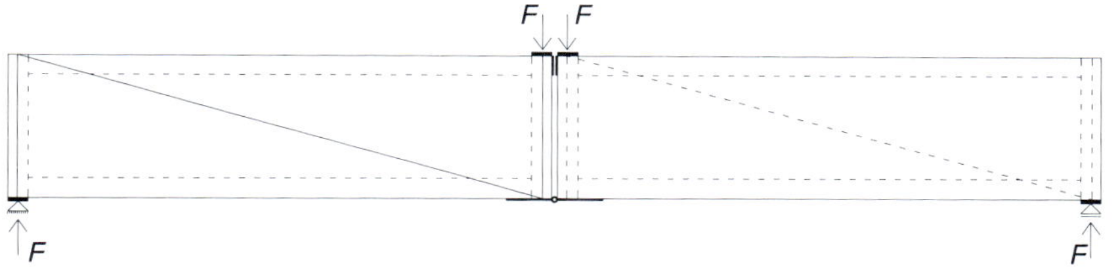

Bild 12-3 Versuchsprinzip der Versuche mit Wandscheibenabschnitten

Bild 12-4 Versuchsaufbau der Versuche mit Wandscheibenabschnitten

Bild 12-5 Ausbildung der Auflager; links: festes Auflager, rechts: verschiebliches Auflager

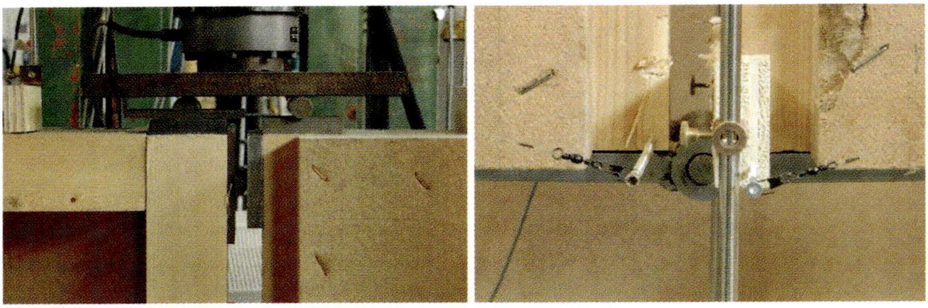

Bild 12-6 Symmetrische Lasteinleitung in die Rähme (links) und Zugstoßverbindung (rechts)

Es wurden acht Versuche mit jeweils zwei baugleichen Holztafeln durchgeführt. Für die Verbindung zwischen der Beplankung und den Rippen wurden in allen Versuchen Breitrückenklammern verwendet. In fünf Versuchen wurden Unterdeckplatten eingesetzt, deren Festigkeitswerte in Vorversuchen bestimmt worden waren und in drei Versuchen eine Holzfaserdämmplatte, deren Eigenschaften über die Nennrohdichte hinaus nicht bekannt waren. Sechs Versuche wurden mit einseitig beplankten Holztafeln und zwei Versuche mit beidseitig beplankten Holztafeln durchgeführt. In einem Versuch wurde ein Versuchskörper mit der Holzfaserdämmplatte und der Breitrückenklammer des Fertighausherstellers geprüft. Die Höhe der Wandtafelabschnitte wurde an die Länge der verwendeten Holzfaserdämmplatten angepasst. Das Versuchsprogramm ist in Tabelle 12-1 zusammengefasst.

Tabelle 12-1 Versuchsprogramm der Versuche mit Wandscheibenabschnitten

Versuch	Unterdeck-platte	Dicke in mm	Beplankung	Breitrückenklammer	Höhe in mm
1	1_1a_I	18	einseitig	A	2490
2	2_a_I	18	einseitig	A	2490
3	3_a_I	18	einseitig	A	2490
4	1_1d_II	36	einseitig	A	2490
5	1_1d_II	36	beidseitig	A	2490
6	4	60	einseitig	A	2690
7	4	60	einseitig	B	2690
8	4	60	beidseitig	A	2690

Die Versuchsdurchführung und die Auswertung erfolgten in Anlehnung an DIN EN 594:1996. Ein Ausweichen der einseitig beplankten Holztafeln aus der Tafelebene wurde verhindert. Die Gesamtdurchbiegung und die Relativverschiebungen zwischen Zugstoß und Rippe sowie zwischen Beplankung und Rippe wurden mit induktiven Wegaufnehmern gemessen. Die Verlängerung der Diagonalen der Wandtafeln wurde mit Seilzugaufnehmern gemessen. Die Steifigkeiten der Wandtafeln wurden nach DIN EN 594:1996 durch Umrechnung der Diagonalenverlängerung ausgewertet. Hierfür wird der Versuchskörper nach dem Erreichen von 40% der geschätzten Traglast vollständig entlastet. Die Steifigkeit wird dann aus dem Mittelwert der beiden Anfangssteigungen zwischen 10% und 40% der Schätzlast berechnet. Die Kraft-Verschiebungskurven der Versuche, der Bereich der Auswertung der Steifigkeit sowie die ermittelten Werte der Rohdichte und der Holzfeuchte sind in Blaß und Gebhardt (2009) zusammengestellt. In Tabelle 12-2 sind die je Wandtafel erreichten Höchstlasten, die zugehörige Gesamtverschiebung und die Steifigkeiten zusammengestellt.

Tabelle 12-2 Ergebnisse der Versuche mit Wandscheibenabschnitten

Versuch	Unterdeck-platte	Dicke in mm	Beplankung	F_{max} in kN	v (F_{max}) in mm	K in kN/mm	γ in °	u in mm
1	1_1a_I	18	einseitig	4,34	83,2	0,249	0,0486	0,552
2	2_a_I	18	einseitig	5,42	100	0,490	0,0827	0,627
3	3_a_I	18	einseitig	3,68	72,6	0,146	0,0494	0,366
4	1_1d_II	36	einseitig	5,14	91,9	0,280	0,0390	0,200
5	1_1d_II	36	beidseitig	10,9	100	0,871	0,0362	- (*)
6	4	60	einseitig	5,53	100	0,375	0,0789	0,603
7	4	60	einseitig	6,96	100	0,460	0,0711	0,542
8	4	60	beidseitig	10,5	100	1,35	0,0005	1,01
(*) Im Versuch 5 wurde die Verformung *u* nicht gemessen.								

Die Tragfähigkeit der Wandtafelabschnitte in den Versuchen 1, 3 und 4 wurde bereits vor dem Erreichen einer Verschiebung von 100 mm erreicht. In Versuch 1 wurde die Schubfestigkeit der Unterdeckplatte erreicht. Das Versagen des Versuchskörpers ist in Bild 12-7 dargestellt. In Versuch 3 versagte die Wandtafel durch Rückendurchziehen der Breitrückenklammern in der Schwelle. Das Versagen ist in Bild 12-8 dargestellt. Versuch 4 wurde als einseitig beplankter Versuchskörper als erster durchgeführter Versuch ohne Aussteifung rechtwinklig zur Plattenebene durchgeführt und versagte vor dem Erreichen einer Gesamtverschiebung von 100 mm. Die Tragfähigkeit aller weiteren Versuchskörper wurde bei einer Verschiebung von 100 mm ausgewertet. Insgesamt wurde für alle Versuche ein vergleichsweise duktiles Versagensverhalten beobachtet.

Bild 12-7 Erreichen der Schubfestigkeit in der Beplankung im Versuch 1 (UDP 1_1a_l)

Bild 12-8 Kopfdurchziehen der Breitrückenklammer durch die Beplankung im Versuch 3 (UDP 3_a_l)

Zum Vergleich der Versuchsergebnisse mit den Ergebnissen der Vorversuche wurden die zu erwartenden Tragfähigkeiten in Anlehnung an DIN 1052:2008-12 berechnet. Für die Tragfähigkeit der Verbindungsmittel und die Schubfestigkeit wurden die Mittelwerte aus den Versuchen angesetzt. Für die noch nicht untersuchte Holzfaserdämmplatte wurden die Schubfestigkeit nach Gleichung (48), die Lochleibungsfestigkeit nach Gleichung (28) und die Rückendurchziehtragfähigkeit nach Gleichung (31) in Abhängigkeit von der Nennrohdichte berechnet. Mit der Lochleibungsfestigkeit und der Rückendurchziehtragfähigkeit wurde dann die Tragfähigkeit der Verbindungsmittel abgeschätzt. Die Berechnung der Tragfähigkeiten der untersuchten Wandtafeln ist in Tabelle 12-3 zusammengestellt. In Bild 12-9 sind die Versuchsergebnisse über den berechneten Werten aufgetragen.

Tabelle 12-3 Berechnung der Vorhersagewerte für Wandscheibenabschnitte

Versuch	1	2	3	4	5	6	7	8
Unterdeckplatte	1_1a_I	2_a_I	3_a_I	1_1d_II	1_1d_II	4	4	4
Beplankung	einseitig	einseitig	einseitig	einseitig	beidseitig	einseitig	einseitig	beidseitig
t in mm	18	18	18	36	36	60	60	60
k_{v1}	1,0	1,0	1,0	1,0	1,0	1,0	1,0	1,0
k_{v2}	0,33	0,33	0,33	0,33	0,50	0,33	0,33	0,50
a_r in mm	630	630	630	630	630	630	630	630
a_v in mm	100	100	100	100	100	100	100	100
$R_{Versuch}$ in N	669	815	650	758	758	-	-	-
$f_{v,mittel}$ in N/mm²	0,70	1,08	0,62	0,71	0,71	-	-	-
ρ in kg/m³	-	-	-	-	-	250	250	250
$f_{v,ber}$ in N/mm²	-	-	-	-	-	0,70	0,70	0,70
$f_{h,ber}$ in N/mm²	-	-	-	-	-	8,54	8,54	8,54
R_{la} in N	-	-	-	-	-	548	548	548
R_{ax} in N	-	-	-	-	-	1245	1245	1245
R_{ber} in N	-	-	-	-	-	822	822	822
$f_{v,0,VM}$ in N/mm	6,69	8,15	6,50	7,58	7,58	8,22	8,22	8,22
$f_{v,0,fv}$ in N/mm	4,16	6,42	3,68	8,43	12,8	13,9	13,9	21,0
$f_{v,0,Beulen}$ in N/mm	4,16	6,42	3,68	16,9	25,6	46,2	46,2	70,0
$f_{v,0,maßg.}$ in N/mm	4,16	6,42	3,68	7,58	7,58	8,22	8,22	8,22
R_{Tafel} in kN	2,62	4,04	2,32	4,78	9,55	5,18	5,18	10,4

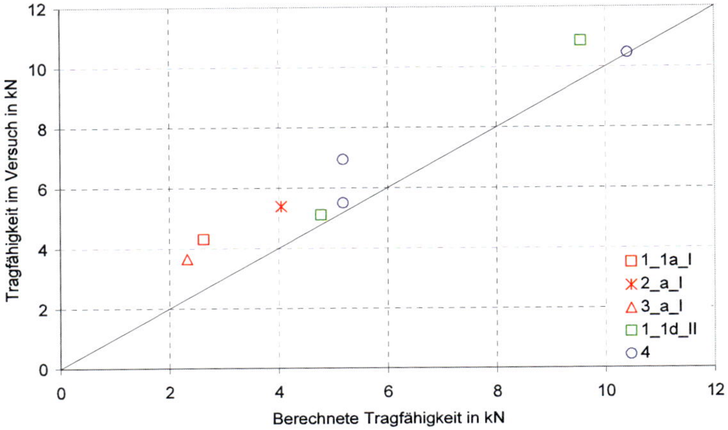

Bild 12-9 Tragfähigkeit im Versuch über Vorhersagewert der Tragfähigkeit

Die Berechnung der Verformung von Wandtafeln nach Blaß et al. (2005) wurde in Abschnitt 3 vorgestellt. Hierbei werden vier Verformungsanteile berücksichtigt. Der erste Anteil berücksichtigt die Verformung infolge der Beanspruchung der Verbindung, der zweite Anteil die Verformung infolge von Schub in der Beplankung, der dritte Anteil die Verformung infolge der Normalkraft in den Rippen und der vierte Anteil die Verformung infolge von Querdruck in der Schwelle. In die Berechnung des Verformungsanteils infolge der Beanspruchung der Verbindung gehen neben der Einwirkung und der Geometrie der Tafel der Abstand der Verbindungsmittel und der Verschiebungsmodul ein. In den Verformungsanteil infolge von Schub in der Beplankung gehen die Dicke und der Schubmodul der Beplankung ein. In den Verformungsanteil infolge von Querdruck in den Rippen geht der Elastizitätsmodul der Rippen ein. Der dynamische Elastizitätsmodul der Rippen wurde mit Hilfe der Längsschwingung vor dem Zusammenbau der Versuchskörper ermittelt. In den Verformungsanteil infolge von Querdruck in der Schwelle gehen die Querdruckfestigkeit und der Querdruckbeiwert ein. Für die Querdruckfestigkeit wurde 4 N/mm^2 und für den Querdruckbeiwert für Nadelvollholz und Schwellendruck nach DIN 1052:2008-12 1,25 angenommen. Die berechneten Steifigkeiten sind in Tabelle 12-4 angegeben. In Bild 12-10 sind die ausgewerteten Steifigkeiten über den berechneten Steifigkeiten aufgetragen.

Tabelle 12-4 Berechnung der Steifigkeit der Wandscheibenabschnitte

Versuch	1	2	3	4	5	6	7	8
Unterdeckplatte	1_1a_I	2_a_I	3_a_I	1_1d_II	1_1d_II	4	4	4
Beplankung	einseitig	einseitig	einseitig	einseitig	beidseitig	einseitig	einseitig	beidseitig
t in mm	18	18	18	36	36	60	60	60
a_v in mm	100	100	100	100	100	100	100	100
a_r in mm	630	630	630	630	630	630	630	630
$G_{Versuch}$ in N/mm²	199	304	178	172	172	-	-	-
G_{mean} in N/mm²	-	-	-	-	-	300	300	300
$k_{s,Versuch}$	499	528	446	690	690	661	661	661
h in mm	2390	2390	2390	2390	2390	2590	2590	2590
ℓ in mm	630	630	630	630	630	630	630	630
E in N/mm²	11500	10300	18500	12700	12500	15400	16200	14200
b' in mm	100	100	100	100	100	100	100	100
h' in mm	120	120	120	120	120	120	120	120
$f_{c,90}$ in N/mm²	4	4	4	4	4	4	4	4
$k_{c,90}$	1,25	1,25	1,25	1,25	1,25	1,25	1,25	1,25
K_{ber} in kN/mm	0,226	0,255	0,206	0,320	0,639	0,331	0,332	0,658

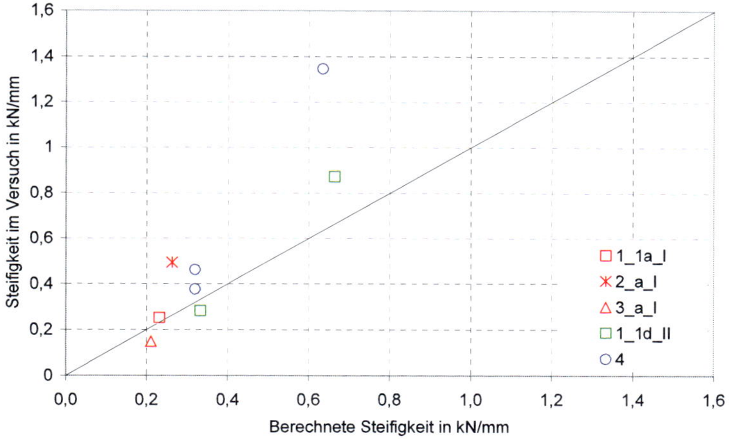

Bild 12-10 Steifigkeit im Versuch über Vorhersagewerten der Steifigkeit

Die Ergebnisse aus den durchgeführten Versuchen mit Wandscheibenabschnitten bestätigen die Möglichkeit der Abschätzung der Tragfähigkeit in Anlehnung an das Bemessungsverfahren nach DIN 1052:2008-12. Eingangsgrößen sind hierbei die Schubfestigkeit der Holzfaserdämmplatte und die Tragfähigkeit der Verbindungsmittel, die in Versuchen ermittelt wurden. Sofern keine Ergebnisse aus Versuchen vorliegen, können die Eingangsgrößen mit Hilfe der Nennrohdichte der Holzfaserdämmplatte und den ermittelten Gleichungen abgeschätzt werden. In zwei Versuchen mit Plattendicken von 18 mm wurde die Tragfähigkeit der Holztafel vor dem Erreichen einer Verschiebung von 100 mm erreicht. In allen weiteren Versuchen wurde die Tragfähigkeit bei einer Verschiebung von 100 mm ausgewertet. Für Holztafeln mit Holzfaserdämmplattem als aussteifender Beplankung ist es daher empfehlenswert, im Nachweis der Tragfähigkeit das Erreichen der Tragfähigkeit der Verbindung als Versagensmechanismus anzustreben. Die Steifigkeit der Holztafel wurde nach Blaß et al. (2005) abgeschätzt. Hierbei gehen der Schubmodul der Holzfaserdämmplatte und der Verschiebungsmodul in die Berechnung ein. Diese wurden in Versuchen ermittelt bzw. in Abhängigkeit der Nennrohdichte abgeschätzt.

12.4 Versuche mit Wandscheiben

12.4.1 Versuche mit unverputzten Wandscheiben

In einer weiteren Versuchsreihe wurden die Tragfähigkeit und die Steifigkeit von Wandscheiben mit Wärmedämmverbundplatten als tragender Beplankung in Anlehnung an DIN EN 594:1996 ermittelt. Die Wandscheiben wurden aus zwei Holztafeln mit den Maßen 2640 mm x 1250 mm zusammengesetzt und die angrenzenden Randrippen mit Schrauben schubsteif verbunden. Als Beplankung wurden zwei Typen einer Wärmedämmverbundplatte mit den Maßen 2600 mm x 1250 mm eingesetzt. Die Verbindung zwischen der Beplankung und den Rippen erfolgte mit Breitrückenklammern und zwei unterschiedlichen Typen von Schrauben mit Haltetellern. Für jede Kombination aus Wärmedämmverbundplatte und Verbindungsmittel wurde ein Versuch im Klima 20/65 durchgeführt. In vier weiteren Versuchen wurden die Tragfähigkeit und die Steifigkeit im Klima 20/85 untersucht. Für die Versuche im Klima 20/85 wurden die Wärmedämmverbundplatten unter Dach im Freien gelagert. Eine anschließende Nachklimatisierung in einer Klimakammer im Klima 20/85 führte nur zu einer geringen weiteren Gewichtszunahme. Daher wurden alle Platten bis zur Versuchsdurchführung unter Dach im Freien gelagert. Das Versuchsprogramm der Wandscheibenversuche ist in Tabelle 12-5 zusammengestellt. Der Abstand der Verbindungsmittel untereinander betrug für Breitrückenklammern 50 mm und für Schrauben mit Haltetellern 150 mm. Der Aufbau der Wandscheiben ist in Bild 12-11 zu sehen.

Auf beiden Seiten der Wandscheibe wurden die Verkürzung und die Verlängerung der Wanddiagonalen mit Seilzugaufnehmern gemessen. Die Relativverschiebungen zwischen Lasteinleitung und Rähm sowie zwischen Schwelle und Fundament wurden mit induktiven Wegaufnehmern gemessen, ebenso das Abheben der Außenrippe auf der lastzugewandten Seite der Lasteinleitung, die Eindrückung der Außenrippe auf der lastabgewandten Seite in die Schwelle sowie die Relativverschiebungen zwischen den beiden miteinander verbundenen Holztafeln auf der Rippen- und der Beplankungsseite. Ein Detail der Wandscheibe mit den Verbindungsmittelabständen und eine Skizze mit den gemessenen Verformungen sind in Bild 12-12 dargestellt.

Die Wandscheibe wurde mit zwei vertikalen Einzelprüfzylindern über zwei horizontal verschiebliche Lastschlitten mit einer Auflast von 10 kN/m vorbelastet. Die Horizontallast wurde über einen Lastverteiler mittig in die Wandscheibe eingeleitet. Die Rähme der Holztafeln wurden mit geneigt eingedrehten Schrauben mit dem Lastverteiler verbunden. Die Lagerung der Wandscheibe auf dem Versuchsstand erfolgte durch eine Befestigung der Schwelle mit vier Bolzen und einem Gegenhaltewinkel. Zusätzlich wurde die lastzugewandte Randrippe mit einem Winkel auf dem Versuchsstand befestigt. Der Versuchsaufbau und die Verankerung der Wandscheibe auf dem Versuchsstand sind in Bild 12-13 dargestellt.

In allen Versuchen wurde ein duktiles Verhalten bis zum Erreichen einer horizontalen Verschiebung des Rähms von 100 mm beobachtet. Das Versagen stellte sich in allen Versuchen durch das Versagen der Verbindung zwischen der Beplankung und der Holzunterkonstruktion ein. Die Beplankung verdrehte sich relativ zu den Rippen. In Bild 12-14 ist das typische Versagensbild in den Wandscheibenversuchen dargestellt. In neun von zehn Versuchen wuchs die Last kontinuierlich an. Somit wurde die Tragfähigkeit in diesen Versuchen bei einer Verschiebung von 100 mm ausgewertet. In einem Versuch wurde die Höchstlast bereits bei einer Verschiebung von 44,5 mm erreicht. Nach dem Erreichen der Höchstlast wurde noch eine Verschiebung von 100 mm erreicht. Das Lastniveau betrug etwa 90% der zuvor erreichten Höchstlast. Die Kraft-Verschiebungskurven sind in Bild 12-15 für die Versuche im Klima 20/65 und in Bild 12-16 für die Versuche im Klima 20/85 dargestellt. Die Ergebnisse der Versuche sind in Tabelle 12-6 und Tabelle 12-7 zusammengestellt. Zusätzlich zur Steifigkeit *R* nach DIN EN 594:1996 wurde die Steifigkeit *K* im Bereich von 10% bis 40% der Höchstlast ausgewertet.

Tabelle 12-5 Versuchsprogramm Wandscheiben (jeweils 1 Versuch)

<table>
<tr><th>Wärmedämmverbundplatte</th><th>Dicke in mm</th><th>Verbindungsmittel</th><th>Klima</th></tr>
<tr><td rowspan="5">1_1d</td><td rowspan="5">80</td><td rowspan="2">Breitrückenklammer</td><td>20 / 65</td></tr>
<tr><td>20 / 85</td></tr>
<tr><td rowspan="2">Schraube mit Halteteller, Typ 1</td><td>20 / 65</td></tr>
<tr><td>20 / 85</td></tr>
<tr><td>Schraube mit Halteteller, Typ 2</td><td>20 / 65</td></tr>
<tr><td rowspan="5">1_2a</td><td rowspan="5">40</td><td rowspan="2">Breitrückenklammer</td><td>20 / 65</td></tr>
<tr><td>20 / 85</td></tr>
<tr><td rowspan="2">Schraube mit Halteteller, Typ 1</td><td>20 / 65</td></tr>
<tr><td>20 / 85</td></tr>
<tr><td>Schraube mit Halteteller, Typ 2</td><td>20 / 65</td></tr>
</table>

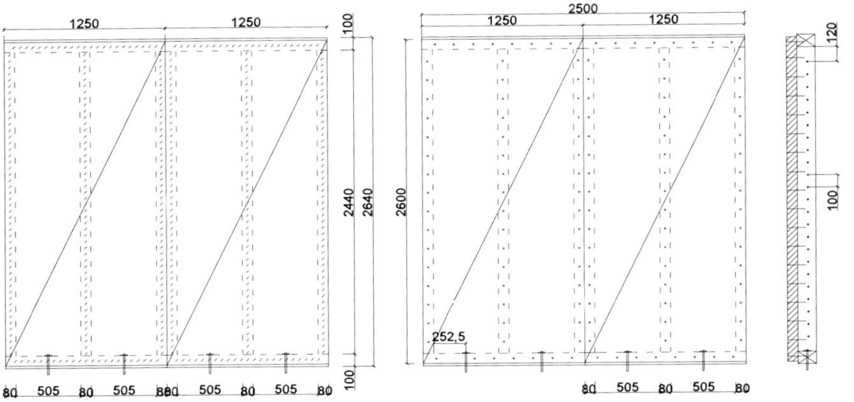

Bild 12-11 Aufbau der Wandscheiben (Maße in mm)

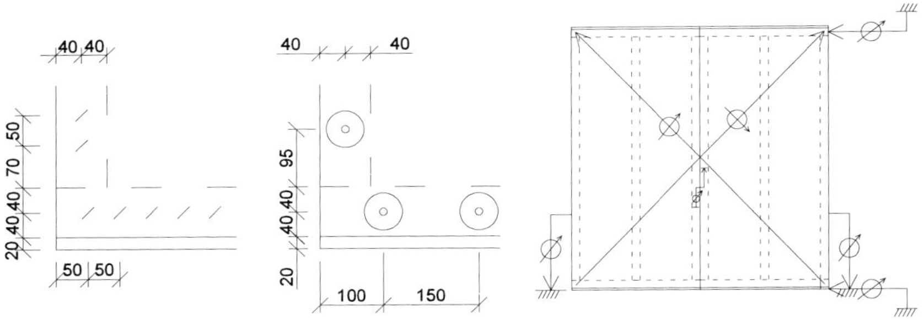

Bild 12-12 Randabstände der Verbindungsmittel (links: Breitrückenklammern, Mitte: Schrauben mit Haltetellern; Maße in mm) und Skizze der Verformungsmessung

Bild 12-13 Versuchsaufbau und Verankerung der Wandscheibe auf dem Versuchsstand

Bild 12-14 Typisches Versagensbild der Wandscheiben: Erreichen der Tragfähigkeit der Verbindung zwischen Beplankung und Unterkonstruktion

Tabelle 12-6 Ergebnisse der Wandscheibenversuche mit unverputzten Wandscheiben

WDVP	t mm	VM	Klima	F_{max} kN	v (F_{max}) mm	$\delta_{Bepl.}$ (F_{max}) mm	F_{est} kN	R_{0401} N/mm	R_{2421} N/mm	R N/mm	K N/mm
1_1d	80	Brk	20/65	27,6	100	25,8	25	732	1317	1025	670
			20/85	23,2	100	26,2	20	836	1393	1115	727
		Sr 1	20/65	18,8	100	25,2	20	421	1245	833	463
			20/85	22,0	100	27,6	15	1555	2297	1926	1244
							20	1368	-	1368	-
		Sr 2	20/65	22,4	100	29,0	20	867	2116	1491	793
1_2a	40	Brk	20/65	27,9	100	23,4	25	811	1288	1050	727
			20/85	23,7	100	23,3	20	736	1089	913	639
		Sr 1	20/65	23,7	100	21,5	20	1240	1741	1491	1065
			20/85	17,1	100	25,6	15	1078	1389	1233	944
		Sr 2	20/65	22,4	44,5	10,2	20	1347	1851	1599	1277
				20,7	100	27,1					

Tabelle 12-7 Ergebnisse der Wandscheibenversuche mit unverputzten Wandscheiben – Rohdichte und Feuchtegehalt

WDVP	t in mm	VM	Klima	ρ_{VH} in kg/m^3	ρ_{HFDP} in kg/m^3	u_{VH} in %	u_{HFDP} in %
1_1d	80	Brk	20/65	468	164	11,4	8,31
			20/85	487	163	17,3	11,7
		Sr 1	20/65	458	163	11,5	8,41
			20/85	498	163	16,7	13,1
		Sr 2	20/65	470	165	11,2	8,33
1_2a	40	Brk	20/65	440	187	11,5	8,76
			20/85	493	196	16,1	13,2
		Sr 1	20/65	445	187	11,6	8,84
			20/85	462	189	15,1	15,3
		Sr 2	20/65	447	186	11,4	8,90

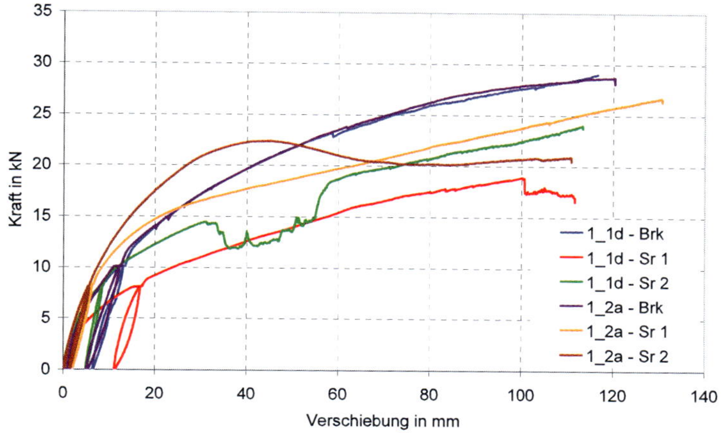

Bild 12-15 Kraft-Verschiebungskurven für Versuche mit unverputzten Wandscheiben im Klima 20/65

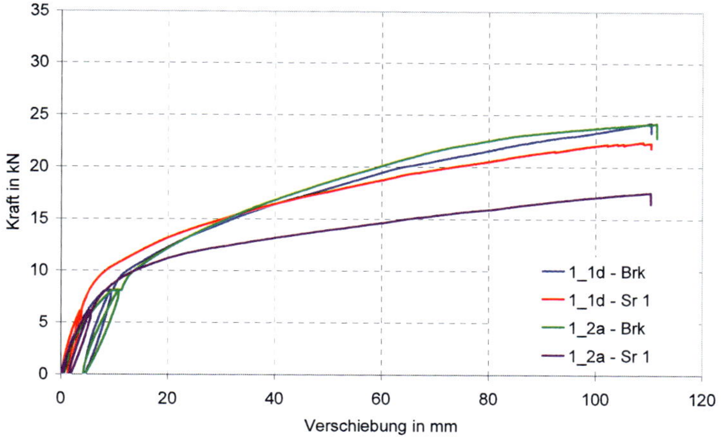

Bild 12-16 Kraft-Verschiebungskurven für Versuche mit unverputzten Wandscheiben im Klima 20/85

12.4.2 Versuche mit verputzten Wandscheiben

In den bislang vorgestellten Versuchen mit Wandscheibenabschnitten und Wandscheiben wurden Wandscheiben mit zwei unterschiedlichen Wärmedämmverbundplatten, drei Verbindungsmitteln sowie in den Nutzungsklassen 1 und 2 nach DIN 1052:2008-12 untersucht. Alle Holztafeln wurden ohne Putzsystem hergestellt. In Abschnitt 8.6 wurden Versuche zur Ermittlung der Schubfestigkeit und des Schubmoduls von Versuchskörpern mit Putzsystem durchgeführt. Danach kann davon ausgegangen werden, dass das Putzsystem die Tragfähigkeit und Steifigkeit der Wandscheibe im Vergleich zu unverputzten Wandscheiben erhöht. Damit kann die Durchführung der Versuche in Abschnitt 12.4.1 mit unverputzten Wandscheiben im Hinblick auf den Montagezustand als auf der sicheren Seite liegend angesehen werden.

Um diese Annahme zu überprüfen und das Verhalten des Putzsystems unter Beanspruchung der Wandscheibe beurteilen zu können, wurden drei weitere Wandscheibenversuche mit vollflächig verputzten Wandscheiben durchgeführt. Die Wandscheiben wurden hierfür von einem Holzfaserdämmplattenhersteller zusammengebaut und verputzt. Die Wandscheibe entsprach in ihrem Aufbau der Wandscheibe mit einer Beplankung mit der Wärmedämmverbundplatte 1_2a. Als Verbindungsmittel wurden Breitrückenklammern mit einer Länge von 75 mm verwendet. Der Aufbau ist in Bild 12-11 und Bild 12-12 dargestellt. Das Putzsystem entsprach in seinem Aufbau dem Putzsystem in Abschnitt 8.6. Hervorzuheben ist, dass das Putzsystem über die gesamte Tafellänge und damit auch über den Stoß zwischen den beiden Tafelelementen vollflächig aufgebracht wurde.

Die Auswertung der Tragfähigkeit und Steifigkeit erfolgte in Anlehnung an DIN EN 594:1996. Für die Beplankung wurden großformatige Wärmedämmverbundplatten mit den Maßen 2600 mm x 1250 mm verwendet. Die Wandscheibe wurde aus zwei einzelnen Holztafeln mit den Maßen 2640 mm x 1250 mm zusammengesetzt und mit neun rechtwinklig eingedrehten Schrauben (Würth ASSY VG plus 8 x 160) schubsteif verbunden. Der Abstand zwischen den Schrauben betrug 300 mm.

Die Belastung und die Befestigung der Wandscheibe auf dem Versuchsstand entsprachen den Versuchen in Abschnitt 12.4.1. Die Befestigung der Wandtafel ist in Bild 12-13 dargestellt. Die Relativverschiebungen zwischen Lasteinleitung und Rähm sowie zwischen Schwelle und Fundament wurden mit induktiven Wegaufnehmern gemessen. Das Abheben der Außenrippe auf der lastzugewandten Seite, die Eindrückung der Außenrippe auf der lastabgewandten Seite sowie die Relativverschiebungen zwischen den beiden Holztafeln auf der Rippen- und auf der Beplankungsseite wurden ebenfalls mit induktiven Wegaufnehmern gemessen.

Vor dem Erreichen der Höchstlast bildete sich in allen Versuchen an der Stelle des Stoßes der Holztafeln ein Riss im Putzsystem, der über die gesamte Höhe der Wandscheibe verlief. Das Versagen stellte sich in allen Versuchen durch ein Versagen der Verbindung zwischen Wärmedämmverbundplatte und Vollholz sowie ein Schubversagen in der Wärmedämmverbundplatte ein. In der oberen lastzugewandten Ecke trat zusätzlich ein Schubversagen in Plattenebene in der Wärmedämmverbundplatte auf. Bild 12-17 zeigt den Rissverlauf im Stoß der Wandscheibe. Das Schubversagen ist in Bild 12-18 zu sehen.

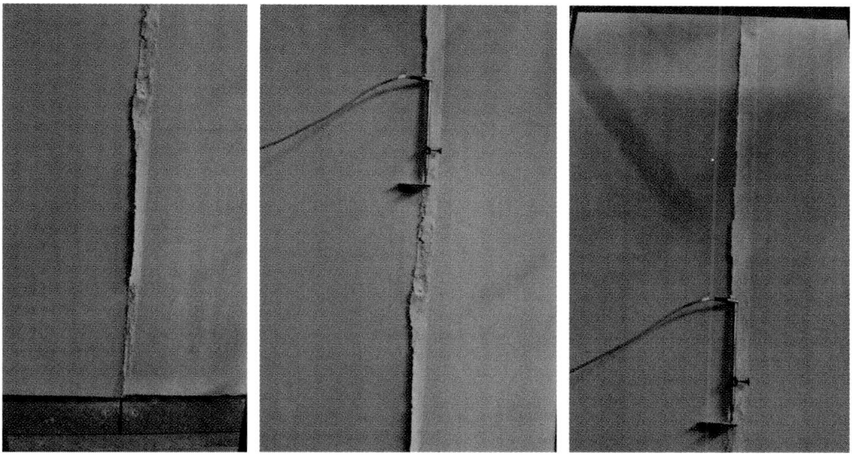

Bild 12-17 Riss im Putzsystem an der Stelle der Verbindung der Tafelelemente

Bild 12-18 Schubversagen in der Wärmedämmverbundplatte bei Höchstlast

Die Ergebnisse der Versuche sind in Tabelle 12-8 zusammengefasst. Die Kraft-Verschiebungskurven der drei Versuche mit verputzten Wandscheiben und die Kraft-Verschiebungskurve der unverputzten Wandscheibe sind in Bild 12-19 dargestellt. Die Höchstlasten wurden bei Verschiebungen zwischen 87,9 mm und 100 mm erreicht. Die Auswertung der Versuche erfolgte nach DIN EN 594:1996. Zusätzlich wird die Steifigkeit K im Bereich von 10% bis 40% der Höchstlast angegeben. Die Rissbildung begann in einem Lastbereich von etwa 20 bis 25 kN. Für die Versuche 2 und 3 ist die Rissbildung in Bild 12-19 zu erkennen. Bei der Ausbildung des Risses im Putzsystem zwischen den beiden Tafelelementen kam es zu einem Abrutschen des Wegaufnehmers auf der Putzseite des Tafelstoßes. Somit wurden die wahren Verschiebungen durch die gemessenen Verschiebungen tendenziell überschätzt.

Der Mittelwert der Tragfähigkeit der verputzten Wandscheiben liegt etwa 25% über dem Wert der unverputzten Wandscheibe. Der Mittelwert der Steifigkeit im Bereich von 10% bis 40% der Höchstlast liegt etwa 27% über dem Wert der unverputzten Wandscheibe. Die mittleren Werte der Rohdichte der verputzten Prüfkörper lagen wie auch die Werte des mittleren Feuchtegehalts im Bereich der Werte des unverputzten Prüfkörpers.

Das Putzsystem führt im Hinblick auf die Tragfähigkeit und die Steifigkeit zu höheren Werten. Der Riss in der beanspruchten Fuge zwischen zwei Tafelelementen trat bei etwa 60% der Höchstlast auf. Das Verhalten vor dem Versagen wies eine etwas geringere Duktilität im Vergleich mit einer unverputzten Wandscheibe auf.

Tabelle 12-8 Ergebnisse der Versuche mit verputzten Wandscheiben (WDVP 1_2a, Breitrückenklammern, Klima 20/65)

Versuch	F_{max} in kN	v (F_{max}) in mm	$\delta_{Bepl.}$ (F_{max}) in mm	δ_{Rippen} (F_{max}) in mm	F_{est} in kN	R in N/mm	K in N/mm
1	34,1	95,7	15,8 (*)	1,68	25	1345	861
2	34,4	100	-	-	25	1283	940
	31,6	73,2	11,3 (**)	1,13 (**)			
3	36,4	87,9	16,2	1,76	25	1216	969
Mittelwert	35,0	94,5	-	-	25	1281	923

(*) Wert bei F = 31,3 kN (Abrutschen des Wegaufnehmers)

(**) Werte bei F = 31,6 kN (Ausfall der Messanlage)

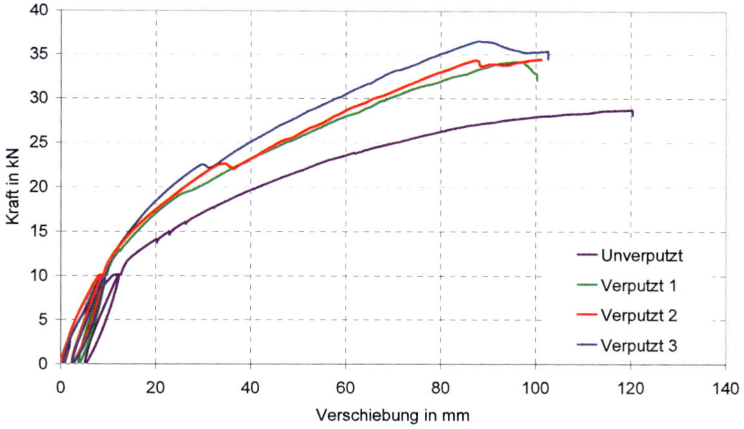

Bild 12-19 Kraft-Verschiebungskurven für Versuche mit verputzten Wandscheiben im Klima 20/65

12.4.3 Versuche mit unverputzten Wandscheiben mit Beplankungsstößen

In den Abschnitten 12.3, 12.4.1 und 12.4.2 wurden Wandscheiben untersucht, die aus einer oder zwei Holztafeln bestanden. Die Beplankung war auf den Holztafeln durchgehend angeordnet. Die Versuchskörper in den Abschnitten 12.4.1 und 12.4.2 bestanden aus zwei baugleichen Holztafeln, deren angrenzende Randrippen schubsteif miteinander verbunden wurden.

In den im Folgenden beschriebenen beiden Versuchen wurde die Beplankung auf der Holztafel gestoßen. Für beide Versuche wurde die Unterdeckplatte 1_1d (t = 35 mm) verwendet. Die Verbindung zwischen den Rippen und der Beplankung erfolgte mit Breitrückenklammern in einem Abstand von 50 mm. Im ersten Versuch wurde der Stoß auf der Innenrippe angeordnet. Im zweiten Versuch wurde die Beplankung mit drei horizontalen Beplankungsstößen ausgeführt. In den Beplankungsstößen wurden in das Nut-Feder-System der beiden jeweils gestoßenen Platten entsprechend den Versuchen in Abschnitt 10 Breitrückenklammern eingebracht. Die Länge der Verbindungsmittel betrug 100 mm. In Bild 12-20 ist der Aufbau der beiden Wandscheiben dargestellt.

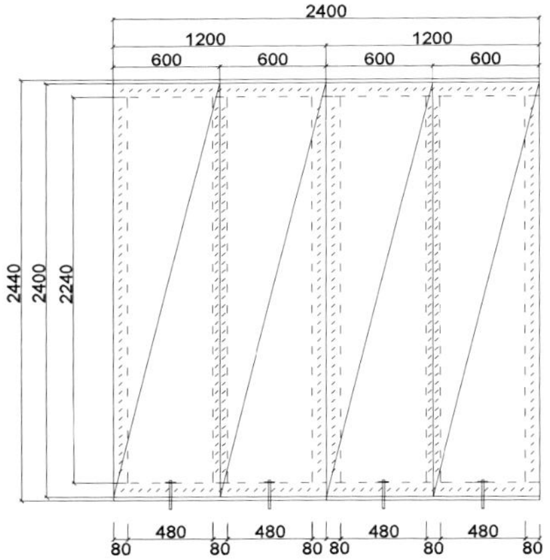

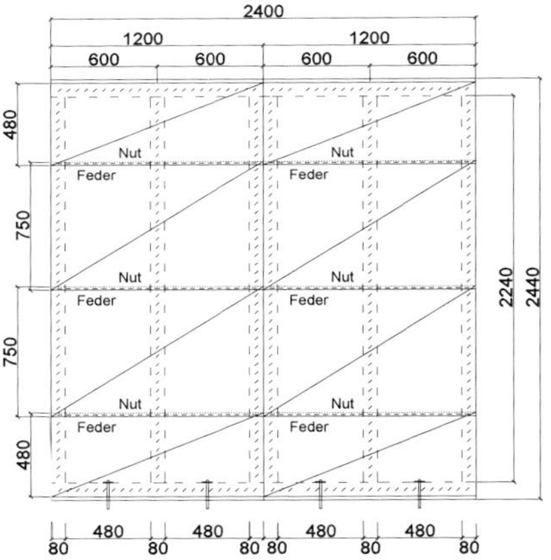

Bild 12-20 Aufbau der Wandscheiben mit Beplankungsstößen (Maße in mm)

Die Verankerung der Wandscheiben im Prüfstand, die Einleitung der Lasten und die Messung der Verschiebungen erfolgten entsprechend den Wandscheibenversuchen in den Abschnitten 12.4.1 und 12.4.2. Beide Versuche wurden mit im Klima 20/65 klimatisierten Holztafeln durchgeführt. Der Versagensmechanismus beim Erreichen der Tragfähigkeit war im ersten Versuch durch das Versagen der Verbindung zwischen Rippen und Beplankung und im zweiten Versuch durch das Versagen der Verbindung zwischen den Holzfaserdämmplatten gekennzeichnet. Die Kraft-

Verschiebungskurven sind in Bild 12-21 für beide Versuche dargestellt. Die Auswertung der Versuche ist in Tabelle 12-9 zusammengestellt. Die Tragfähigkeit der Wandscheibe mit einer im Feld gestoßenen Beplankung beträgt etwa 63% der Tragfähigkeit der Wandscheibe mit einer auf den Innenrippen gestoßenen Beplankung. Die Steifigkeit beträgt entsprechend 78% für die Auswertung nach DIN EN 594:1996 und 97% für die Auswertung in Abhängigkeit der Höchstlast. In Bild 12-22 ist das Versagensbild im Versuch mit einer Wandscheibe mit einem Stoß auf den Rippen dargestellt. Zu erkennen ist die Verdrehung der einzelnen Holzfaserdämmplatten. In Bild 12-23 ist das Versagensbild im Versuch mit einer Wandscheibe und horizontalen Beplankungsstößen zu sehen. Neben einem teilweise lokalen Versagen der Verbindung im Nut-Feder-System kann eine Verdrehung und gegenseitige Verschiebung der einzelnen Holzfaserdämmplatten beobachtet werden. Obwohl die einzelne Verbindung im Nut-Feder-System zweier Holzfaserdämmplatten spröde versagt (s. Abschnitt 10), zeigt die Wandscheibe durch das mehrfach statisch unbestimmte, redundante System ein duktiles Versagensverhalten. Eine Steigerung der Tragfähigkeit und der Steifigkeit einer Wandtafel mit horizontalen Stößen in den Feldern ist durch eine duktilere Verbindung in den Nut-Feder-Systemen möglich.

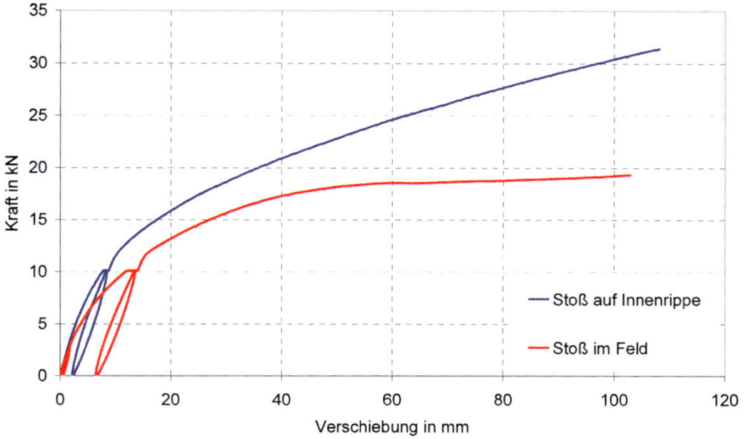

Bild 12-21 Kraft-Verschiebungskurven für Wandscheiben mit gestoßener Beplankung

Tabelle 12-9 Ergebnisse der Wandscheibenversuche mit Stößen (Unterdeckplatte 1_1d, Breitrückenklammern, Klima 20/65)

Versuch	F_{max} in kN	v (F_{max}) in mm	$\delta_{Bepl.}$ (F_{max}) in mm	δ_{Rippen} (F_{max}) in mm	R in N/mm	K in N/mm
Stoß Innenrippe	30,4	100	14,1	0,415	1303	969
Stoß Feld	19,2	100	11,7	0,293	1020	943
Vergleich in %	63,3	0	83,1	70,6	78,3	97,3

Bild 12-22 Versagensbild im Wandscheibenversuch mit vertikalen Beplankungsstößen auf den Innenrippen

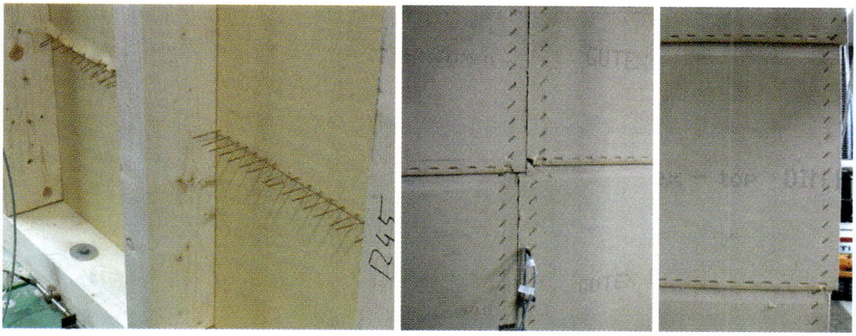

Bild 12-23 Versagensbild im Wandscheibenversuch mit horizontalen Beplankungsstößen

12.5 Modelle für die Berechnung von Wandscheiben

Für die Berechnung der Tragfähigkeit stehen verschiedene Modelle zur Verfügung (s. Abschnitt 12.2). Im Folgenden werden die Ergebnisse der Wandscheibenversuche in Abschnitt 12.4.1 mit den Modellen von Källsner und Lam (1995) verglichen. Die Berechnung der Tragfähigkeit von Wandtafeln nach Källsner und Lam (1995) mit einem elastischen Modell und zwei plastischen Modellen wird im Folgenden vorgestellt. Die grundlegenden Annahmen für die Anwendung des elastischen Modells sind: Die Rippen werden als steif angesehen und sind gelenkig miteinander verbunden. Die Beplankungsplatten sind steif und es besteht kein Kontakt zwischen benachbarten Beplankungsplatten oder zwischen der Beplankung und der angrenzenden Konstruktion. Das Last-Verschiebungsverhalten der Verbindung zwischen der Beplankung und den Rippen ist bis zum Bruch linear elastisch. Die Verformungen sind klein im Vergleich zu den Abmessungen der Wandtafel.

Mit Hilfe des Minimums der potenziellen Energie kann dann die Tragfähigkeit der Wandtafel abgeschätzt werden. Hierfür werden die relativen Verformungen zwischen der Beplankung und den Rippen an den Stellen aller Verbindungsmittel formuliert. Die Beanspruchung des einzelnen Verbindungsmittels ergibt sich dann in Abhängigkeit des Verschiebungsmoduls der Verbindung und der zugehörigen Verformung. Die gesamte potentielle Energie ist die Summe der inneren potentiellen Energie und der äußeren potentiellen Energie. Durch die partiellen Ableitungen und eine Verschiebung des Koordinatenursprungs in den Schwerpunkt der Verbindungsmittel wird Gleichung (56) für die Berechnung des Bemessungswertes der Tragfähigkeit H_d der Wandtafel hergeleitet.

$$H_{\mathrm{d}} = \frac{F_{\mathrm{d}}}{h \cdot \sqrt{\left(\frac{x_{\max}}{\sum_{i=1}^{N} x_{\mathrm{i}}^2}\right)^2 + \left(\frac{y_{\max}}{\sum_{i=1}^{N} y_{\mathrm{i}}^2}\right)^2}} \tag{56}$$

mit

F_{d} Bemessungswert der Tragfähigkeit des Verbindungsmittels

h Höhe der Wandscheibe

x Verbindungsmittelabstand in x-Richtung bezogen auf den Schwerpunkt aller Verbindungsmittel

y Verbindungsmittelabstand in y-Richtung bezogen auf den Schwerpunkt aller Verbindungsmittel

Im plastischen Modell wird im Gegensatz zum elastischen Modell von einem ideal-plastischen Verhalten der Verbindung zwischen der Beplankung und den Rippen ausgegangen. Für die Abschätzung der Tragfähigkeit der Wandscheibe kann eine untere und eine obere Grenze der Tragfähigkeit angegeben werden. Bei der Ermittlung der unteren Grenze der Tragfähigkeit („lower bound method“) wird vom Erreichen der plastischen Tragfähigkeit in allen Verbindungsmitteln ausgegangen. Danach entspricht die Tragfähigkeit in allen Verbindungsmitteln der plastischen Tragfähigkeit. In den Ecken wird die Hälfte der plastischen Tragfähigkeit in horizontaler und vertikaler Richtung erreicht. Der Bemessungswert der Tragfähigkeit ergibt sich dann zu:

$$H_{\mathrm{d}} = n \cdot F_{\mathrm{d}} \tag{57}$$

mit

n Anzahl der Verbindungsmittelabstände im Rähm

F_{d} Bemessungswert der plastischen Tragfähigkeit des Verbindungsmittels

Die obere Grenze der plastischen Tragfähigkeit („upper bound method“) der Wandscheibe wird durch die Anwendung des Prinzips der virtuellen Arbeit erhalten. Die innere Arbeit der Verbindungsmittel ist gleich der äußeren Arbeit aus der Beanspruchung. Die Rippen werden hierbei als steif angesehen. Für alle Rippen werden die Rotationszentren bestimmt. Die obere Grenze der plastischen Tragfähigkeit kann dann nach Gleichung (58) berechnet werden.

$$H_{d} = \frac{\sum_{hor} F_{d} \cdot r_{i} + \sum_{ver} F_{d} \cdot r_{i} \cdot \frac{r_{u}}{r_{c}}}{h \cdot \left(\frac{r_{u}}{r_{c}} + 1 \right)} \tag{58}$$

mit

r_i Abstand des Verbindungsmittels i vom zugehörigen Rotationszentrum

r_c vertikaler Abstand des Rotationszentrums der Rippen vom Rähm

$r_u = \left(\frac{\gamma}{\varphi} - 1 \right) \cdot r_c$ vertikaler Abstand des Rotationszentrums des Rähms vom Rähm

Källsner und Lam (1995) vergleichen in ihrem Beitrag die drei von ihnen entwickelten Modelle. Demnach wird die Tragfähigkeit in Versuchen durch die elastische Ermittlung der Tragfähigkeit unterschätzt. Die obere Grenze der plastischen Tragfähigkeit überschätzt die Tragfähigkeit im Versuch. Daher wird für die Bemessung von Wandtafeln das elastische Modell empfohlen.

Im Folgenden werden die Versuchsergebnisse aus den Wandscheibenversuchen mit den drei vorgestellten Modellen verglichen. Für die Tragfähigkeit des Verbindungsmittels werden die Mittelwerte aus den durchgeführten Versuchen verwendet. Die Abmessungen der Wandscheibe und die Abstände der Verbindungsmittel werden aus Bild 12-11 und Bild 12-12 entnommen. Für die obere Grenze des plastischen Modells sind die Verformungswinkel der Rippen (γ) und der Beplankung (φ) bei Höchstlast zu bestimmen. Der Verformungswinkel der Rippen kann direkt aus der horizontalen Verformung der Wandscheibe bei Höchstlast und der Höhe der Wandscheibe berechnet werden. Der Verformungswinkel der Beplankung wird aus der Relativverschiebung δ der beiden angrenzenden Beplankungsplatten und der Breite der Wandtafel berechnet.

In Bild 12-24 sind die Versuchsergebnisse den nach den drei Modellen berechneten Werten gegenübergestellt. In einem Versuch (Wärmedämmverbundplatte 1_1d, Schraube mit Halteteller Typ 1, Klima 20/85) liegt die Tragfähigkeit über der oberen Grenze nach dem plastischen Modell. Für alle anderen Versuche kann die Tragfähigkeit mit den drei Modellen abgeschätzt werden. Die Versuchsergebnisse liegen näher an den Werten des elastischen Modells und der unteren Grenze des plastischen Modells.

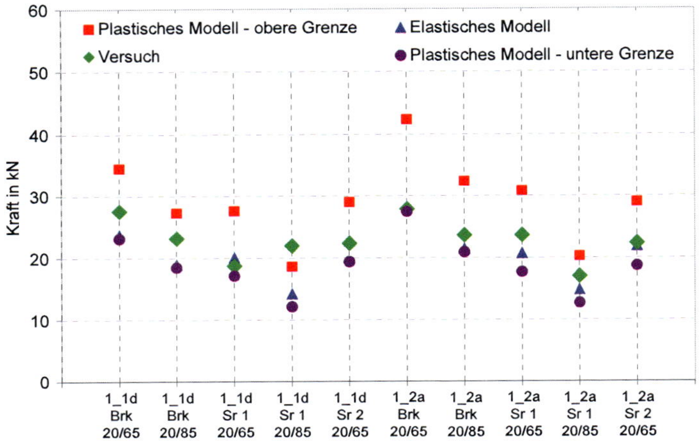

Bild 12-24 Vergleich der Versuchsergebnisse mit den Modellen nach Källsner und Lam (1995)

Ein Modell für die Berechnung der Steifigkeit von Holztafeln wurde in Abschnitt 3.4 vorgestellt. Die Steifigkeit der Wandscheibe wird in Abhängigkeit von der Steifigkeit der Verbindung, der Schubsteifigkeit der Beplankung und der Steifigkeit der Rippen berechnet. Für die Versuche mit nicht gestoßener Beplankung wurde die Steifigkeit berechnet und mit den Versuchsergebnissen verglichen. In der Auswertung der Versuche wurde sowohl die Steifigkeit nach DIN EN 594:1996 ausgewertet als auch die Steifigkeit im Bereich von 10% und 40% der Höchstlast. Der Vergleich der berechneten mit den ausgewerteten Steifigkeiten ist in Bild 12-25 und Bild 12-26 gezeigt. Aufgrund der guten Übereinstimmung kann sowohl die Steifigkeit als auch die Tragfähigkeit von Holztafeln mit Holzfaserdämmplatten als tragender Beplankung berechnet werden.

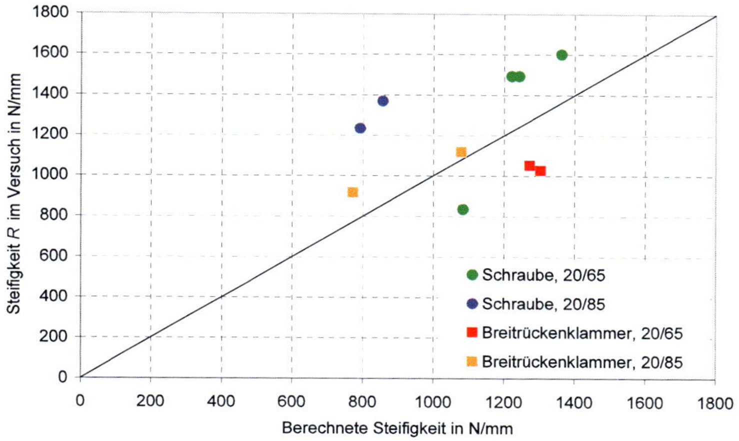

Bild 12-25 Vergleich der Steifigkeit *R* im Versuch mit berechneter Steifigkeit

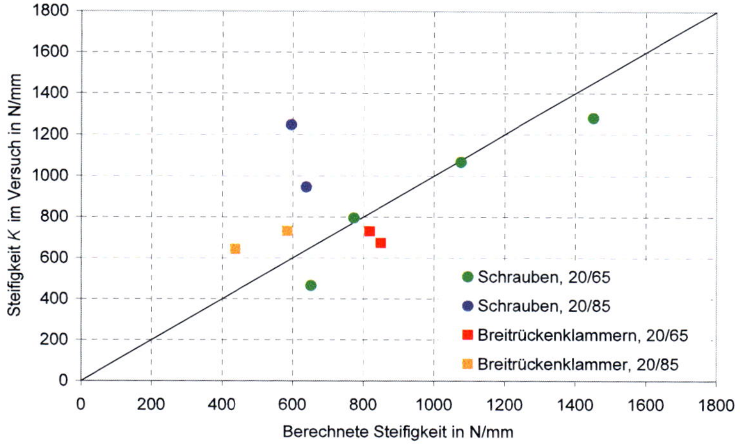

Bild 12-26 Vergleich der Steifigkeit *K* im Versuch mit berechneter Steifigkeit

13 Diskretisierung von Last-Verschiebungskurven für die Finite-Elemente-Berechnung

13.1 Allgemeines und Kenntnisstand

Die einzelnen Bauteile der Holztafel werden bei der Modellierung und Berechnung von Wandscheiben mit der Finite-Elemente-Methode (s. Abschnitt 14) durch finite Elemente abgebildet. Die Rippen werden mit Balkenelementen und die Beplankung wird mit Scheibenelementen modelliert. Die Eigenschaften der Rippen und der Beplankung wurden experimentell ermittelt und können direkt für die Modellierung verwendet werden. Die Verbindung zwischen der Beplankung und den Rippen wird mit Federelementen modelliert. Der in Versuchen ermittelte Verschiebungsmodul von Verbindungen (s. Abschnitt 7) kann wie auch die Eigenschaften der Rippen und der Beplankung direkt für die Modellierung der Verbindung mit einer Feder mit einem linearen Last-Verschiebungsverhalten verwendet werden. Das in den Versuchen beobachtete nicht-lineare Last-Verschiebungsverhalten der Verbindung kann auf diese Weise allerdings nicht berücksichtigt werden. Da dieses jedoch einen großen Einfluss auf das Last-Verschiebungsverhalten der Wandscheibe hat, wird in der Finite-Elemente-Berechnung ein Federelement verwendet, das die nicht-lineare Last-Verschiebungskurve durch einen Polygonzug abbilden kann. Für die Definition des Polygonzuges können maximal 20 Wertepaare angegeben werden. Für die Verwendung der in den Versuchen ermittelten Last-Verschiebungskurven ist eine Diskretisierung der Last-Verschiebungskurve erforderlich. Eine mögliche Vorgehensweise für die Diskretisierung wird von Krämer (2003) angegeben. Hierbei werden an die Last-Verschiebungskurven aus Versuchen Exponentialfunktionen angepasst, die in einem weiteren Schritt mit fünf Wertepaaren diskretisiert werden. In älteren Forschungsarbeiten wurden für analytische Modelle zur Berechnung der Tragfähigkeit verschiedene Anpassungsfunktionen untersucht. So werden von McCutcheon (1985) Potenzfunktionen, logarithmische Funktionen und asymptotische Funktionen für die Abbildung von Last-Verschiebungskurven verwendet. Im Folgenden wird eine im Rahmen dieser Arbeit entwickelte Vorgehensweise für die Diskretisierung von experimentell ermittelten, nicht-linearen Last-Verschiebungskurven von Verbindungen zwischen den Rippen und der Beplankung vorgestellt.

13.2 Anpassung von Näherungskurven an die Versuchsergebnisse

Die Verbindung zwischen den Rippen und der Beplankung mit stiftförmigen Verbindungsmitteln wurde in umfangreichen Versuchsreihen mit unterschiedlichen Verbindungsmitteln und Holzfaserdämmplatten untersucht und in Abschnitt 7 vorgestellt. Für die Ermittlung der Tragfähigkeit und der Steifigkeit der Verbindung wurden doppeltsymmetrische Zugscherkörper hergestellt. Die Verschiebung zwischen der Beplankung und der Rippe wurde für jedes Verbindungsmittel in der Scherfuge gemessen. Die Verschiebungen der oberen und unteren beiden Messungen wurden in der Auswertung jeweils gemittelt. Damit ergeben sich für jeden Versuch zwei Last-Verschiebungskurven und für jede Versuchsreihe mit mindestens drei Versuchen mindestens sechs Last-Verschiebungskurven.

Für die Anpassung einer Näherungskurve wurden die Last-Verschiebungskurven einer Versuchsreihe gemittelt und somit für jede Kombination aus Verbindungsmittel und Holzfaserdämmplatte die kennzeichnende Beziehung zwischen der Last und der Verschiebung ermittelt. So wurden z. B. fünf Zugscherversuche mit der Wärmedämmverbundplatte 1_2a und Verbindungen mit Breitrückenklammern mit im Klima 20/65 klimatisierten Probekörpern durchgeführt. Die Last-Verschiebungskurven sowie die mittlere Last-Verschiebungskurve sind in Bild 13-1 dargestellt.

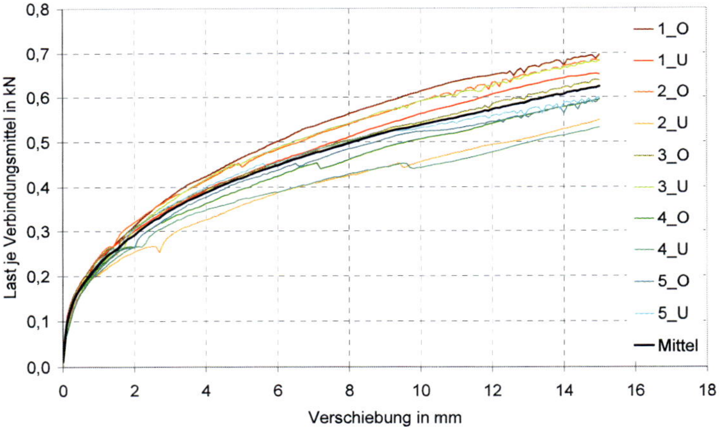

Bild 13-1 Last-Verschiebungskurven für die Verbindung der Wärmedämmverbundplatte 1_2a und Holz mit Breitrückenklammern im Klima 20/65

Mit Hilfe einer multiplen Regressionsanalyse wurden den mittleren Last-Verschiebungskurven drei unterschiedliche Funktionen angepasst. Für die Anpassungsfunktionen an die mittleren Last-Verschiebungskurven wurden ein exponentieller Ansatz nach Gleichung (59), ein logarithmischer Ansatz nach Gleichung (60) und ein potenzieller Ansatz nach Gleichung (61) verwendet. In Bild 13-2 sind die mittlere Last-Verschiebungskurve aus Bild 13-1 und die drei angepassten Funktionen mit den ermittelten Parametern dargestellt. Zu erkennen ist eine sehr gute Übereinstimmung zwischen der mittleren Last-Verschiebungskurve und der potenziellen Anpassungsfunktion.

$$F = (x_2 + x_3 \cdot v) \cdot (1 - e^{-x_1 \frac{v}{x_2}}) \tag{59}$$

mit

F	Kraft je Verbindungsmittel in kN
v	Verschiebung in mm
x_1, x_2, und x_3	Parameter des exponentiellen Ansatzes

$$F = x_1 \cdot (\ln(v+1))^{x_2} \tag{60}$$

mit

x_1 und x_2	Parameter des logarithmischen Ansatzes

$$F = x_1 \cdot v^{x_2} \tag{61}$$

mit

x_1 und x_2	Parameter des potenziellen Ansatzes

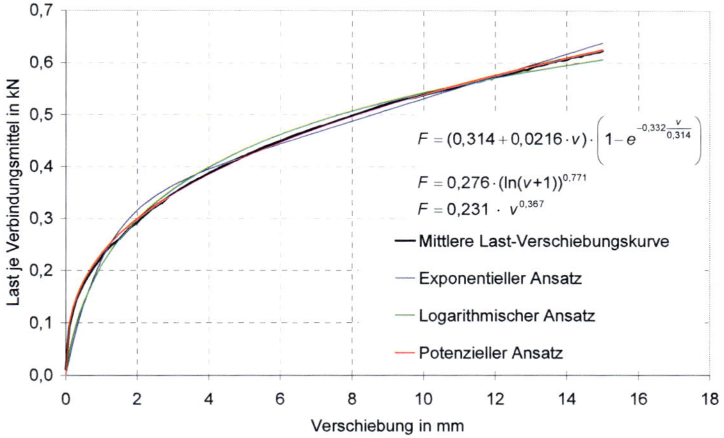

Bild 13-2 Mittlere Last-Verschiebungskurve und Anpassungsfunktionen für die Verbindung der Wärmedämmverbundplatte 1_2a und Holz mit Breitrückenklammern im Klima 20/65

Für einen quantitativen Vergleich der drei Anpassungsfunktionen wurde der absolute Fehler zwischen der Kraft aus der mittleren Last-Verschiebungskurve und dem jeweiligen Wert der zugehörigen Anpassungsfunktion nach Gleichung (62) zwischen 0 und 15 mm in einem Abstand von 0,1 mm ausgewertet.

$$\Delta_{i,exp/log/pot} = \left|\bar{F}(v_i) - F_{exp/log/pot}(v_i)\right| \quad (62)$$

mit

$\Delta_{i,exp/log/pot}$ absoluter Fehler für den exponentiellen / logarithmischen / potenziellen Ansatz an der Stelle der Verschiebung v_i

$\bar{F}(v_i)$ mittlere Kraft aus dem Versuch für eine Verschiebung v_i

$F_{exp/log/pot}(v_i)$ Kraft nach exponentiellem / logarithmischem / potenziellem Ansatz an der Stelle der Verschiebung v_i

Der relative Fehler ergibt sich dann nach Gleichung (63) durch Bezug des mittleren absoluten Fehlers auf die mittlere Kraft im Bereich zwischen 0 und 15 mm.

$$\bar{\Delta}_{exp/log/pot} = \frac{\sum_{i=0}^{151}\left|\bar{F}(v_i) - F_{exp/log/pot}(v_i)\right|}{\sum_{i=0}^{151}\bar{F}(v_i)} \quad (63)$$

mit

$\bar{\Delta}_{exp/log/pot}$ mittlerer relativer Fehler für den exponentiellen / logarithmischen / potenziellen Ansatz

Ein weiterer Vergleichsparameter ist die Übereinstimmung zwischen den Werten der mittleren Last-Verschiebungskurve aus den Versuchen und den mit den Anpassungsfunktionen berechneten Werten. In Tabelle 13-1 sind für die Verbindung der Wärmedämmverbundplatte 1_2a und Holz mit Breitrückenklammern und im Klima 20/65 klimatisierten Versuchskörpern die mittleren relativen Fehler und die Korrelationskoeffizienten angegeben.

Tabelle 13-1 Vergleich verschiedener Ansätze zur Abbildung einer mittleren Last-Verschiebungskurve am Beispiel WDVP 1_2a, Brk, 20/65

	Exponentieller Ansatz	Logarithmischer Ansatz	Potenzieller Ansatz
Korrelationskoeffizient	0,995	0,996	1,00
Mittlerer relativer Fehler in %	2,30	2,03	0,641

Für den potenziellen Ansatz liegt der Korrelationskoeffizient bei R = 1,00 und der mittlere relative Fehler mit $\bar{\Delta}_{pot}$ = 0,641% unter 1%. Damit kann mit der potenziellen Ansatzfunktion die beste und vergleichsweise genaue Abbildung der mittleren Last-

Verschiebungskurve erfolgen. Die Diskretisierung der mittleren Last-Verschiebungskurve für die Eingabe der Elementparameter in das Finite-Elemente-Programm wird mit Hilfe der angepassten Funktion durchgeführt und im folgenden Abschnitt erläutert.

Für einen Teil der in den Versuchen ermittelten Last-Verschiebungskurven konnte keine der drei gewählten Anpassungsfunktionen einen mittleren relativen Fehler unter 1,5% erreichen. In diesen Fällen wurde eine schrittweise Anpassung zwischen 1 mm und 15 mm durchgeführt und die mittleren relativen Fehler für alle Bereiche ermittelt. In Bild 13-3 ist der mittlere relative Fehler über der oberen Grenze des Anpassungsbereichs für die drei untersuchten Anpassungsfunktionen dargestellt. Für eine Anpassung im Bereich zwischen 0 und 15 mm liegt der mittlere relative Fehler zwischen 2% und 4% und für eine Anpassung im Bereich zwischen 0 und 11 mm mit einer Potenzfunktion unter 1,5%. Für die Anpassung wird somit die Potenzfunktion im Bereich zwischen 0 und 11 mm gewählt. Der weitere Bereich wird mit einer linearen Funktion so abgebildet, dass der mittlere relative Fehler für den gesamten Auswertungsbereich unter 1,5% liegt. In Bild 13-4 sind die mittlere Last-Verschiebungskurve und die bereichsweise angepassten Funktionen dargestellt. Für einen Teil der Versuche konnte auch durch eine abschnittsweise Anpassung mit einer linearen Funktion der Fehler von 1,5% nicht eingehalten werden. In diesen Fällen wurde die lineare Funktion durch eine quadratische Funktion ersetzt.

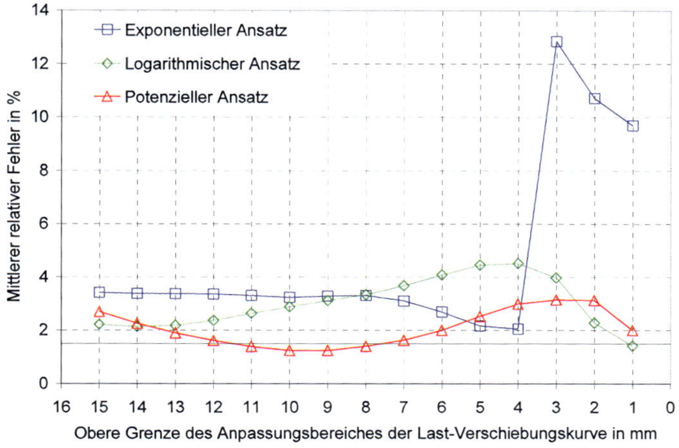

Bild 13-3 Mittlerer relativer Fehler über der oberen Grenze des Anpassungsbereichs der Last-Verschiebungskurve für UDP 3_a, Brk, 20/65

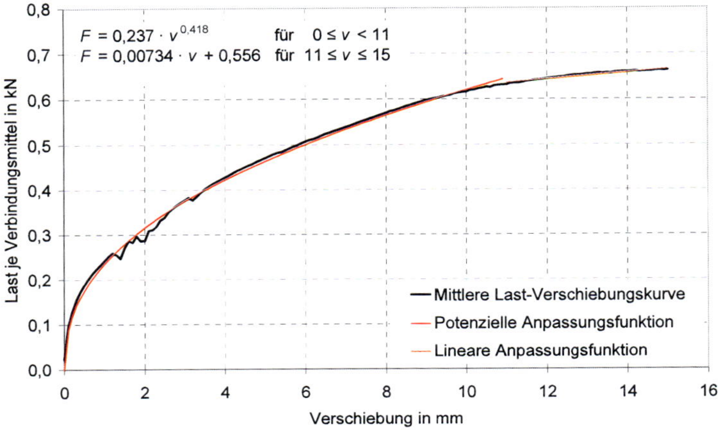

Bild 13-4 Mittlere Last-Verschiebungskurve und abschnittweise ermittelte Anpassungsfunktionen für UDP 3_a, Brk, 20/65 (Potenzfunktion im 1. Abschnitt und lineare Funktion im 2. Abschnitt)

13.3 Diskretisierung der Näherungskurven

In der Simulation und Berechnung von Holztafeln mit der Finite-Elemente-Methode werden die Verbindungen mit Federn modelliert. Dabei kann die mittlere Last-Verschiebungskurve mit bis zu 20 Wertepaaren diskretisiert werden. Eine hohe Anzahl von Wertepaaren führt zu einer hohen Genauigkeit zwischen der mittleren Last-Verschiebungskurve und dem durch die Wertepaare erzeugten Polygonzug. Für eine möglichst effiziente Berechnung ist es auf der anderen Seite von Vorteil, wenn die Last-Verschiebungskurve mit möglichst wenigen Wertepaaren diskretisiert wird. Es ist daher das Ziel der in diesem Abschnitt vorgestellten Methode mit möglichst wenigen Wertepaaren eine möglichst genaue Abbildung der Last-Verschiebungskurve zu ermöglichen. Für die Vereinfachung des Diskretisierungsvorgangs werden die Wertepaare so gewählt, dass sie auf der zugehörigen Anpassungsfunktion liegen. Die Qualität der Annäherung der Anpassungsfunktion durch einen Polygonzug kann durch die Größe der Fläche zwischen der Anpassungsfunktion und dem Polygonzug beurteilt werden. Die Anordnung der Wertepaare erfolgt so, dass in den durch die Wertepaare vorgegebenen Abschnitten die Flächen zwischen der Anpassungsfunktion und den Abschnitten des Polygonzuges in jedem Abschnitt gleich groß sind. Für eine geringe Anzahl von Wertepaaren kann das letzte Wertepaar bei einer Verschiebung von 15 mm gewählt werden. Die weiteren Wertepaare zwischen 0 und 15 mm werden so gewählt, dass alle Flächen gleich groß sind. Für eine größere Anzahl von

Wertepaaren kann die Ermittlung der *x*-Stellen vereinfacht werden, wenn das letzte Wertepaar nicht bei 15 mm gewählt wird, sondern so, dass alle Flächen einem im Vorhinein festgelegten Wert entsprechen. Die Ergebnisse der Ermittlung von Polygonzügen mit zwei bis sieben Abschnitten sind in Bild 13-5 beispielhaft dargestellt. Zu erkennen ist die zunehmende Übereinstimmung zwischen Polygonzug und Last-Verschiebungskurve mit steigender Anzahl an Wertepaaren. Die Größe der einzelnen zwischen Polygonzug und Last-Verschiebungskurve liegenden Flächen ist für jeden Polygonzug konstant.

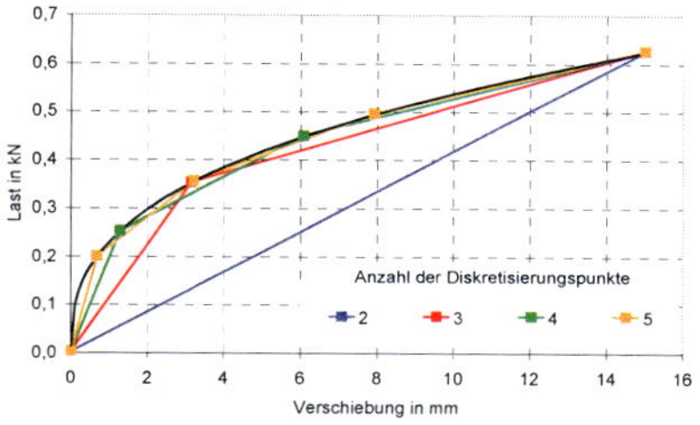

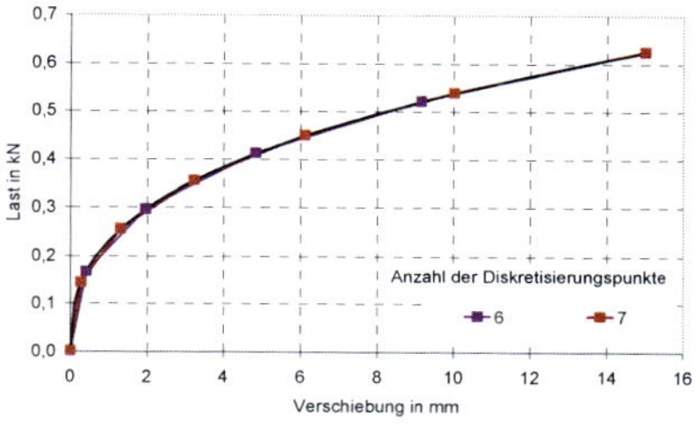

Bild 13-5 Angepasste Last-Verschiebungskurve und Polygonzüge für WDVP 1_2a und eine Verbindung mit Breitrückenklammern im Klima 20/65

Der mittlere relative Fehler zwischen der Anpassungsfunktion und dem Polygonzug liegt für acht Stützstellen unter 1,5%. Die Fläche zwischen der Näherungskurve und dem Polygonzug beträgt in diesem Fall 5,69 Nmm. Für eine Vereinfachung der Ermittlung der Wertepaare für alle weiteren Kombinationen aus Holzfaserdämmplatten, Verbindungsmittel und Klimatisierung wird die Größe der Fläche auf 1 Nmm festgelegt und die entsprechenden Wertepaare werden ermittelt. Mit dieser Wahl können alle Last-Verschiebungskurven mit weniger als 20 Wertepaaren und einer sehr guten Übereinstimmung zwischen der mittleren Last-Verschiebungskurve und dem Polygonzug für die Finite-Elemente-Berechnung diskretisiert werden. Das Ergebnis der Diskretisierung für die beispielhaft vorgestellte Verbindung ist in Bild 13-6 dargestellt. Der erste und der letzte Diskretisierungspunkt wurden mit $(v\ /\ F(v)) = (0\ /\ 0)$ und $(v\ /\ F(v)) = (15\ /\ F(15))$ festgelegt. Die Wertepaare sind im Diagramm angegeben.

Die mittleren Last-Verschiebungskurven der in Abschnitt 7 und 10 untersuchten Verbindungen mit stiftförmigen Verbindungsmitteln zwischen Holzfaserdämmplatten und Holz sowie der in Abschnitt 10 untersuchten Verbindungen in Nut-Feder-Systemen wurden für die Eingabe in die Finite-Elemente-Berechnung diskretisiert. Die Ergebnisse der Anpassung mit Funktionen und die durch die Diskretisierung erhaltenen Wertepaare sind in Abschnitt 18.6 für alle untersuchten Verbindungen zusammengestellt.

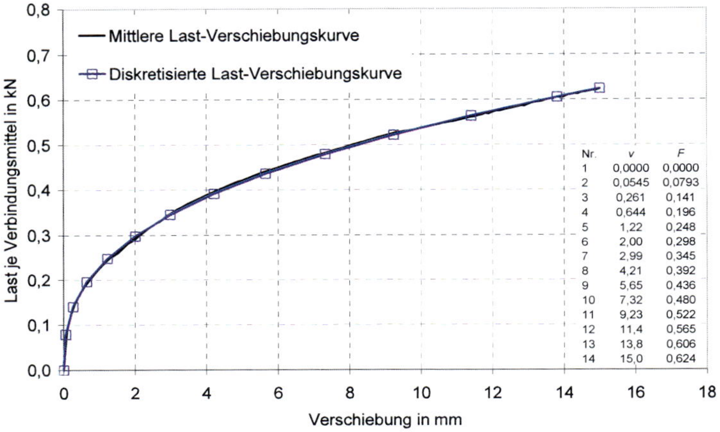

Bild 13-6 Angepasste Last-Verschiebungskurve und Polygonzüge für WDVP 1_2a und Breitrückenklammer im Klima 20/65

14 Modellierung und Berechnung von Wandscheiben mit der Finite-Elemente-Methode

14.1 Allgemeines und Kenntnisstand

Die Tragfähigkeit und die Steifigkeit von Wand- und Dachscheiben können in Versuchen mit bauteilgroßen Versuchskörpern ermittelt werden. Allerdings ist hierfür ein vergleichsweise hoher Material- und Zeitaufwand erforderlich. Sollen zusätzlich verschiedene Parameter wie beispielsweise die Art der Beplankung und die Verbindung zwischen Beplankung und Rippen variiert werden, ist dies nur mit zusätzlichem Aufwand möglich. Daher wurden in der Vergangenheit verschiedene analytische und empirische Modelle für die Abschätzung der Tragfähigkeit und der Steifigkeit von Wandscheiben entwickelt (s. Abschnitt 12.2). Eine Möglichkeit besteht in der Modellierung von Wandscheiben mit Hilfe der Finite-Elemente-Methode. Damit können Wandscheiben simuliert sowie die Tragfähigkeit und die Steifigkeit von Wandscheiben berechnet werden. Eine Berechnung von Holztafeln mit der Finite-Elemente-Methode wurde von Polensek (1976) vorgestellt. Easley et al. (1982) verglichen analytische Ergebnisse für die Tragfähigkeit von Holztafeln mit Ergebnissen aus Versuchen und aus Berechnungen mit der Finite-Elemente-Methode. Itani und Cheung (1984) stellten ein weiteres Finite-Elemente-Modell für die Berechnung von Holztafeln vor und stellten die Berechnungs- und Versuchsergebnisse einander gegenüber. Mit Hilfe der Finite-Elemente-Methode untersuchten Falk und Itani (1989) den Einfluss verschiedener Parameter auf die Tragfähigkeit von Holztafeln. Dolan und Foschi (1991) stellten die Ergebnisse von Versuchen Berechnungen mit der Finite-Elemente-Methode gegenüber. Es wurden hierbei auch der gegenseitige Einfluss von benachbarten Beplankungsplatten und eine Verformung aus der Tafelebene heraus berücksichtigt. Kasal und Leichti (1992) stellten eine vereinfachte Modellierung von Holztafeln vor, mit der auch größere Wandstrukturen modelliert und berechnet werden können. Kasal et al. (1994) stellten die Modellierung einer gesamten Konstruktion mit Hilfe der vereinfachten Modellierung vor. Gebhardt und Schulze (1996) untersuchten Wandscheiben mit Öffnungen mit Hilfe der Finite-Elemente-Methode. Auch Dettmann (2003) entwickelte verschiedene Modelle zur Abschätzung des Trag- und Verformungsverhaltens von Holztafeln mit Hilfe der Finite-Elemente-Methode. Sandau-Wietfeldt (2008) untersuchte in Finite-Elemente-Modellen insbesondere die Beulgefahr von Hartfaserplatten als tragender Beplankung in aussteifenden Holztafeln.

Im Rahmen dieser Arbeit wurde ein Finite-Elemente-Modell für die Berechnung der Tragfähigkeit und Steifigkeit von Holztafeln mit Holzfaserdämmplatten als aussteifender Beplankung erstellt. Die Gültigkeit des Modells wird mit den Versuchsergebnissen überprüft. Die Rippen, die Beplankung und die Verbindung zwischen Beplankung und Rippen wurden mit unterschiedlichen Elementen modelliert. Für die Rippen wurden Balkenelemente verwendet. Die Beplankung wurde mit Scheibenelementen modelliert. Die Verbindung zwischen der Beplankung und den Rippen wurde mit Federelementen modelliert. Das in den Versuchen ermittelte nicht-lineare Last-Verschiebungsverhalten der Verbindung kann in der Finite-Elemente-Berechnung durch ein finites Federelement mit bis zu 20 Wertepaaren abgebildet werden. Die hierfür erforderliche Diskretisierung der in Versuchen ermittelten Last-Verschiebungskurven wurde in Abschnitt 13 vorgestellt. Somit liegen alle erforderlichen Parameter für die Modellierung und Berechnung vor. Im Folgenden wird die Möglichkeit der Modellierung von Wandscheiben aus Holztafeln mit Holzfaserdämmplatten als tragender Beplankung gezeigt. Hierfür werden Modelle für die geprüften Versuchskörper (s. Abschnitt 12.4) entwickelt.

14.2 Modellierung von Wandscheiben ohne Beplankungsstöße

Die Modellierung von Wandscheiben mit der Finite-Elemente-Methode wurde mit der Software ANSYS 12.1 durchgeführt. Die unterschiedlichen Eigenschaften der Versuchskörper wurden in Eingabefiles eingegeben und vom Programm eingelesen. Die nicht-lineare Berechnung erfolgte verschiebungsgesteuert und wurde bei einer horizontalen Verschiebung der Kopfrippe von 100 mm abgebrochen. Die Höchstlast wurde bei einer Verschiebung von 100 mm erreicht. Auf die Definition weiterer Versagenskriterien konnte daher verzichtet werden. Diese Vorgehensweise kann durch die Ergebnisse der Wandscheibenversuche (s. Abschnitt 12.4) bestätigt werden. Nach DIN EN 594:1996 erfolgt die Ermittlung der Höchstlast bei einer Verschiebung von 100 mm, sofern die Höchstlast nicht bereits vorher erreicht wurde.

Die in den Versuchen ermittelten Tragfähigkeiten von Wandscheiben aus zwei Holztafeln können zu gleichen Anteilen auf beide Tafelelemente verteilt werden. In der Modellierung der Wandscheiben nach Abschnitt 12.4 wurde ein Tafelelement modelliert. Die Modellierung der Versuche erfolgte mit einem 2D-Modell. Die Geometrie der Elemente wurde so gewählt, dass die Stellen der Verbindungsmittel im Versuch und im Modell geometrisch übereinstimmen. Hierdurch ergeben sich innerhalb des Modells unterschiedliche Elementgrößen. Die Standardgröße der Elemente entspricht dem Abstand der Verbindungsmittel untereinander. Eine Abminderung der Abstände auf der Innenrippe wurde in den Versuchen und im Modell nicht vorgenommen. Die Größe der Elemente an den Rändern wird durch die Randabstände der Verbindungsmittel nach Gleichung (64) definiert.

$$\begin{aligned} b_{\text{Randelement}} &= a_{1,t,K} - a_{2,c,R} \\ h_{\text{Randelement}} &= a_{1,t,R} + a_{2,c,i,K} \end{aligned} \qquad (64)$$

mit

$a_{1,t,K}$	Randabstand parallel zur Faserrichtung in der Kopf- bzw. Fußrippe
$a_{2,c,R}$	Randabstand rechtwinklig zur Faserrichtung in der Randrippe
$a_{1,t,R}$	Randabstand parallel zur Faserrichtung in der Randrippe
$a_{2,c,i,K}$	innerer Randabstand rechtwinklig zur Faserrichtung in der Kopf- bzw. Fußrippe

Die Anzahl der Verbindungsmittel wurde im Modell entsprechend der Anzahl der Verbindungsmittel im Versuch gewählt. Zwischen der Kopf- bzw. der Fußrippe und der Beplankung wurden acht (Schrauben) bzw. 24 (Breitrückenklammern) Verbindungsmittel angeordnet. Die Breite der zur Innenrippe benachbarten Elemente betrug die Hälfte des Verbindungsmittelabstands. Die Breite und Höhe des Tafelmodells ergeben sich durch die Anzahl der Verbindungsmittel auf den Rippen sowie die Maße der Randelemente. Das Tafelelement und das entsprechende Modell sind in Bild 14-1 für die Versuche mit Schrauben und Breitrückenklammern dargestellt.

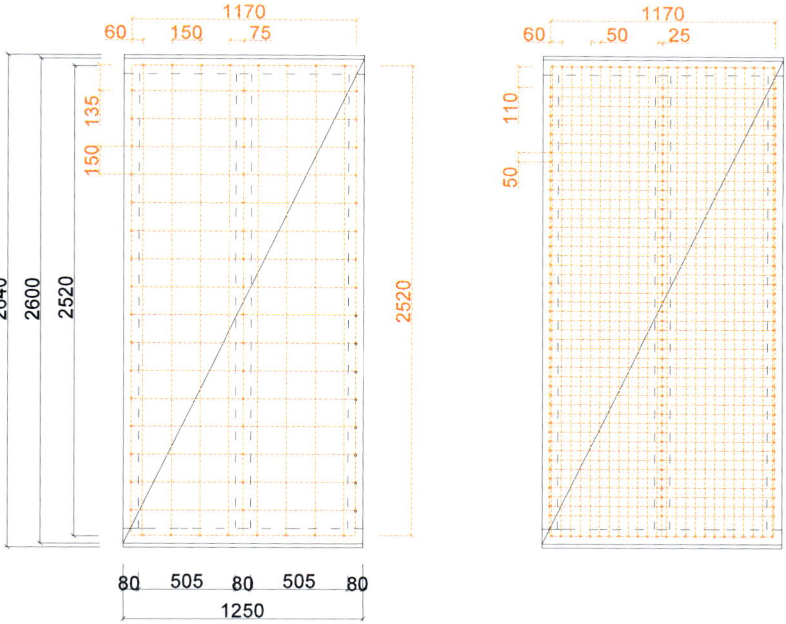

Bild 14-1 Wandscheibenaufbau im Versuch und gewählte Geometrie für die Berechnung, Verbindung Rippe-Beplankung mit Schrauben (links) und Breitrückenklammern (rechts); (Maße in mm)

Die Rippen wurden mit Elementen des Typs „Beam3“ modelliert. Die Charakteristika sind in der Elementbibliothek von ANSYS 12.1 angegeben. Es handelt sich um ein einachsiges Balkenelement, das auf Zug, Druck und Biegung beansprucht werden kann. Das Element wird durch zwei Knoten definiert, die jeweils drei Freiheitsgrade besitzen: Verschiebung in Richtung der lokalen x-Achse, Verschiebung in Richtung der lokalen y-Achse sowie eine Verdrehung um die lokale z-Achse. Das Element wird neben den beiden Knoten durch die Querschnittsfläche, das Trägheitsmoment, die Querschnittshöhe und die Materialeigenschaften definiert. Die Querschnitte der Rippen wurden entsprechend den Versuchen gewählt. Die Elastizitätsmoduln der Rippen wurden vor dem Zusammenbau der Versuchskörper mit Hilfe der Schwingungsmessung bestimmt und in der Berechnung für die jeweiligen Rippen verwendet. Eine Schubverformung der Rippen wurde in der Berechnung nicht berücksichtigt.

Die Beplankung wurde mit Elementen des Typs „Plane42“ modelliert. Dieses Element kann als Scheibenelement mit ebenem Spannungszustand oder mit ebenem Verzerrungszustand verwendet werden. Für die Modellierung der Wandscheibe wurde ein ebener Spannungszustand angenommen. Das Element wird durch vier Knoten definiert, die jeweils zwei Freiheitsgrade besitzen: Verschiebung in Richtung der lokalen x-Achse und Verschiebung in Richtung der lokalen y-Achse. Das Element wird neben den vier Knoten durch die Materialeigenschaften und im Fall des ebenen Spannungszustands durch die Dicke entsprechend der Holzfaserdämmplatte im Versuch definiert. Die Materialeigenschaften Schubmodul und Elastizitätsmodul entsprechen den experimentell bestimmten Werten.

Die Verbindung zwischen den Rippen und der Beplankung wurde mit Elementen des Typs „Combin39“ modelliert. Dieses Element kann die nicht-lineare Last-Verschiebungskurve der Verbindung zwischen der Beplankung und den Rippen abbilden. Das Element kann eine Kraft in seiner Längsrichtung oder Torsionsmomente aufnehmen. Wird von dem Element eine Kraft in seiner Längsrichtung übertragen, wird weder Biegung noch Torsion berücksichtigt. Das Element wird durch zwei Knoten definiert, die jeweils bis zu drei Freiheitsgrade besitzen: Verschiebung in Richtung der lokalen x-Achse, Verschiebung in Richtung der lokalen y-Achse und Verschiebung in Richtung der lokalen z-Achse. Neben den beiden Knoten wird das Verhalten des Elements durch eine Last-Verschiebungskurve beschrieben. Das Verhalten des Elements unter Druckbeanspruchung kann entweder dem Verhalten unter Zugbeanspruchung entsprechen oder zusätzlich definiert werden. Insgesamt können bis zu 20 Wertepaare eingegeben werden. Die Steigungen der Kurvenabschnitte können größer oder kleiner null sein, die Steigung des letzten Kurvenabschnitts muss größer als null sein. Diese Steigung wird für eine Überschreitung des definierten Verschiebungsbereichs beibehalten. In der Modellierung der Wandscheiben entspricht das Verhalten des Elements unter Druckbeanspruchung dem Verhalten unter Zugbeanspruchung. Die Elemente der Verbindung zwischen Beplankung und Rippen liegen alle in einer Ebene, die Richtung der übertragenen Kraft ist variabel. Je Knoten werden zwei Freiheitsgrade definiert, die in der x-y-Ebene liegen. Die beiden Knoten eines Elements dürfen nicht aufeinander liegen, da die Richtung der Kraft der Längsachse des Elements entspricht. In der Modellierung wird ein Abstand zwischen den Knoten der Rippen und der Beplankung von 0,001 mm gewählt. Die Länge und die Richtung der Verbindungselemente sind für den ersten Berechnungsschritt somit vorgegeben. Ab dem zweiten Berechnungsschritt werden die Ergebnisse aus dem vorherigen Berechnungsschritt verwendet. Am Ende der Berechnung bei einer Verschiebung der Kopfrippe von 100 mm liegen verschiedene Längen und Richtungen der Verbindungselemente vor. Die eingegebenen Last-Verschiebungskurven der Verbindung zwischen den Rippen und der Beplankung wurden in Abschnitt 13 hergeleitet und können für unterschiedliche Kombinationen aus Beplankung und Verbindungsmittel dem Anhang in Abschnitt 18.6 entnommen werden.

Im Versuch wird die Verbindung zwischen den Rippen durch eine Auflast hergestellt. Durch die übertragenen Druckkräfte entsteht durch Reibung eine Verbindung zwischen den Rippen. Diese Verbindung zwischen den Rippen wurde mit Elementen des Typs „Combin7" modelliert. Die Verbindung durch dieses Element entspricht einem Drehgelenk zwischen den verbundenen Elementen. Das Element wird im Allgemeinen durch fünf Knoten definiert. Die ersten beiden Knoten sind koinzident und gehören zu den beiden verbundenen Teilen. Der dritte Knoten definiert die anfängliche Achse des Drehgelenks. Die weiteren beiden Knoten sind Kontrollknoten und werden in der Modellierung nicht benötigt. Wird der dritte Knoten nicht definiert, wird die Richtung der z-Achse als Richtung der Achse des Drehgelenks definiert. Neben den Knoten wird das Element durch eine Steifigkeit definiert. In der Modellierung der Wandscheibe wird eine Federsteifigkeit in der x-y-Ebene definiert. Während die bislang vorgestellten Parameter aus Versuchen abgeleitet wurden, wurde die Steifigkeit der Verbindung zwischen den Rippen abgeschätzt. Eine Möglichkeit der Abschätzung wird von Dettmann (2003) vorgestellt. Die Federsteifigkeit wird in Abhängigkeit von den Querschnittswerten der Rippen und dem Elastizitätsmodul von Holz rechtwinklig zur Faser berechnet. Damit ergibt sich für die untersuchten Wandscheiben eine Federsteifigkeit von etwa 40000 N/mm.

Die Auflagerbedingungen für die so modellierte Wandscheibe werden an der Fußrippe definiert. Am ersten Knoten der Fußrippe werden Verschiebungen in x- und y-Richtung, am letzten Knoten in y-Richtung verhindert. Die Belastung wird am ersten Knoten der Kopfrippe als Verschiebung in x-Richtung aufgebracht. Die Berechnung erfolgt statisch in mehreren Lastschritten und unter der Berücksichtigung von großen Verformungen.

In Bild 14-2 sind die Last-Verschiebungskurve des Versuchs und die Kraft-Verschiebungskurve aus der Finite-Elemente-Berechnung für eine Wandscheibe mit einer Beplankung mit der WDVP 1_2a und einer Verbindung mit Breitrückenklammern dargestellt. Es kann eine sehr gute Übereinstimmung zwischen dem Versuch und der Berechnung festgestellt werden. Das Ergebnis aus der Finite-Elemente-Berechnung wurde für den Vergleich verdoppelt, da im Modell ein Tafelelement und im Versuch zwei Tafelelemente untersucht wurden. Die Tragfähigkeit der Wandscheibe wird durch das Modell um etwa 3% und die Steifigkeit um etwa 2% überschätzt. Die Verformungsfigur, die Schubspannungsverteilung in der Beplankung sowie der Normalkraft- und der Biegemomentenverlauf in den Rippen sind in Bild 18-1 und Bild 18-2 dargestellt.

Die Ergebnisse der Berechnungen für alle durchgeführten Wandscheibenversuche nach Abschnitt 12.4 sind in Tabelle 14-1 und Tabelle 14-2 zusammengestellt. Der Unterschied zwischen den Versuchsergebnissen und den Modellergebnissen liegt für im Klima 20/65 klimatisierte Wandscheiben im Mittel bei rund 2% für die Tragfähigkeit und im Mittel bei rund 11% für die Steifigkeit. Der Unterschied zwischen den Versuchsergebnissen und den Modellergebnissen liegt für im Klima 20/85 klimatisierte Versuche im Mittel bei rund 25% für die Tragfähigkeit und im Mittel bei rund 85% für die Steifigkeit. Die größere Abweichung für die im Klima 20/85 klimatisierten Wandscheiben kann mit einem unterschiedlichen Feuchtegehalt der Zugscherkörper und der Wandscheiben nach der Klimatisierung erklärt werden. In Tabelle 14-3 und Tabelle 14-4 ist der zum Versuchszeitpunkt jeweils erreichte Feuchtegehalt in den Rippen und in der Beplankung zusammengestellt. Während die im Klima 20/65 klimatisierten Versuchskörper einen mittleren relativen Unterschied von unter 1% aufweisen, beträgt der Unterschied der im Klima 20/85 klimatisierten Versuchskörper rund 15%.

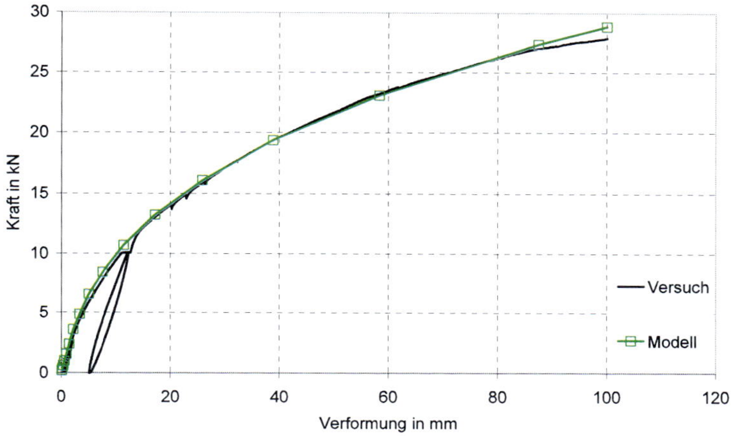

Bild 14-2 Vergleich Versuch-Modell für eine Wandscheibe mit WDVP 1_2a als Beplankung und einer Verbindung mit Breitrückenklammern

Tabelle 14-1 Vergleich der Berechnungsergebnisse mit den Versuchsergebnissen mit im Klima 20/65 klimatisierten Versuchen

HFDP	Dicke in mm	VM	NKL	$F_{max,Versuch}$ in kN	$K_{Versuch}$ in N/mm	$F_{max,Modell}$ in kN	K_{Modell} in N/mm	Δ_F in %	Δ_K in %
1_1d	80	Brk	20/65	27,6	670	24,7	668	11,6	0,395
		Sr 1	20/65	18,8	463	19,6	490	-3,83	-5,45
		Sr 2	20/65	22,4	793	21,9	601	2,34	31,9
1_2a	40	Brk	20/65	27,9	727	28,8	738	-3,26	-1,50
		Sr 1	20/65	23,7	1065	22,0	876	7,68	21,5
		Sr 2	20/65	20,7	1277	20,8	1062	-0,557	20,2
Mittelwert				23,5	832	23,0	739	2,33	11,2
Minimum				18,8	463	19,6	490	-3,83	-5,45
Maximum				27,9	1277	28,8	1062	11,6	31,9
Standardabweichung				3,7	292	3,3	205	-	-
Variationskoeffizient in %				15,6	35,1	14,5	27,7	-	-

Tabelle 14-2 Vergleich der Berechnungsergebnisse mit den Versuchsergebnissen mit im Klima 20/85 klimatisierten Versuchen

HFDP	Dicke in mm	VM	NKL	$F_{max,Versuch}$ in kN	$K_{Versuch}$ in N/mm	$F_{max,Modell}$ in kN	K_{Modell} in N/mm	Δ_F in %	Δ_K in %
1_1d	80	Brk	20/85	23,2	727	22,1	453	5,22	60,6
		Sr 1	20/85	22,0	1244	14,0	414	56,9	200
1_2a	40	Brk	20/85	23,7	639	19,8	589	19,4	8,65
		Sr 1	20/85	17,1	944	14,3	560	19,6	68,7
Mittelwert				21,5	889	17,5	504	25,3	84,5
Minimum				17,1	639	14,0	414	5,22	8,65
Maximum				23,7	1244	22,1	589	56,9	200
Standardabweichung				3,0	269	4,0	83,5	-	-
Variationskoeffizient in %				14,1	30,3	23,0	16,6	-	-

Tabelle 14-3 Vergleich des Feuchtegehalts der Rippen und der Beplankung in den Zugscherversuchen (ZSV) und in den Wandscheibenversuchen (WSV) mit im Klima 20/65 klimatisierten Versuchskörpern

HFDP	Dicke in mm	VM	NKL	$u_{VH,ZSV}$ in %	$u_{HFDP,ZSV}$ in %	$u_{VH,WSV}$ in %	$u_{HFDP,WSV}$ in %	Δ_{VH} in %	Δ_{HFDP} in %	Δ_{Mittel} in %
1_1d	80	Brk	20/65	11,2	8,7	11,4	8,3	1,66	-3,99	-1,17
		Sr 1	20/65	11,4	8,8	11,5	8,4	1,31	-4,38	-1,54
		Sr 2	20/65	11,4	8,9	11,2	8,3	-1,47	-5,88	-3,67
1_2a	40	Brk	20/65	11,4	8,9	11,5	8,8	0,704	-1,30	-0,296
		Sr 1	20/65	11,4	8,9	11,6	8,8	1,10	-0,395	0,353
		Sr 2	20/65	11,4	8,9	11,2	8,3	-1,47	-5,88	-3,67
Mittelwert				11,4	8,8	11,4	8,6	0,611	-2,56	-0,975
Minimum				11,2	8,7	11,2	8,3	-1,47	-5,88	-3,67
Maximum				11,4	8,9	11,6	8,9	1,66	0,565	1,11
Standardabweichung				0,1	0,1	0,1	0,3	-	-	-
Variationskoeffizient in %				0,876	0,97	1,18	3,15	-	-	-

Tabelle 14-4 Vergleich des Feuchtegehalts der Rippen und der Beplankung in den Zugscherversuchen und in den Wandscheibenversuchen mit im Klima 20/85 klimatisierten Versuchskörpern

HFDP	Dicke in mm	VM	NKL	$u_{VH,ZSV}$ in %	$u_{HFDP,ZSV}$ in %	$u_{VH,WSV}$ in %	$u_{HFDP,WSV}$ in %	Δ_{VH} in %	Δ_{HFDP} in %	Δ_{Mittel} in %
1_1d	80	Brk	20/85	18,7	15,9	17,3	11,7	-7,65	-26,5	-17,1
		Sr 1	20/85	18,7	16,7	16,7	13,1	-10,8	-21,8	-16,3
1_2a	40	Brk	20/85	18,7	16,4	16,1	13,2	-13,9	-19,3	-16,6
		Sr 1	20/85	18,3	15,9	15,1	15,3	-17,4	-4,02	-10,7
Mittelwert				18,6	16,2	16,3	13,3	-12,4	-17,9	-15,2
Minimum				18,3	15,9	15,1	11,7	-17,4	-26,5	-21,9
Maximum				18,7	16,7	17,3	15,3	-7,65	-4,02	-5,83
Standardabweichung				0,2	0,4	0,9	1,5	-	-	-
Variationskoeffizient in %				1,1	2,2	5,7	11,2	-	-	-

14.3 Modellierung von Wandscheiben mit Beplankungsstößen

Im Abschnitt 12.4.3 wurden die Ergebnisse der Wandscheibenversuche mit Stößen vorgestellt. Es wurden ein Versuch mit einem Beplankungsstoß auf der Innenrippe und ein Versuch mit Beplankungsstößen im Feld durchgeführt. Im Folgenden soll nun die Berechnung der Tragfähigkeit und der Steifigkeit von Wandscheiben mit gestoßener Beplankung mit der Finite-Elemente-Methode untersucht werden. Die Modellierung der Wandscheiben erfolgte entsprechend Abschnitt 14.2 mit zwei Beplankungsplatten. Die geometrische Modellierung der Wandscheiben ist in Bild 14-3 dargestellt. Der Vergleich der Kraft-Verschiebungskurve aus der Berechnung mit der Kraft-Verschiebungskurve aus dem Versuch ist in Bild 14-4 dargestellt. Die Tragfähigkeit liegt im Versuch etwa 17% über dem berechneten Wert, die Steifigkeit ist um etwa 42% größer. Die Verformungsfigur der Wandscheibe, die Schubspannungsverteilung sowie der Verlauf der Normalkraft und des Biegemoments in den Rippen sind in Bild 18-3 und Bild 18-4 dargestellt.

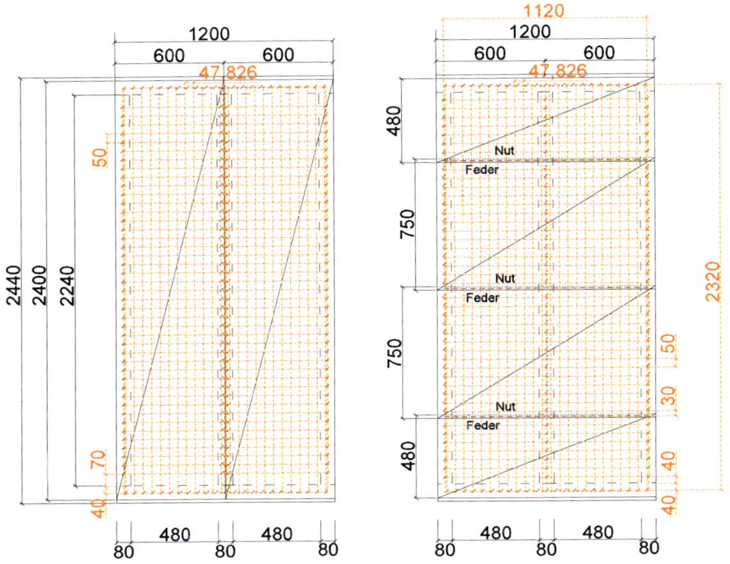

Bild 14-3 Finite-Elemente-Modell für Berechnung der Tragfähigkeit und Steifigkeit von Wandscheiben mit Stößen

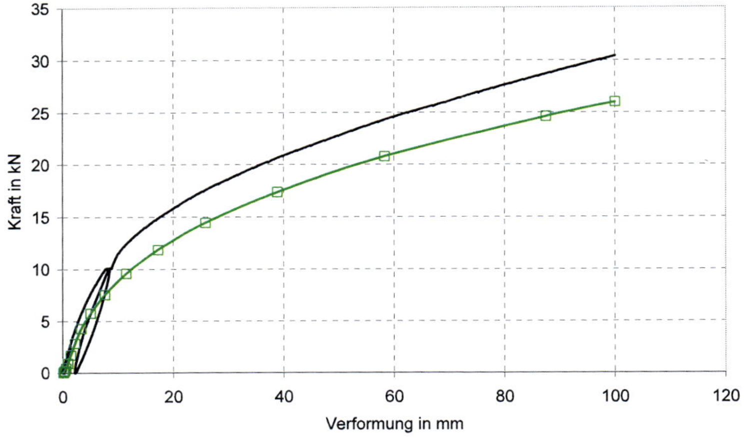

Bild 14-4 Vergleich Versuch-Modell für eine Wandscheibe mit UDP 1_1d als Beplankung und einer Verbindung mit Breitrückenklammern sowie einem Stoß der Beplankung auf der Innenrippe

Die Modellierung der Verbindungsmittel in den Beplankungsstößen erfolgte wie die Modellierung der Verbindungsmittel zwischen der Beplankung und den Rippen mit Elementen des Typs „Combin39“. Das nicht-lineare Kraft-Verschiebungsverhalten wurde entsprechend Abschnitt 13 diskretisiert und in der Berechnung verwendet. Das Verhalten von HFDP-HFDP-Verbindungen kann als spröde angesehen werden, da das Versagen bei einer relativen Verschiebung unter 15 mm auftritt. Auch die Kraft-Verschiebungskurve kann daher als spröde eingegeben werden. Hierfür erfolgt bei der mittleren Höchstlast ein Lastabfall auf 10 N. Bis zu einer Verschiebung von 100 mm steigt die Last auf 11 N. Dieser letzte steigende Abschnitt wird für das Element „Combin39“ benötigt. Neben der spröden Formulierung der Eigenschaften kann das Verhalten der Feder auch duktil definiert werden. Hierfür wird als letztes Wertepaar (100/(F_{max} + 1 N)) eingegeben. Die beiden modellierten Eigenschaften der Verbindung der Beplankung in den Stößen sind für die im Versuch verwendete Beplankung in Bild 14-5 dargestellt.

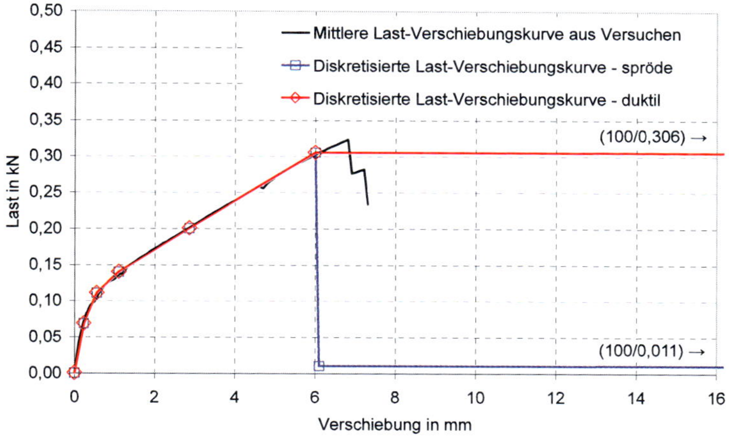

Bild 14-5 Diskretisierte Kurven des Kraft-Verschiebungsverhaltens der Verbindung zwischen zwei UDP 1_1d; spröde und duktile Diskretisierungsvariante

In Bild 14-6 sind die Kraft-Verschiebungskurven aus dem Versuch, aus einer Berechnung mit einem Stoß auf der Innenrippe, aus den beiden Berechnungen mit einem spröden bzw. duktilen Verhalten der Verbindung und aus einer Berechnung mit Stößen ohne Verbindungsmittel dargestellt. Die Ergebnisse der Berechnung sind in Tabelle 14-5 zusammengestellt. Neben der Steifigkeit in Bezug auf die jeweilige zugehörige Höchstlast wird die Steifigkeit in Bezug auf die im Versuch erreichte Höchstlast angegeben.

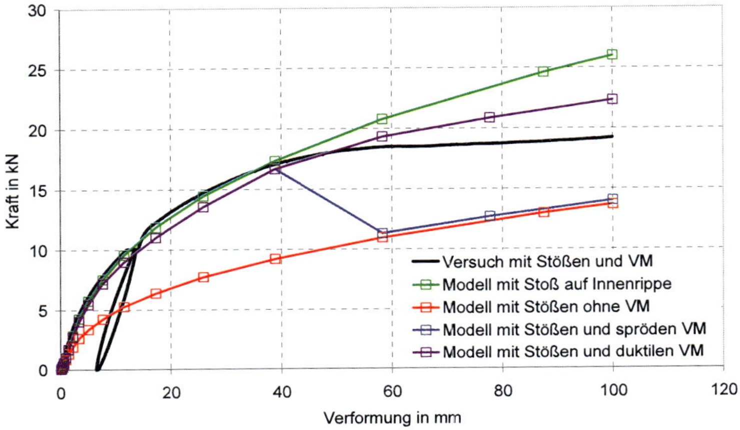

Bild 14-6 Vergleich Versuch-Modell für eine Wandscheibe mit UDP 1_1d als Beplankung und Breitrückenklammern sowie einem horizontalen Beplankungsstoß für unterschiedliche Modellierungsvarianten

Tabelle 14-5 Vergleich der Berechnungsergebnisse mit den Versuchsergebnissen mit im Klima 20/65 klimatisierten Versuchen

	F_{max} in kN	K (F_{max}) in N/mm	K ($F_{max,Versuch}$) in N/mm	Δ_F in %	Δ_K in %	Δ_K in %
Versuch mit Stößen und VM	19,2	943	-	-	-	-
Modell mit Stoß auf Innenrippe	26,0	682	923	35,4	-27,7	-2,09
Modell mit Stößen ohne VM	13,7	378	249	-28,5	-59,9	-73,6
Modell mit Stößen und spröden VM	16,8	925	822	-12,9	-1,94	-12,8
Modell mit Stößen und duktilen VM	22,4	707	822	16,2	-25,0	-12,8

Die Verformungsfiguren, die Schubspannungsverteilungen in der Beplankung sowie die Normalkraft- und Biegemomentenverläufe in den Rippen sind in Bild 18-5 bis Bild 18-10 dargestellt. Die Berechnung mit Stößen ohne Verbindungsmittel liegt im gesamten Verformungsbereich deutlich unter dem Versuch. Die weiteren Berechnungen liegen bis zu einer Verformung von ca. 40 mm im Bereich des Versuchs. Im Modell mit einem spröden Versagensverhalten der Verbindung wird nach dem Versagen der Verbindung das Verhalten der Berechnung ohne Verbindungsmittel im

Stoß erreicht. Das Modell mit Stößen auf der Innenrippe und das Modell mit einem duktilen Versagensverhalten liegen ab einer Verformung von 50 mm oberhalb des Versuchs. Eine gute Annäherung des Versuchsergebnisses wird erreicht, wenn mit dem spröden Verhalten bis zum Versagen gerechnet wird und der weitere Verlauf durch eine Gerade mit der Steigung Null abgebildet wird. Diese Kurve liegt unterhalb des Versuchs.

Holztafeln mit Stößen mit Verbindungsmitteln können mit Hilfe der Finite-Elemente-Methode modelliert und berechnet werden. Auf der sicheren Seite liegend kann die Verbindung in den Beplankungsstößen mit einem spröden Versagensverhalten modelliert werden. Im Gegensatz zum Versuch mit einem einzelnen Verbindungsmittel besitzt die Holztafel ein duktiles Kraft-Verformungsverhalten. Die Tragfähigkeit einer Holztafel mit Stößen mit Verbindungsmitteln kann durch eine duktilere Verbindung zwischen den Beplankungsplatten gesteigert werden.

15 Zusammenfassung

Die Motivation für die vorliegende Arbeit war, Holzfaserdämmplatten als tragende Beplankung in aussteifenden Holztafeln verwenden zu können. Hierfür ist im Nachweis der Tragfähigkeit der Nachweis der Scheibenbeanspruchung zu führen. Hierbei ist nachzuweisen, dass die längenbezogene Schubfestigkeit größer ist als der einwirkende Schubfluss. Für die Berechnung der längenbezogenen Schubfestigkeit sind die Schubfestigkeit von Holzfaserdämmplatten und die Tragfähigkeit der Verbindung zwischen der Beplankung und den Rippen erforderlich. Für die Berechnung der Verformung und für den Nachweis der Gebrauchstauglichkeit sind der Schubmodul der Beplankung und der Verschiebungsmodul der Verbindung erforderlich.

In ersten theoretischen Untersuchungen wurden die Gleichungen der Theorie nach Johansen für die Berechnung der Tragfähigkeit von Verbindungen zwischen Holzfaserdämmplatten und Holz in unterschiedlichen Wand- und Dachkonstruktionen erweitert. In einfachen Konstruktionen kann die Tragfähigkeit der Verbindungsmittel direkt nach der Theorie von Johansen berechnet werden. Der Einfluss einer Konterlatte und möglicher Zwischenschichten auf die Tragfähigkeit wird in der Erweiterung der Gleichungen nach der Theorie von Johansen berücksichtigt.

Für die Berechnung der Tragfähigkeit der Verbindungsmittel wurde die Lochleibungsfestigkeit von Nägeln und Schrauben in Holzfaserdämmplatten ermittelt. Hierbei wurde in einem Teil der Versuchsreihen auch der Einfluss eines höheren Feuchtegehalts untersucht. Die Lochleibungsfestigkeit kann in Abhängigkeit vom Durchmesser des stiftförmigen Verbindungsmittels und von der Rohdichte der Holzfaserdämmplatte berechnet werden. Die Lochleibungsfestigkeit bei einer höheren Umgebungsfeuchte liegt bei etwa 58% des Wertes bei Normalklima. Für die Berücksichtigung des Seileffekts, der sich positiv auf die Tragfähigkeit des Verbindungsmittels auswirkt, wurden die Rückendurchziehtragfähigkeit von Breitrückenklammern und die Kopfdurchziehtragfähigkeit von Schrauben mit Haltetellern ermittelt. Die Rückendurchziehtragfähigkeit von Breitrückenklammern kann in Abhängigkeit von der Rohdichte und von der Dicke der Holzfaserdämmplatte berechnet werden. Die Rücken- bzw. Kopfdurchziehtragfähigkeit bei einer höheren Umgebungsfeuchte liegt bei etwa 72% des Wertes bei Normalklima.

In weiteren Versuchen mit Verbindungen zwischen Holz und Holzfaserdämmplatten mit verschiedenen stiftförmigen Verbindungsmitteln wurden die im Versuch ermittelten Tragfähigkeiten den berechneten Erwartungswerten gegenübergestellt und die für den Nachweis der Gebrauchstauglichkeit erforderlichen Verschiebungsmoduln ermittelt. Es konnte gezeigt werden, dass mit Hilfe der zuvor ermittelten Eigenschaften von Verbindungsmitteln in Holzfaserdämmplatten die Werte der Tragfähigkeit von Verbindungen berechnet werden können. Die Verschiebungsmoduln von Verbindungen zwischen Holz und Holzfaserdämmplatten können in Abhängigkeit von den Rohdichten der verbundenen Bauteile, von der Dicke der Holzfaserdämmplatte und vom Durchmesser des Verbindungsmittels berechnet werden. Die Verschiebungsmoduln bei einer höheren Umgebungsfeuchte liegen bei etwa 62% der Werte bei Normalklima.

Neben dem Erreichen der Tragfähigkeit der Verbindung zwischen der Beplankung und den Rippen ist das Schubversagen der Beplankung ein weiterer möglicher Versagensmechanismus von Holztafeln. Daher wurden in umfangreichen Versuchen die Schubfestigkeit und der für den Gebrauchstauglichkeitsnachweis erforderliche Schubmodul von Holzfaserdämmplatten ermittelt. Die Schubfestigkeit bei einer höheren Umgebungsfeuchte liegt bei etwa 76% und der Schubmodul bei 68% der Werte bei Normalklima. Der Einfluss eines aufgebrachten Putzsystems wurde in einer weiteren Versuchsreihe untersucht. Für die Ermittlung der für den Nachweis der Tragfähigkeit erforderlichen charakteristischen Werte der Festigkeiten ist der Modifikationsbeiwert und für die Berechnung der zeitabhängigen Verformung ist der Verformungsbeiwert erforderlich. In mehreren Versuchsreihen wurden für zwei unterschiedliche Klimatisierungen der Modifikationsbeiwert und der Verformungsbeiwert mit einer Wärmedämmverbundplatte ermittelt. Mit dem ermittelten Modifikationsbeiwert können die Bemessungswerte der Festigkeiten berechnet und für den Nachweis verwendet werden. Für die Modellierung von Holztafeln mit der Finite-Elemente-Methode wurde der Elastizitätsmodul von Holzfaserdämmplatten mit Hilfe von Schwingungsmessungen ermittelt. Die Anwendung der Schwingungsmessung für die Ermittlung von Elastizitätsmoduln wurde durch einen Vergleich mit statisch ermittelten Elastizitätsmoduln bestätigt.

Für einen möglichen Einsatz von kleinformatigen Platten als aussteifende Beplankung von Holztafeln wurden in Versuchen die Tragfähigkeit und die Steifigkeit von Verbindungen mit Breitrückenklammern in Nut-Feder-Systemen zwischen angrenzenden Holzfaserdämmplatten ermittelt. Die Verbindung versagt bei Erreichen der Höchstlast spröde und könnte durch eine Änderung der Nut-Feder-Geometrie verbessert werden.

In Versuchen mit bauteilgroßen Versuchskörpern wurde das Trag- und Verformungsverhalten von Wandscheibenabschnitten aus einzelnen Holztafeln und von Wandscheiben aus zwei miteinander verbundenen Holztafeln untersucht. Das Versagen wird vorwiegend durch die Tragfähigkeit der Verbindung erreicht. Die Tragfähigkeit und Steifigkeit kann mit Berechnungsmodellen abgeschätzt werden. In weiteren Versuchen wurden in höherer Umgebungsfeuchte klimatisierte Wandscheiben, Wandscheiben mit Putzsystem und Wandscheiben mit gestoßener Beplankung untersucht. Die Wandscheiben mit Stößen und Breitrückenklammern als Verbindungsmitteln in den Nut-Feder-Systemen versagten trotz des spröden Versagens der einzelnen Verbindung duktil.

Für die Modellierung der Verbindung zwischen der Beplankung und den Rippen im Finite-Elemente-Modell wurde ein Verfahren zur Diskretisierung des nicht-linearen Last-Verschiebungsverhaltens entwickelt. Hierfür werden für die verschiedenen untersuchten Verbindungen Funktionen angepasst, mit deren Hilfe eine Diskretisierung durchgeführt wurde. Hierbei wird mit einer möglichst geringen Anzahl von Wertepaaren eine möglichst gute Übereinstimmung erreicht. Es wurden für alle im Rahmen dieser Arbeit untersuchten Verbindungsvarianten die Wertepaare der diskretisierten Kurve ermittelt.

Mit Hilfe der Finite-Elemente-Methode wurden Wandscheiben mit Holztafeln modelliert und berechnet. Ein Vergleich mit den Last-Verschiebungskurven der Wandscheibenversuche zeigt eine mögliche einfache Berechnung der Tragfähigkeit und Steifigkeit von Holztafeln mit Holzfaserdämmplatten als aussteifender Beplankung. In weiteren Berechnungen wurde die mögliche Berechnung von Wandscheiben mit einer gestoßenen Beplankung vorgestellt.

Im Rahmen dieser Arbeit wurde die Anwendung von Holzfaserdämmplatten als tragende, aussteifende Beplankung von Holztafeln untersucht. Mit den Ergebnissen können die Tragfähigkeit und die Steifigkeit von Holztafeln mit Holzfaserdämmplatten als aussteifender Beplankung berechnet werden. Für die Nachweise der Tragfähigkeit und der Steifigkeit wurden alle erforderlichen Grundlagen ermittelt. Somit wird der Einsatz von Holzfaserdämmplatten als aussteifender Beplankung ermöglicht. Die Möglichkeit der Beplankung von aussteifenden Holztafeln mit kleinformatigen Platten als tragender Beplankung wurde im Rahmen dieser Arbeit untersucht, für einen Einsatz in der Baupraxis sind allerdings noch umfangreichere Untersuchungen erforderlich, die auch eine Optimierung der Nut-Feder-Geometrie beinhalten können.

16 Literatur

Albers, K. (1970): Querdehnungs- und Gleitzahlen sowie Schub- und Scherfestigkeiten von Holzwerkstoffen. Universität Hamburg. Dissertation

Atherton, G.H. (1983): Ultimate strength of structural particleboard diaphragms. Forest Products Journal, Vol. 33, No. 5, p. 22–26

Becker, H.F. (1973): Messung der Schubmoduln von Vollholz mit akustischen Torsionsschwingungen. Holz als Roh- und Werkstoff 31 (1973) S. 207–210

Bejtka, I. (2005): Verstärkung von Bauteilen aus Holz mit Vollgewindeschrauben. Karlsruher Berichte zum Ingenieurholzbau, Band 2, Lehrstuhl für Ingenieurholzbau und Baukonstruktionen (Hrsg.), Universitätsverlag Karlsruhe, ISSN 1860-093X, ISBN 3-937300-54-6. Dissertation

Beldie, I.P. (1968): Die Bestimmung der Schubmoduln des Fichtenholzes. Holz als Roh- und Werkstoff, 26. Jg. Heft 7, S. 261–266

Blaß, H.J. (1991): Traglastberechnung von Nagelverbindungen. Holz als Roh- und Werkstoff 49 (1991) 91–98

Blaß, H.J.; Bejtka, I.; Uibel, T. (2006): Tragfähigkeit von Verbindungen mit selbstbohrenden Holzschrauben mit Vollgewinde. Karlsruher Berichte zum Ingenieurholzbau, Band 4, Lehrstuhl für Ingenieurholzbau und Baukonstruktionen (Hrsg.), Universitätsverlag Karlsruhe, ISSN 1860-093X, ISBN 3-86644-034-0

Blaß, H.J.; Ehlbeck, J.; Kreuzinger, H.; Steck, G. (2005): Text und Erläuterungen zur DIN 1052:2004-08. Bruderverlag Albert Bruder, 2005. ISBN 3-87104-146-7

Blaß, H.J.; Gebhardt, G. (2007): Neue Einsatzmöglichkeiten von Holzfaserdämmplatten im Holzbau – Holzfaser. Versuche zur Ermittlung der Schubfestigkeit von Holzfaserdämmplatten und der Tragfähigkeit von Verbindungsmitteln in Holzfaserdämmplatten. Zwischenbericht, unveröffentlicht

Blaß, H.J.; Gebhardt, G. (2008): Neue Einsatzmöglichkeiten von Holzfaserdämmplatten im Holzbau – Holzfaser. Ermittlung charakteristischer Festigkeits-, Steifigkeits- und Rohdichtekennwerte von Holzfaserdämmplatten. Zwischenbericht, unveröffentlicht

Blaß, H.J.; Gebhardt, G. (2009): Holzfaserdämmplatten – Trag- und Verformungsverhalten in aussteifenden Holztafeln. Karlsruher Berichte zum Ingenieurholzbau, Band 14, Lehrstuhl für Ingenieurholzbau und Baukonstruktionen (Hrsg.), Universitätsverlag Karlsruhe, ISSN 1860-093X, ISBN 978-3-86644-369-3

Blaß, H.J.; Laskewitz, B. (2000): Tragfähigkeit von Verbindungen an Holztafelelementen. Forschungsbericht. Lehrstuhl für Ingenieurholzbau und Baukonstruktionen, Universität Karlsruhe

Blaß, H.J.; Uibel, T. (2007): Tragfähigkeit von stiftförmigen Verbindungsmitteln in Brettsperrholz. Karlsruher Berichte zum Ingenieurholzbau, Band 8, Lehrstuhl für Ingenieurholzbau und Baukonstruktionen (Hrsg.), Universitätsverlag Karlsruhe, ISSN 1860-093X, ISBN 978-3-86644-129-3

Blaß, H.J.; Werner, H. (1988a): Lochleibungsfestigkeit von Furnierschichtholz aus Fichte. Holz als Roh- und Werkstoff 46 (1988) 472

Blaß, H.J.; Werner, H. (1988b): Stabdübelverbindungen mit verstärkten Anschlußbereichen. Bauen mit Holz 9/1988, S. 601–607

Boehme, C. (1989): Praktische Erfahrungen bei der Prüfung des Biegeverhaltens dünner Spanplatten. Holz als Roh- und Werkstoff 47 (1989) 185–190

Boehme, C. (1992): Kriechverhalten UF-verleimter MDF. Holz als Roh- und Werkstoff 50 (1992) 158–162

Boehme, C. (1995): Eigenschaften formaldehydarm verleimter Sperrhölzer. Teil 2: Kriechverhalten. Holz als Roh- und Werkstoff 53 (1995) 107–112

Chow, P.; McNatt, J.D.; Lambrechts, S.J.; Gertner, G.Z. (1988): Direct withdrawal and head pull-through performance of nails and staples in structural wood-based panel materials. Forest Products Journal 38(6):19–25

Cizek, L. (1961): Dauerfestigkeit und rheologische Eigenschaften von Holz und Holzwerkstoffen. Holz als Roh- und Werkstoff, 19. Jg. Heft 3, S. 83–85

Cizek, L. (1968): Einfluß der Feuchtigkeit auf das rheologische Verhalten des Holzes. Holz als Roh- und Werkstoff, 26. Jg. Heft 11, S. 416–417

Dettmann, O.J.P. (2003): Entwicklung von Modellen zur Abschätzung der Steifigkeit und Tragfähigkeit von Holztafeln. Universität Braunschweig. Dissertation

Dinwoodie, J.M.; Paxton, B.H.; Pierce, C.B. (1981): Creep in chipboard. Part 3: Initial assessment of the influence of moisture content and level of stressing on rate of creep and time to failure. Wood Science and Technology 15:125–144 (1981)

Dinwoodie, J.M.W.; Pierce, C.B; Paxton, B.H. (1984): Creep in chipboard. Part 4: The influence of temperature and moisture content on the creep behaviour of a range of boards at a single stress level. Wood Science and Technology 18:205–224 (1984)

Dinwoodie, J.M.W.; Higgins, J.-A.; Robson, D.J.; Paxton, B.H. (1990): Creep in chipboard. Part 7: Testing the efficacy of models on 7–10 years data and evaluating optimum period of prediction. Wood Science and Technology 24:181–189 (1990)

Dinwoodie, J.M.; Robson, D.J.; Paxton, B.H.; Higgins, J.S. (1991a): Creep in chipboard. Part 8: The effect of steady-state moisture content, temperature and level of stressing on the relative creep behaviour and creep modulus of a range of boards. Wood Science and Technology 25:225–238 (1991)

Dinwoodie, J.M.; Higgins, J.-A.; Paxton, B.H.; Robson, D.J. (1991b): Creep in chipboard. Part 9: The effect of steady-state moisture content, temperature and level of stressing on the components of creep deflection for a range of boards. Wood Science and Technology 25:383–396 (1991)

Dinwoodie, J.M.; Paxton, B.H.; Higgins, J.S.; Robson, D.J. (1991c): Creep in chipboard. Part 10: The effect of variable climate on the creep behaviour of a range of chipboards and one waferboard. Wood Science and Technology 26:39–51 (1991)

Dinwoodie, J.M.; Higgins, J.-A.; Paxton, B.H.; Robson, D.J. (1992): Creep in chipboard. Part 11: The effect of cyclic changes in moisture content and temperature on the creep behaviour of a range of boards at different levels of stressing. Wood Science and Technology 26:429–448 (1992)

Dolan, J.D.; Foschi, R.O. (1991): Structural analysis model for static loads on timber shear walls. Journal of Structural Engineering, Vol. 117, No. 3, p. 851–861

Easley, J.T.; Foomani, M.; Dodds, R.H. (1982): Formulas for wood shear walls. Journal of the Structural Division, Proceedings of the American Society of Civil Engineers, Vol. 108, No. ST11, p. 2460–2478

Ehlbeck, J.; Colling, F. (1983): Ermittlung fehlender Festigkeitswerte von Buchenfurnierplatten. Forschungsbericht. Lehrstuhl für Ingenieurholzbau und Baukonstruktionen, Universität Karlsruhe

Ehlbeck, J.; Werner, H. (1989): Tragverhalten von Stabdübeln in Brettschichtholz und Vollholz verschiedener Holzarten bei unterschiedlichen Rißlinienanordnungen. Forschungsbericht. Lehrstuhl für Ingenieurholzbau und Baukonstruktionen, Universität Karlsruhe

Ehlbeck, J.; Werner, H. (1992): Tragfähigkeit von Laubholzverbindungen mit stabförmigen Verbindungsmitteln. Forschungsbericht. Lehrstuhl für Ingenieurholzbau und Baukonstruktionen, Universität Karlsruhe

Falk, R.H.; Itani, R.Y. (1989): Finite element modeling of wood diaphragms. Journal of Structural Engineering, Vol. 115, No. 3, p. 543–559

Fernandez-Golfin Seco, J.I.; Díez Barra, M.R. (1998): Long-term deformation of MDF panels under alternating humidity conditions. Wood Science and Technology 32 (1998) 33–41

Frese, M.; Fellmoser, P.; Blaß, H.J. (2010): Modelle für die Berechnung der Ausziehtragfähigkeit von selbstbohrenden Holzschrauben. European Journal of Wood and Wood Products (2010) 68:373–384

Gebhardt, M.; Schulze, H. (1996): Tragverhalten von Mehrrasterwandscheiben mit Öffnungen – Versuchsergebnisse. Bauen mit Holz 8/96, S. 635–641

Glos, P.; Heimeshoff, B.; Kelletshofer, W. (1987a): Einfluß der Belastungsdauer auf die Zug- und Druckfestigkeit von Fichten-Brettlamellen. Holz als Roh- und Werkstoff 45 (1987) 243–249

Glos, P.; Henrici, D.; Schmelmer, B. (1987b): Festigkeit von ein- und zweiseitig beplankten Wandelementen. Holz als Roh- und Werkstoff 45 (1987) 41–48

Görlacher, R. (1984): Ein neues Meßverfahren zur Bestimmung des Elastizitätsmoduls von Holz. Holz als Roh- und Werkstoff 42 (1984) 219–222

Gressel, P. (1972a): Zeitstandbiegeverhalten von Holzwerkstoffen in Abhängigkeit von Klima und Belastung. Erste Mitteilung: Bisherige Untersuchungen. Versuchsplan, Versuchsdurchführung. Holz als Roh- und Werkstoff 30 (1972) S. 259–266

Gressel, P. (1972b): Untersuchungen über das Zeitstandbiegeverhalten von Holzwerkstoffen in Abhängigkeit von Klima und Belastung. Zweite Mitteilung: Meßergebnisse in Abhängigkeit von den untersuchten Kriechparametern. Holz als Roh- und Werkstoff 30 (1972) S. 347–355

Gressel, P. (1972c): Zeitstandbiegeverhalten von Holzwerkstoffen in Abhängigkeit von Klima und Belastung. Dritte Mitteilung: Diskussion der Versuchsergebnisse. Holz als Roh- und Werkstoff 30 (1972) S. 479–488

Gressel, P. (1984): Zur Vorhersage des langfristigen Formänderungsverhaltens aus Kurz-Kriechversuchen. Holz als Roh- und Werkstoff 42 (1984) 293–301

Gressel, P. (1986): Vorschlag einheitlicher Prüfgrundsätze zur Durchführung und Bewertung von Kriechversuchen. Holz als Roh- und Werkstoff 44 (1986) 133–138

Greubel, D.; Merkel, D. (1987): Untersuchung eines dynamischen Meßverfahrens zur Bestimmung des Elastizitätsmoduls von Spanplatten-Probekörpern. Holz als Roh- und Werkstoff 45 (1987) 15–22

Greubel, D.; Wissing, S. (1995): Zerstörungsfreie Messung des Biege-E-Moduls und Schubmoduls von Spanplatten durch Biegeschwingungen. Holz als Roh- und Werkstoff 53 (1995) 29–37

Gromala, D.S. (1985): Lateral nail resistance for ten common sheathing materials. Forest Products Journal 35(9):61–68

Gupta, A.K.; Kuo, G.P. (1985): Behaviour of wood-framed shear walls. Journal of Structural Engineering, Vol. 111, No. 8, p. 1722–1733

Gupta, A.K.; Kuo, G.P. (1987a): Wood-framed shear walls with uplifting. Journal of Structural Engineering, Vol. 113, No. 2, p. 241–259

Gupta, A.K.; Kuo, G.P. (1987b): Modeling of a wood-framed house. Journal of Structural Engineering, Vol. 113, No. 2, p. 260–278

Gutkowski, R.M.; Castillo, A.L. (1988): Single- and double-sheathed wood shear wall study. Journal of Structural Engineering, Vol. 114, No. 6, p. 1268–1284

Henrici, D. (1984): Zur Bemessung windaussteifender hölzerner Wandscheiben. Bauen mit Holz 12/84, S. 873–877

Heyder, M.; Öchsner, A.; Ströhla, S. (2002): Bewertung von Spannungszuständen bei der experimentellen Bestimmung des Schubmoduls an zellularen Materialien. Materialwissenschaft und Werkstofftechnik 33, 85–89 (2002)

Hoffmeyer, P. (1990): Failure of wood as influenced by moisture and duration of load. State University of New York. Dissertation

Itani, R.Y.; Cheung, C.K. (1984): Nonlinear analysis of sheathed wood diaphragms. Journal of Structural Engineering, Vol. 110, No. 9, p. 2137–2147

Itani, R.Y.; Tuomi, R.L.; McCutcheon, W.J. (1982): Methodology to evaluate racking resistance of nailed walls. Forest Products Journal, Vol. 32, No. 1, p. 30–36

Johansen, K.W. (1949): Theory of timber connections. International Association for Bridge and Structural Engineering, Vol. 9, S. 249–262

Källsner, B. (1983): Windaussteifung von Wandkonstruktionen im Holzskelettbau mit Plattenwerkstoffen. Bauen mit Holz 6/83, S. 374–378

Källsner, B.; Lam, F. (1995): Diaphragms and shear walls. In STEP 3, Holzbauwerke nach Eurocode 5. Grundlagen, Entwicklungen, Ergänzungen. FACHVERLAG HOLZ der Arbeitsgemeinschaft Holz e. V. Düsseldorf. ISSN-Nr. 0446-2114

Kasal, B.; Leichti, R.J. (1992): Nonlinear finite-element model for light-frame stud walls. Journal of Structural Engineering, Vol. 118, No. 11, p. 3122–3135

Kasal, B.; Leichti, R.J.; Itani, R.Y. (1994): Nonlinear finite-element model of complete light-frame wood structures. Journal of Structural Engineering, Vol. 120, No. 1, p. 100–119

Kolb, H. (1953): Neuartige Nägel in den USA. Holz als Roh- und Werkstoff 11. Jg., Heft 12, S. 471–476

Krämer, V. (2003): Trag- und Verformungsverhalten genagelter Brettstapelelemente unter Querlast. Universität Karlsruhe (TH). Dissertation

Kufner, M. (1968): Festigkeitswerte von Holzspanplatten und deren Schwankungen. Holz als Roh- und Werkstoff, 26. Jg. Heft 7, S. 253–260

Kufner, M. (1970): Das Kriechen von Holzspanplatten bei langzeitiger Biegebeanspruchung. Holz als Roh- und Werkstoff, 28. Jg. Heft 11, S. 429–446

Lyon, D.E.; Barnes, H.M. (1979): Racking resistance of wall components constructed with particleboard decking. Forest Products Journal, Vol. 29, No. 1, p. 43–47

McCutcheon, W.J. (1985): Racking deformations in wood shear walls. Journal of Structural Engineering, Vol. 111, No. 2, p. 257–269

Mehlhorn, L.; Merkel, D. (1986): Eine schnelle Methode zur automatischen Bestimmung des Biege-E-Moduls an Holzwerkstoffen. Holz als Roh- und Werkstoff 44 (1986) 217–221

Möhler, K. (1961): Beobachtungen bei Dauerversuchen mit Nagelverbindungen und Trägern mit Stegen aus Faserhartplatten. Holz als Roh- und Werkstoff, 19. Jg. Heft 3, S. 118–121

Möhler, K.; Budianto, T.; Ehlbeck, J. (1978): Bestimmung der Lochleibungsfestigkeit und des Kraft-Eindrückungs-Verhaltens von Holzspanplatten. Holz als Roh- und Werkstoff 36 (1978) 475–484

Möhler, K.; Ehlbeck, J. (1966): Untersuchungen über das Tragverhalten von Sondernaegeln bei Beanspruchung auf Abscheren und Ausziehen. Forschungsbericht. Lehrstuhl für Ingenieurholzbau und Baukonstruktionen, Universität Karlsruhe

Möhler, K.; Ehlbeck, J. (1968): Versuche über das Dauerstandverhalten von Spanplatten und Furnierplatten bei Biegebeanspruchung. Holz als Roh- und Werkstoff 26. Jg. Heft 4, S. 118–124

Möhler, K.; Ehlbeck, J.; Köster, P. (1973): Untersuchungen über das Trag- und Verformungsverhalten von Heftklammerverbindungen bei Tafelelementen. Forschungsbericht. Lehrstuhl für Ingenieurholzbau und Baukonstruktionen, Universität Karlsruhe

Möhler, K.; Maier, G. (1969): Der Reibbeiwert bei Fichtenholz im Hinblick auf die Wirksamkeit reibschlüssiger Holzverbindungen. Holz als Roh- und Werkstoff 27. Jg. Heft 8, S. 303–307

Niemz, P.; Poblete, H. (1996): Untersuchungen zur Anwendung der Schallgeschwindigkeitsmessung für die Ermittlung der elastomechanischen Eigenschaften von Spanplatten. Holz als Roh- und Werkstoff 54 (1996) 201–204

Noack, D.; v. Roth, W.; Wiemann, D. (1984): Untersuchungen zur Biegeprüfung dünner Holzwerkstoffe. Holz als Roh- und Werkstoff 42 (1984) 343–344

Patton-Mallory, M.; McCutcheon, W.J. (1987): Predicting racking performance of walls sheathed on both sides. Forest Products Journal, Vol. 37, No. 9, p. 27–32

Patton-Mallory, M.; Wolfe, R.W.; Soltis, L.A.; Gutkowski, R.M. (1985): Light-frame shear wall length and opening effects. Journal of Structural Engineering, Vol. 111, No. 10, p. 2227–2239

Pierce, C.B.; Dinwoodie, J.M. (1977): Creep in chipboard. Part 1: Fitting 3- and 4-element response curves to creep data. Journal of Materials Science 12 (1977) 1955–1960

Pierce, C.B.; Dinwoodie, J.M.; Paxton, B.H. (1979): Creep in chipboard. Part 2: The use of fitted response curves for comparative and predictive purposes. Wood Science and Technology 13: 265–282 (1979)

Pierce, C.B.; Dinwoodie, J.M.; Paxton, B.H. (1985): Creep in chipboard. Part 5: An improved model for prediction of creep deflection. Wood Science and Technology 19:83–91 (1985)

Pierce, C.B.; Dinwoodie, J.M.; Paxton, B.H. (1986): Creep in chipboard. Part 6: Time to failure analysis under steady state conditions. Wood Science and Technology 20: 281–292 (1986)

Polensek, A. (1976): Finite element analysis of wood-stud walls. Journal of the Structural Division, Proceedings of the American Society of Civil Engineers, Vol. 102, No. ST7, p. 1317–1335

Price, E.W.; Gromala, D.S. (1980): Racking strength of walls sheathed with structural flakeboards made from southern species. Forest Products Journal, Vol. 30, No. 12, p. 19–23

Sandau-Wietfeldt, M. (2008): Modelle für die Tragfähigkeit von Holztafeln mit beulgefährdeter Beplankung. Universität Braunschweig. Dissertation

Schniewind, A.P. (1967): Creep-rupture life of douglas-fir under cyclic environmental conditions. Wood Science and Technology, Vol. 1 (1967) p. 278/288

Schniewind, A.P. (1968): Recent progress in the study of the rheology of wood. Wood Science and Technology, Vol. 2 (1968) p. 188–206

Schulte, M.; Frühwald, A. (1996): Shear modulus, internal bond and density profile of medium density fibre board (MDF). Holz als Roh- und Werkstoff 54 (1996) 49–55

Schwab, E.; Polaczek, P. (1977): Bestimmung der Schubmoduln von Holz durch statische Torsionsversuche – Beitrag zur Neufassung DIN 52190. Holz als Roh- und Werkstoff 35 (1977) 23–27

Sekhar, A.C.; Khurana, R.L.; Singh, M.M. (1969): Einfluß des Verhältnisses von Stützweite zu Probendicke auf die Biegefestigkeit von Faserplatten. Holz als Roh- und Werkstoff 27. Jg. Heft 3, S. 110–112

Sugiyama, H. (1967): On the effect of the loading time on the strength properties of wood – A review on Japanese research. Wood Science and Technology, Vol.1 (1967) p. 289/303

Tuomi, R.L.; McCutcheon, W.J. (1975): A conventional house challenges simulated forces of nature. Forest Products Journal Vol. 25, No. 6, p. 13–20

Tuomi, R.L.; McCutcheon, W.J. (1978): Racking strength of light-frame nailed walls. Journal of the Structural Division, Proceedings of the American Society of Civil Engineers, Vol. 104, No. ST7, p. 1131–1140

Wagner, C. (1982): Dach- und Deckenscheiben in Holzhäusern in Holztafelbauart. Bauen mit Holz 8/82, S. 509–518

Werner, H.; Siebert, W. (1991): Neue Untersuchungen mit Nägeln für den Holzbau. Holz als Roh- und Werkstoff 49 (1991) 191–198

Whale, L.R.J.; Smith, I. (1986a): Mechanical joints in structural timber – Information for probabilistic design. Research report 1986-17. Timber Research and Development Association (TRADA), Hughenden Valley, High Wycombe, Buckinghamshire, UK

Whale, L.R.J.; Smith, I. (1986b): Mechanical timber joints. Research report 1986-18. Timber Research and Development Association (TRADA), Hughenden Valley, High Wycombe, Buckinghamshire, UK

Whale, L.R.J.; Smith, I.; Larsen, H.J. (1987): Design of nailed and bolted joints – Proposal for the revision of existing formulae in draft Eurocode 5 and the CIB Code. CIB-W18A, 20-7-1, Dublin

Wood, L.W. (1947): Behaviour of wood under continued loading. Engineering News-Record, December 11, 1947, S. 108–111

Ylinen, A. (1942): Ein neues Meßverfahren für die Bestimmung der Schubmoduln des Holzes. Holz als Roh- und Werkstoff, 5. Jg. Heft 11, S. 375–376

Zimmer, K.; Lißner, K. (1992): Untersuchungen über die Tragfähigkeit von Nagelverbindungen bei einer Beanspruchung senkrecht zur Schaftrichtung. Holz als Roh- und Werkstoff 50 (1992) 181–185

Zur Kammer, T. (2006): Zum räumlichen Tragverhalten mehrgeschossiger Gebäude in Holztafelbauart. Universität Braunschweig. Dissertation

17 Verwendete Normen

DIN 1052, Ausgabe Dezember 2008. Entwurf, Berechnung und Bemessung von Holzbauwerken – Allgemeine Bemessungsregeln und Bemessungsregeln für den Hochbau

DIN EN 383, Ausgabe Oktober 1993. Holzbauwerke – Prüfverfahren – Bestimmung der Lochleibungsfestigkeit und Bettungswerte für stiftförmige Verbindungsmittel

DIN EN 409, Ausgabe Oktober 1993. Holzbauwerke – Prüfverfahren – Bestimmung des Fließmoments von stiftförmigen Verbindungsmitteln

DIN EN 594, Ausgabe Juli 1996. Holzbauwerke – Prüfverfahren – Wandscheiben-Tragfähigkeit und -Steifigkeit von Wänden in Holztafelbauart

DIN EN 789, Ausgabe Januar 2005. Holzbauwerke – Prüfverfahren – Bestimmung der mechanischen Eigenschaften von Holzwerkstoffen

DIN V ENV 1156:1998, Ausgabe März 1999. Holzwerkstoffe – Bestimmung von Zeitstandfestigkeit und Kriechzahl

DIN EN 1381, Ausgabe März 2000. Holzbauwerke – Prüfverfahren – Tragende Klammerverbindungen

DIN EN 1383, Ausgabe März 2000. Holzbauwerke – Prüfverfahren – Prüfung von Holzverbindungsmitteln auf Kopfdurchziehen

DIN EN 1995-1-1, Ausgabe September 2008. Eurocode 5: Bemessung und Konstruktion von Holzbauten – Teil 1-1: Allgemeines – Allgemeine Regeln und Regeln für den Hochbau

DIN EN 26891, Ausgabe Juli 1991. Holzbauwerke – Verbindungen mit mechanischen Verbindungsmitteln – Allgemeine Grundsätze für die Ermittlung der Tragfähigkeit und des Verformungsverhaltens

18 Anhang

18.1 Schubfestigkeit und Schubmodul von Holzfaserdämmplatten

Tabelle 18-1 Mittlere Ergebnisse der Schubversuche

HFDP	n	ρ in kg/m³	u in %	f_v in N/mm²	G in N/mm²
UDP 1_1a	12	290	9,2	1,22	163
UDP 1_1b	12	282	8,9	1,14	172
UDP 1_1c	12	232	9,6	0,705	108
UDP 1_1d	12	227	9,6	0,649	84,4
UDP 1_2	12	213	9,2	0,536	81,8
UDP 2_a	12	226	9,1	0,619	112
UDP 2_b	12	241	8,9	0,822	121
UDP 2_c	12	221	9,4	0,467	101
UDP 3_a	12	278	7,3	0,849	143
UDP 3_b	8	282	7,3	0,816	157
UDP 3_c	12	281	7,9	0,746	125
WDVP 1_1	12	159	9,2	0,332	50,2
WDVP 1_2	12	183	9,5	0,390	74,5
WDVP 2	12	187	10,3	0,171	38,9
WDVP 3	12	260	7,9	0,452	96,0
DP 1	8	121	9,5	0,124	25,9
DP 2	12	172	10,3	0,152	27,5
DP 3	12	154	9,2	0,171	37,4
Mittelwert		223	9,0	0,576	95,5
Minimum		121	7,3	0,124	25,9
Maximum		290	10,3	1,22	172
Standardabweichung		51	0,9	0,327	46,8
Variationskoeffizient in %		23,0	9,76	56,8	49,1

Tabelle 18-2 Ergebnisse der Schubversuche für UDP 1_1a und UDP 1_1b

	UDP 1_1a				UDP 1_1b			
Versuch	ρ kg/m³	u %	f_v N/mm²	G N/mm²	ρ kg/m³	u %	f_v N/mm²	G N/mm²
1	315	9,5	1,38	160	269	9,1	1,08	134
2	314	9,5	1,30	206	276	9,0	1,15	185
3	314	9,2	1,34	186	279	8,8	1,14	179
4	315	9,3	1,29	171	280	8,9	1,10	177
5	274	9,4	1,10	144	299	8,9	1,38	181
6	284	9,6	1,17	128	283	9,2	1,20	185
7	280	8,9	1,13	145	283	8,9	1,17	172
8	280	9,1	1,16	164	286	8,6	1,19	153
9	281	9,1	1,21	134	283	9,0	1,08	164
10	279	9,2	1,20	172	278	8,6	1,09	158
11	275	8,8	1,14	186	280	8,7	1,07	195
12	275	8,8	1,22	164	283	8,6	1,05	178
Mittelwert	290	9,2	1,22	163	282	8,9	1,14	172
Minimum	274	8,8	1,10	128	269	8,6	1,05	134
Maximum	315	9,6	1,38	206	299	9,2	1,38	195
Standardabweichung	18	0,3	0,09	23	7	0,2	0,09	17
Variationskoeff. in %	6,13	2,86	7,38	14,2	2,50	2,16	7,79	9,87

Tabelle 18-3 Ergebnisse der Schubversuche für UDP 1_1c und UDP 1_1d

	UDP 1_1c				UDP 1_1d			
Versuch	ρ kg/m³	u %	f_v N/mm²	G N/mm²	ρ kg/m³	u %	f_v N/mm²	G N/mm²
1	235	9,4	0,726	98,4	225	9,9	0,629	52,6
2	228	9,5	0,689	122	224	9,7	0,693	80,8
3	224	9,5	0,654	124	228	9,2	0,598	83,1
4	229	9,6	0,680	93,6	232	9,3	0,618	85,9
5	228	9,7	0,756	119	224	9,8	0,730	108
6	222	9,8	0,726	106	226	10,0	0,719	82,9
7	231	9,6	0,865	95,6	230	9,4	0,664	107
8	241	9,6	0,851	109	222	9,3	0,685	96,9
9	233	9,8	0,581	96,3	232	10,1	0,627	66,8
10	241	9,7	0,655	118	222	9,9	0,601	97,5
11	234	9,8	0,656	103	223	9,5	0,594	81,4
12	237	9,8	0,622	110	231	9,6	0,625	70,7
Mittelwert	232	9,6	0,705	108	227	9,6	0,649	84,4
Minimum	222	9,4	0,581	93,6	222	9,2	0,594	52,6
Maximum	241	9,8	0,865	124	232	10,1	0,730	108
Standardabweichung	6	0,1	0,086	10,8	4	0,3	0,048	16,3
Variationskoeff. in %	2,67	1,42	12,2	10,0	1,68	2,93	7,37	19,3

Tabelle 18-4 Ergebnisse der Schubversuche für UDP 1_2 und DP 1

	UDP 1_2				DP 1			
Versuch	ρ kg/m³	u %	f_v N/mm²	G N/mm²	ρ kg/m³	u %	f_v N/mm²	G N/mm²
1	212	9,3	0,572	86,8	119	9,6	0,121	25,5
2	215	9,2	0,576	80,7	122	9,4	0,111	25,3
3	207	9,4	0,581	80,6	123	9,6	0,138	25,6
4	213	9,3	0,545	93,9	118	9,7	0,115	29,2
5	208	9,4	0,553	86,4	125	9,6	0,131	23,5
6	212	9,4	0,449	95,4	123	9,4	0,124	28,6
7	212	9,2	0,526	83,4	121	9,5	0,122	25,2
8	209	9,1	0,533	56,8	120	9,4	0,125	24,5
9	222	9,1	0,575	81,2	Es wurden nur acht Versuche durchgeführt.			
10	218	9,1	0,530	71,7				
11	220	9,2	0,528	87,4				
12	208	9,1	0,470	77,4				
Mittelwert	213	9,2	0,536	81,8	121	9,5	0,124	25,9
Minimum	207	9,1	0,449	56,8	118	9,4	0,111	23,5
Maximum	222	9,4	0,581	95,4	125	9,7	0,138	29,2
Standardabweichung	5	0,1	0,041	10,3	2	0,1	0,008	1,9
Variationskoeff. in %	2,25	1,34	7,73	12,6	1,87	1,14	6,87	7,50

Tabelle 18-5 Ergebnisse der Schubversuche für WDVP 1_1b und WDVP 1_2a

	WDVP 1_1b				WDVP 1_2a			
Versuch	ρ kg/m³	u %	f_v N/mm²	G N/mm²	ρ kg/m³	u %	f_v N/mm²	G N/mm²
1	155	9,4	0,302	46,2	180	9,6	0,340	83,2
2	153	9,4	0,321	54,2	180	9,4	0,399	82,4
3	157	9,4	0,325	37,8	186	9,6	0,396	88,3
4	155	9,3	0,313	49,0	180	9,5	0,425	68,2
5	162	9,0	0,363	39,8	183	9,7	0,340	52,7
6	165	9,0	0,352	59,1	187	9,7	0,417	76,1
7	165	9,0	0,356	46,6	184	9,2	0,423	102
8	168	9,1	0,375	55,1	185	9,3	0,466	91,9
9	162	9,5	0,316	61,3	186	9,5	0,390	45,5
10	155	9,4	0,320	46,8	181	9,5	0,345	68,2
11	159	9,5	0,307	45,2	182	9,4	0,382	63,4
12	156	8,7	0,336	61,9	182	9,2	0,353	72,2
Mittelwert	159	9,2	0,332	50,2	183	9,5	0,390	74,5
Minimum	153	8,7	0,302	37,8	180	9,2	0,340	45,5
Maximum	168	9,5	0,375	61,9	187	9,7	0,466	102
Standardabweichung	5	0,3	0,024	8,0	2	0,2	0,040	16,2
Variationskoeff. in %	3,07	2,84	7,14	16,0	1,32	1,82	10,207	21,8

Tabelle 18-6 Ergebnisse der Schubversuche für UDP 2_a und UDP 2_b

	UDP 2_a				UDP 2_b			
Versuch	ρ kg/m³	u %	f_v N/mm²	G N/mm²	ρ kg/m³	u %	f_v N/mm²	G N/mm²
1	227	9,9	0,619	105	240	9,4	0,847	107
2	225	9,9	0,582	108	239	8,8	0,827	125
3	227	8,4	0,630	107	240	9,1	0,820	127
4	225	8,6	0,621	109	240	8,8	0,821	136
5	224	9,4	0,622	119	241	9,0	0,835	123
6	229	9,6	0,610	127	243	9,2	0,798	123
7	223	8,6	0,590	133	241	8,7	0,835	126
8	230	8,7	0,632	91,5	243	8,7	0,836	114
9	224	9,3	0,604	121	240	9,0	0,808	110
10	226	9,4	0,642	125	241	8,8	0,820	128
11	227	8,9	0,647	88,1	242	8,9	0,812	130
12	227	8,7	0,628	110	242	8,5	0,810	98,0
Mittelwert	226	9,1	0,619	112	241	8,9	0,822	121
Minimum	223	8,4	0,582	88,1	239	8,5	0,798	98,0
Maximum	230	9,9	0,647	133	243	9,4	0,847	136
Standardabweichung	2	0,5	0,020	13,7	1	0,2	0,014	11,0
Variationskoeff. in %	0,91	5,85	3,16	12,3	0,55	2,71	1,72	9,11

Tabelle 18-7 Ergebnisse der Schubversuche für UDP 2_c und WDVP 2

	UDP 2_c				WDVP 2			
Versuch	ρ kg/m³	u %	f_v N/mm²	G N/mm²	ρ kg/m³	u %	f_v N/mm²	G N/mm²
1	216	9,9	0,427	106	187	10,2	0,187	31,5
2	217	10,4	0,416	66,2	192	10,1	0,184	33,6
3	215	9,1	0,492	114	186	10,5	0,175	41,7
4	223	8,7	0,461	111	188	10,3	0,157	49,0
5	224	9,9	0,487	120	188	10,3	0,163	32,8
6	221	9,9	0,488	100	182	10,6	0,202	36,9
7	224	8,8	0,470	102	185	10,3	0,169	37,2
8	222	8,8	0,471	66,8	186	10,4	0,164	39,9
9	222	9,8	0,469	108	187	10,5	0,140	33,4
10	221	10,0	0,444	129	184	10,3	0,177	52,3
11	222	8,9	0,459	102	187	10,2	0,175	37,2
12	221	8,8	0,514	89,4	185	10,1	0,159	40,7
Mittelwert	221	9,4	0,467	101	187	10,3	0,171	38,9
Minimum	215	8,7	0,416	66,2	182	10,1	0,140	31,5
Maximum	224	10,4	0,514	129	192	10,6	0,202	52,3
Standardabweichung	3	0,6	0,028	19,2	3	0,2	0,016	6,4
Variationskoeff. in %	1,39	6,46	5,96	18,9	1,35	1,62	9,46	16,5

Tabelle 18-8 Ergebnisse der Schubversuche für DP 2 und DP 3

	DP 2				DP 3			
Versuch	ρ kg/m³	u %	f_v N/mm²	G N/mm²	ρ kg/m³	u %	f_v N/mm²	G N/mm²
1	177	10,7	0,155	35,2	154	9,6	0,183	27,3
2	173	10,1	0,155	17,3	153	8,9	0,179	36,3
3	169	10,3	0,143	25,4	153	9,0	0,183	32,8
4	169	10,4	0,155	21,4	157	8,9	0,177	38,0
5	168	10,3	0,158	25,7	153	8,9	0,177	40,9
6	171	10,3	0,153	18,1	149	8,7	0,178	39,4
7	176	10,2	0,154	33,8	151	9,5	0,160	48,0
8	175	10,0	0,145	29,6	155	10,0	0,162	38,0
9	177	10,1	0,148	29,7	153	9,2	0,163	36,7
10	170	10,2	0,147	38,2	153	9,1	0,174	21,3
11	167	10,3	0,156	26,2	158	9,3	0,165	37,3
12	171	10,5	0,155	28,9	160	9,6	0,156	53,2
Mittelwert	172	10,3	0,152	27,5	154	9,2	0,171	37,4
Minimum	167	10,0	0,143	17,3	149	8,7	0,156	21,3
Maximum	177	10,7	0,158	38,2	160	10,0	0,183	53,2
Standardabweichung	3	0,2	0,005	6,5	3	0,4	0,010	8,3
Variationskoeff. in %	2,04	1,69	3,37	23,7	1,91	4,19	5,59	22,2

Tabelle 18-9 Ergebnisse der Schubversuche für UDP 3_a und UDP 3_b

	UDP 3_a				UDP 3_b			
Versuch	ρ kg/m³	u %	f_v N/mm²	G N/mm²	ρ kg/m³	u %	f_v N/mm²	G N/mm²
1	270	7,2	0,733	153	286	7,1	0,874	162
2	278	7,0	0,895	140	283	7,4	0,814	137
3	272	7,4	0,833	158	280	7,4	0,759	151
4	275	7,3	0,810	124	291	7,4	0,885	188
5	289	6,8	0,845	147	280	7,1	0,873	142
6	287	6,9	0,862	121	277	7,4	0,836	177
7	293	7,2	0,925	151	276	7,1	0,755	165
8	286	7,2	0,882	134	280	7,6	0,732	138
9	267	7,7	0,804	149	Es wurden nur acht Versuche durchgeführt.			
10	271	7,4	0,871	164				
11	278	7,5	0,872	133				
12	270	7,6	0,857	136				
Mittelwert	278	7,3	0,849	143	282	7,3	0,816	157
Minimum	267	6,8	0,733	121	276	7,1	0,732	137
Maximum	293	7,7	0,925	164	291	7,6	0,885	188
Standardabweichung	9	0,3	0,050	13	5	0,2	0,061	19
Variationskoeff. in %	3,12	3,88	5,90	9,37	1,80	2,72	7,44	11,8

Tabelle 18-10 Ergebnisse der Schubversuche für UDP 3_c und WDVP 3

Versuch	UDP 3_c				WDVP 3			
	ρ kg/m³	u %	f_v N/mm²	G N/mm²	ρ kg/m³	u %	f_v N/mm²	G N/mm²
1	280	7,8	0,765	100	253	8,3	0,463	90,2
2	281	7,4	0,799	155	248	8,1	0,459	100
3	289	8,1	0,742	160	251	8,1	0,491	97,8
4	286	8,3	0,768	154	254	8,6	0,478	77,9
5	278	7,7	0,728	104	263	7,8	0,431	89,0
6	284	8,2	0,794	140	264	7,7	0,475	85,5
7	288	8,2	0,712	115	263	7,8	0,505	105
8	287	8,1	0,747	137	263	7,7	0,437	108
9	271	7,9	0,700	115	269	8,1	0,417	99,3
10	274	7,9	0,778	106	269	7,9	0,432	93,8
11	280	8,0	0,754	113	262	7,6	0,472	110
12	278	7,9	0,668	107	265	7,6	0,359	95,7
Mittelwert	281	7,9	0,746	125	260	7,9	0,452	96,0
Minimum	271	7,4	0,668	100	248	7,6	0,359	77,9
Maximum	289	8,3	0,799	160	269	8,6	0,505	110
Standardabweichung	6	0,2	0,039	22	7	0,3	0,039	9,4
Variationskoeff. in %	2,06	3,02	5,24	17,7	2,71	3,87	8,72	9,81

Tabelle 18-11 Ergebnisse der Schubversuche für WDVP 1_1b und WDVP 1_2a nach einer Klimatisierung bei einer relativen Luftfeuchte von 85%

	WDVP 1_1b – 85%			WDVP 1_2a – 85%		
Versuch	ρ kg/m³	f_v N/mm²	G N/mm²	ρ kg/m³	f_v N/mm²	G N/mm²
1	176	0,252	23,3	180	0,293	46,4
2	171	0,253	41,0	200	0,369	59,1
3	170	0,253	35,2	195	0,330	48,8
4	170	0,231	63,2	197	0,341	52,6
5	165	0,210	13,8	194	0,299	34,6
6	169	0,244	43,5	190	0,307	22,9
7	168	0,224	38,9	190	0,277	48,3
8	169	0,235	40,6	190	0,299	36,9
9	169	0,221	36,6	191	0,308	49,5
10	170	0,218	42,7	193	0,310	49,4
11	170	0,234	37,9	192	0,313	44,8
12	165	0,210	13,8	180	0,277	22,9
Mittelwert	176	0,234	37,9	200	0,313	44,8
Minimum	3	0,210	13,8	5	0,277	22,9
Maximum	1,61	0,253	63,2	2,78	0,369	59,1
Standardabweichung	176	0,016	13,0	180	0,027	10,5
Variationskoeff. in %	171	6,77	34,2	200	8,51	23,3

Tabelle 18-12 Ergebnisse der Schubversuche mit verputzten Versuchskörpern

	WDVP 1_2a – teilweise verputzt				WDVP 1_2a – vollständig verputzt			
Versuch	ρ kg/m³	u %	f_v N/mm²	G N/mm²	ρ kg/m³	u %	f_v N/mm²	G N/mm²
1	177	9,7	0,356	56,2	186	9,6	0,549	99,5
2	189	9,3	0,415	78,8	185	9,2	0,570	95,2
3	182	9,5	0,332	78,0	177	9,2	0,513	113
4	188	9,4	0,370	67,6	184	9,2	0,439	112
5	183	9,5	0,401	58,3	187	9,2	0,517	87,1
6	183	9,2	0,404	56,9	-	-	-	-
Mittelwert	184	9,4	0,380	66,0	184	9,3	0,518	101
Minimum	177	9,2	0,332	56,2	177	9,2	0,439	87,1
Maximum	189	9,7	0,415	78,8	187	9,6	0,570	113
Standardabweichung	4	0,2	0,032	10,5	4	0,1	0,050	11,1
Variationskoeff. in %	2,33	1,92	8,49	15,9	2,19	1,55	9,65	11,0

Tabelle 18-13 Ergebnisse der Schubvergleichsversuche

WDVP	Dicke mm	Platte	ρ in kg/m³	u in %	τ_{max} in N/mm²	G in N/mm²
1_1d	80	1	153	8,9	0,197	56,1
		2	151	9,0	0,182	52,3
		3	164	9,1	0,117	51,0
		4	152	9,3	0,179	54,5
1_1e	100	1	156	9,3	0,127	54,3
		2	163	9,3	0,149	74,4
		3	167	9,6	0,166	66,3
		4	164	9,8	0,152	69,7
1_1f	120	1	157	9,7	0,125	68,7
		2	158	9,6	0,125	80,0
		3	146	9,8	0,126	61,9
		4	162	9,7	0,120	62,8
1_2a	40	1	195	10,0	0,407	101
		2	189	9,9	0,491	106
		3	188	9,9	0,427	110
		4	188	9,8	0,440	98,3
1_2b	60	1	193	8,0	0,325	97,8
		2	198	8,1	0,362	89,4
		3	194	8,0	0,352	96,3
		4	183	8,0	0,315	79,5

Tabelle 18-14 Ergebnisse der Kalibrierungsversuche

Holzfaser-dämmplatte	Versuch	Platte aus Versuch Nr.	f_v in N/mm²	G in N/mm²
UDP 1_1a	1	4	1,31	195
	2	8	1,13	146
UDP 1_1b	1	4	1,05	162
	2	8	1,19	165
UDP 1_1c	1	4	0,672	101
	2	8	0,817	113
UDP 1_1d	1	4	0,671	96,8
	2	8	0,691	108
UDP 2_a	1	4	0,691	92,2
	2	8	0,715	106
UDP 2_b	1	4	0,839	131
	2	8	0,835	120
UDP 2_c	1	4	0,518	76,7
	2	8	0,500	87,2
UDP 3_a	1	4	0,829	133
	2	8	0,851	125
UDP 3_b	1	4	0,781	134
	2	8	0,791	142
UDP 3_c	1	4	0,821	162
	2	8	0,751	133
WDVP 1_2a	1	-	0,475	74,0
WDVP 1_2b	1	-	0,434	62,2
WDVP 1_1c	1	-	0,259	34,8
WDVP 1_2d	1	-	0,230	23,8
WDVP 1_2e	1	-	0,199	23,4

18.2 Verbindungen mit Schrauben in Aufsparrendämmsystemen

Tabelle 18-15 Ergebnisse der Versuche mit Verbindungen in Aufsparrendämmsystemen mit einer Dämmschicht

DP	t_{DP} in mm	UDP	t_{UDP} in mm	d_s x ℓ_s	$\rho_{DP,mean}$ in kg/m³	$\rho_{UDP,mean}$ in kg/m³	$\rho_{KL,mean}$ in kg/m³	$\rho_{SP,mean}$ in kg/m³	F_{max} in N	k_s in N/mm
DP 1	40	1_1a	18	6 x 160	121	280	509	388	1442	714
		1_1b	22		121	283	483	391	1400	660
		1_1c	28		118	222	372	382	1251	601
		1_1d	35		118	224	378	388	1246	671
DP 2	40	2_a	18		171	224	446	392	1486	780
		2_b	22		171	241	454	390	1444	748
		2_c	35		171	221	452	384	1154	708
DP 3	40	3_a	18		151	289	481	364	1345	705
		3_b	22		158	277	515	370	1221	618
		3_c	35		158	278	360	366	1182	674
WDVP 1_1d	80	1_1d	35	6 x 180	163	232	482	540	1427	663
					168	232	421	541	1162	547
WDVP 1_1f	120	1_1b	22	6 x 240	158	283	406	413	1200	510
					158	282	423	437	1216	463
					158	282	421	541	1006	427
WDVP 1_1g	160	1_1c	28	8 x 280	144	233	486	423	1355	366
					144	233	486	423	1337	339
					152	235	475	444	1657	871

Tabelle 18-16 Ergebnisse der Versuche mit Verbindungen in Aufsparrendämmsystemen mit zwei Dämmschichten

DP	t_{DP} in mm	UDP	t_{UDP} in mm	d_s x ℓ_s	$\rho_{DP,mean}$ in kg/m³	$\rho_{UDP,mean}$ in kg/m³	$\rho_{KL,mean}$ in kg/m³	$\rho_{SP,mean}$ in kg/m³	F_{max} in N	k_s in N/mm
DP 1	40	1_1a	18	6 x 200	121	281	442	381	995	514
		1_1c	28		123	222	425	380	979	567
		1_1d	35		125	225	443	480	927	594
DP 2	40	2_a	18		175	224	454	507	1124	741
		2_b	22		169	240	450	497	1107	657
		2_c	35		170	221	399	414	877	620
DP 3	40	3_a	18		154	267	436	447	982	542
		3_b	22		154	280	393	568	768	407
		3_c	35		154	274	370	351	844	503
WDVP 1_1d	80	1_1d	35	6 x 280	169	274	429	413	992	231
					170	315	405	391	1002	242
WDVP 1_1f	120	1_1b	22	6 x 360	160	269	392	405	981	199
					160	299	396	501	951	216

18.3 Modifikations- und Verformungsbeiwerte von Holzfaserdämmplatten

Tabelle 18-17 Ergebnisse der Biegeversuche für WDVP 1_1a, Klima 20/65

	WDVP 1_1a 20/65, Ausschnitt P				WDVP 1_1a 20/65, Ausschnitt R			
Versuch	ρ kg/m³	u %	f_m N/mm²	E N/mm²	ρ kg/m³	u %	f_m N/mm²	E N/mm²
1	173	9,0	0,729	114	164	9,1	0,723	101
2	175	9,0	0,825	147	180	9,1	0,870	158
3	178	9,1	0,826	140	184	9,0	0,934	173
4	172	9,0	0,796	155	176	9,0	0,841	138
5	177	9,2	0,886	127	179	9,0	0,836	155
6	168	9,1	0,732	104	176	9,0	0,876	154
7	173	9,1	0,813	135	177	9,0	0,917	164
8	173	9,0	0,845	131	173	8,9	0,737	120
9	171	9,0	0,840	128	171	8,8	0,773	125
10	170	9,1	0,774	121	172	8,7	0,806	147
Mittelwert	173	9,1	0,807	130	175	9,0	0,831	144
Minimum	168	9,0	0,729	104	164	8,7	0,723	101
Maximum	178	9,2	0,886	155	184	9,1	0,934	173
Standardabweichung	3	0,1	0,050	15	6	0,1	0,072	22
Variationskoeff. in %	1,77	0,77	6,19	11,8	3,17	1,41	8,62	15,5

Tabelle 18-18 Ergebnisse der Biegeversuche für WDVP 1_1a, Klima 20/85

	WDVP 1_1a 20/85, Ausschnitt P			
Versuch	ρ kg/m³	u %	f_m N/mm²	E N/mm²
1	189	16,2	0,582	86,9
2	178	17,1	0,456	60,8
3	183	16,8	0,523	81,5
4	172	16,7	0,394	65,2
5	185	17,2	0,451	75,8
6	176	16,8	0,412	76,7
7	176	16,2	0,459	68,2
8	178	16,3	0,495	85,3
9	179	16,6	0,524	90,1
10	178	16,1	0,498	91,8
Mittelwert	179	16,6	0,480	78,2
Minimum	172	16,1	0,394	60,8
Maximum	189	17,2	0,582	91,8
Standardabweichung	5	0,4	0,057	10,7
Variationskoeff. in %	2,76	2,34	11,79	13,7

Tabelle 18-19 Ergebnisse der Biegeversuche für WDVP 1_1g, Klima 20/65

	WDVP 1_1g, 20/65, Ausschnitt P				WDVP 1_1g, 20/65, Ausschnitt R			
Versuch	ρ kg/m³	u %	f_m N/mm²	E N/mm²	ρ kg/m³	u %	f_m N/mm²	E N/mm²
1	147	9,3	0,353	60,8	146	9,1	0,375	76,2
2	142	9,0	0,325	53,5	141	9,0	0,338	66,0
3	143	9,1	0,300	44,7	142	9,1	0,317	50,1
4	145	9,1	0,316	49,8	142	9,0	0,322	41,8
5	140	9,5	0,325	57,6	140	9,1	0,318	61,8
6	148	9,2	0,348	62,9	145	9,1	0,352	42,2
7	157	9,1	0,439	52,1	154	9,0	0,602	81,7
8	146	9,2	0,332	56,2	144	8,9	0,381	48,4
9	141	8,9	0,337	51,8	141	8,9	0,340	54,3
10	158	8,8	0,567	89,0	156	9,0	0,581	76,9
Mittelwert	147	9,1	0,364	57,9	145	9,0	0,393	59,9
Minimum	140	8,8	0,300	44,7	140	8,9	0,317	41,8
Maximum	158	9,5	0,567	89,0	156	9,1	0,602	81,7
Standardabweichung	6	0,2	0,080	12,2	6	0,1	0,107	14,8
Variationskoeff. in %	4,26	2,18	22,10	21,0	3,90	0,87	27,31	24,7

Tabelle 18-20 Ergebnisse der Biegeversuche für WDVP 1_1g, Klima 20/85

	WDVP 1_1g, 20/85, Ausschnitt P				WDVP 1_1g, 20/85, Ausschnitt R			
Versuch	ρ kg/m³	u %	f_m N/mm²	E N/mm²	ρ kg/m³	u %	f_m N/mm²	E N/mm²
1	150	16,2	0,223	29,4	147	16,2	0,244	43,3
2	144	16,0	0,195	30,1	144	16,4	0,261	64,9
3	149	16,6	0,248	39,1	144	16,5	0,206	46,2
4	147	16,6	0,235	36,3	144	16,4	0,225	28,5
5	146	16,7	0,198	36,2	141	16,6	0,231	43,0
6	150	16,7	0,230	38,0	153	16,7	0,252	43,2
7	165	16,5	0,355	67,8	159	16,4	0,363	74,4
8	138	16,7	0,204	36,6	148	16,3	0,239	41,6
9	144	17,0	0,193	42,1	150	16,7	0,250	36,2
10	164	16,9	0,368	54,7	160	15,7	0,365	63,9
Mittelwert	150	16,6	0,245	41,0	149	16,4	0,264	48,5
Minimum	138	16,0	0,193	29,4	141	15,7	0,206	28,5
Maximum	165	17,0	0,368	67,8	160	16,7	0,365	74,4
Standardabweichung	9	0,3	0,064	11,7	7	0,3	0,055	14,4
Variationskoeff. in %	5,73	1,81	26,3	28,6	4,37	1,78	20,94	29,7

Tabelle 18-21 Zeitstandversuche, WDVP 1_2a, Klima 20/65, SN = 80%

Nr.	Versuchsbeginn		Versagen		Dauer		Dauer gesamt	
	Tag	Uhrzeit	Tag	Uhrzeit	Tage	min	min	$\log_{10}$ min
1	28.05.2010	9:00	28.05.2010	9:10	0	10	10	1,00
2	23.08.2010	14:27	24.08.2010	6:16	1	-491	949	2,98
3	28.05.2010	11:21	29.05.2010	4:43	1	-398	1042	3,02
4	28.05.2010	11:02	28.05.2010	11:54	0	52	52	1,72
5	28.05.2010	10:36	28.05.2010	11:03	0	27	27	1,43
6	28.05.2010	11:15	28.05.2010	11:52	0	37	37	1,57
7	23.08.2010	14:35	23.08.2010	21:26	0	411	411	2,61
8	28.05.2010	10:47	28.05.2010	14:02	0	195	195	2,29

Tabelle 18-22 Zeitstandversuche, WDVP 1_2a, Klima 20/65, SN = 75%

Nr.	Versuchsbeginn		Versagen		Dauer		Dauer gesamt	
	Tag	Uhrzeit	Tag	Uhrzeit	Tage	min	min	$\log_{10}$ min
1	23.08.2010	13:31	24.08.2010	21:08	1	457	1897	3,28
2	23.08.2010	14:19	27.08.2010	2:06	4	-733	5027	3,70
3	28.05.2010	9:15	30.05.2010	11:34	2	139	3019	3,48
4	23.08.2010	13:43	23.08.2010	16:05	0	142	142	2,15
5	23.08.2010	13:54	23.08.2010	16:22	0	148	148	2,17
6	28.05.2010	11:29	28.05.2010	14:50	0	201	201	2,30
7	23.08.2010	14:46	23.08.2010	18:15	0	209	209	2,32
8	23.08.2010	14:12	24.08.2010	21:48	1	456	1896	3,28

Tabelle 18-23 Zeitstandversuche, WDVP 1_2a, Klima 20/65, SN = 70%

Nr.	Versuchsbeginn		Versagen		Dauer		Dauer gesamt	
	Tag	Uhrzeit	Tag	Uhrzeit	Tage	min	min	$\log_{10}$ min
1	30.08.2010	14:04	24.09.2010	10:26	25	-218	35782	4,55
2	30.08.2010	14:08	08.10.2010	2:44	39	-684	55476	4,74
3	30.08.2010	14:11	08.10.2010	12:01	39	-130	56030	4,75 *)
4	30.08.2010	14:16	31.08.2010	1:25	1	-771	669	2,83
5	30.08.2010	14:19	03.09.2010	9:11	4	-308	5452	3,74
6	30.08.2010	14:23	03.09.2010	8:54	4	-329	5431	3,73
7	30.08.2010	14:27	01.09.2010	17:35	2	188	3068	3,49
8	30.08.2010	14:32	01.10.2010	22:06	32	454	46534	4,67

*) Als Durchläufer für die Mittelwertbildung nicht berücksichtigt.

Tabelle 18-24 Zeitstandversuche, WDVP 1_2a, Klima 20/65, SN = 65%

Nr.	Versuchsbeginn		Versagen		Dauer		Dauer gesamt	
	Tag	Uhrzeit	Tag	Uhrzeit	Tage	min	min	$\log_{10}$ min
1	31.05.2010	13:33	09.06.2010	15:32	9	119	13079	4,12
2	31.05.2010	13:39	12.06.2010	13:20	12	-19	17261	4,24
3	31.05.2010	13:44	16.08.2010	14:01	77	17	110897	5,04 *)
4	31.05.2010	13:51	02.06.2010	22:32	2	521	3401	3,53
5	31.05.2010	13:57	01.06.2010	0:33	1	-804	636	2,80
6	31.05.2010	14:03	27.06.2010	9:20	27	-283	38597	4,59
7	31.05.2010	14:18	07.06.2010	10:22	7	-236	9844	3,99
8	31.05.2010	14:12	16.08.2010	14:01	77	-11	110869	5,04 *)

*) Als Durchläufer für die Mittelwertbildung nicht berücksichtigt.

Tabelle 18-25 Zeitstandversuche, WDVP 1_2a, Klima 20/65, SN = 60%

Nr.	Versuchsbeginn		Versagen / letzte Beob.		Dauer		Dauer gesamt	
	Tag	Uhrzeit	Tag	Uhrzeit	Tage	min	min	$\log_{10}$ min
1	20.06.2011	13:28	16.09.2011	8:00	88	-328	126392	5,10
2	20.06.2011	13:34	15.07.2011	8:00	25	-334	35666	4,55
3	20.06.2011	13:40	27.09.2011	8:00	99	-340	142220	5,15
4	20.06.2011	13:46	27.06.2011	16:45	7	179	10259	4,01
5	20.06.2011	13:53	21.06.2011	16:45	1	172	1612	3,21
6	20.06.2011	13:59	29.06.2012	8:00	375	-359	539641	5,73
7	20.06.2011	14:06	21.07.2011	8:00	31	-366	44274	4,65
8	20.06.2011	14:14	29.09.2011	8:00	101	-374	145066	5,16

Tabelle 18-26 Zeitstandversuche, WDVP 1_2a, Klima 20/65, SN = 55%

Nr.	Versuchsbeginn		Versagen / letzte Beob.		Dauer		Dauer gesamt	
	Tag	Uhrzeit	Tag	Uhrzeit	Tage	min	min	$\log_{10}$ min
1	21.06.2011	13:26	20.01.2012	8:00	213	-326	306394	5,49
2	21.06.2011	13:32	09.01.2012	8:00	202	-332	290548	5,46
3	21.06.2011	13:38	**)	**)	*491*	*-338*	*706702*	*5,85*
4	21.06.2011	13:45	14.11.2011	8:00	146	-345	209895	5,32
5	21.06.2011	13:51	07.09.2011	8:00	78	-351	111969	5,05
6	21.06.2011	14:00	**)	**)	*491*	*-360*	*706680*	*5,85*
7	21.06.2011	14:06	14.03.2012	8:00	267	-366	384114	5,58
8	21.06.2011	14:12	18.08.2011	8:00	58	-372	83148	4,92

**) Versuche laufen (Stand: 24.10.2012)

Tabelle 18-27 Zeitstandversuche, WDVP 1_2g, Klima 20/65, SN = 80%

Nr.	Versuchsbeginn		Versagen		Dauer		Dauer gesamt	
	Tag	Uhrzeit	Tag	Uhrzeit	Tage	min	min	$\log_{10}$ min
1	26.10.2010	13:23	26.10.2010	13:26	0	3	3	0,48
2	26.10.2010	13:30	26.10.2010	13:45	0	15	15	1,18
3	26.10.2010	13:38	26.10.2010	13:47	0	9	9	0,95
4	26.10.2010	13:44	29.10.2010	17:01	3	197	4517	3,65 *)
5	26.10.2010	13:51	26.10.2010	13:56	0	5	5	0,70
6	26.10.2010	14:00	26.10.2010	14:28	0	28	28	1,45
7	26.10.2010	14:04	26.10.2010	14:39	0	35	35	1,54
8	26.10.2010	14:37	26.10.2010	22:12	0	455	455	2,66

*) Als Durchläufer für die Mittelwertbildung nicht berücksichtigt.

Tabelle 18-28 Zeitstandversuche, WDVP 1_2g, Klima 20/65, SN = 75%

Nr.	Versuchsbeginn		Versagen		Dauer		Dauer gesamt	
	Tag	Uhrzeit	Tag	Uhrzeit	Tage	min	min	$\log_{10}$ min
1	08.11.2010	13:33	08.11.2010	13:35	0	2	2	0,30
2	08.11.2010	13:59	22.11.2010	8:01	14	-358	19802	4,30 *)
3	08.11.2010	14:03	10.11.2010	15:01	2	58	2938	3,47
4	08.11.2010	13:47	08.11.2010	14:43	0	56	56	1,75
5	08.11.2010	13:53	08.11.2010	14:39	0	46	46	1,66
6	08.11.2010	14:16	20.11.2010	2:24	12	-712	16568	4,22
7	08.11.2010	14:16	14.11.2010	19:29	6	313	8953	3,95
8	08.11.2010	13:41	09.11.2010	15:10	1	89	1529	3,18

*) Als Durchläufer für die Mittelwertbildung nicht berücksichtigt.

Tabelle 18-29 Zeitstandversuche, WDVP 1_2g, Klima 20/65, SN = 70%

Nr.	Versuchsbeginn		Versagen		Dauer		Dauer gesamt	
	Tag	Uhrzeit	Tag	Uhrzeit	Tage	min	min	$\log_{10}$ min
1	22.11.2010	13:35	22.11.2010	14:53	0	78	78	1,89
2	22.11.2010	13:38	21.04.2011	14:31	150	53	216053	5,33 *)
3	22.11.2010	13:42	20.12.2010	4:44	28	-538	39782	4,60
4	22.11.2010	13:46	17.02.2011	5:44	87	-482	124798	5,10
5	22.11.2010	13:50	23.11.2010	7:32	1	-378	1062	3,03
6	22.11.2010	13:58	21.04.2011	14:31	150	33	216033	5,33 *)
7	22.11.2010	14:03	23.11.2010	9:04	1	-299	1141	3,06
8	22.11.2010	13:54	15.02.2011	18:29	85	275	122675	5,09

*) Als Durchläufer für die Mittelwertbildung nicht berücksichtigt.

Tabelle 18-30 Zeitstandversuche, WDVP 1_2g, Klima 20/65, SN = 65%

Nr.	Versuchsbeginn		Versagen		Dauer		Dauer gesamt	
	Tag	Uhrzeit	Tag	Uhrzeit	Tage	min	min	$\log_{10}$ min
1	03.05.2011	13:35	03.05.2011	14:00	0	25	25	1,40
2	03.05.2011	13:39	15.05.2011	21:27	12	468	17748	4,25
3	03.05.2011	13:43	05.05.2011	17:25	2	222	3102	3,49
4	03.05.2011	13:47	08.06.2011	22:39	36	533	52372	4,72
5	03.05.2011	13:53	09.05.2011	6:03	6	-470	8170	3,91
6	03.05.2011	14:06	15.05.2011	8:03	12	-363	16917	4,23
7	03.05.2011	14:10	08.05.2011	10:00	5	-250	6950	3,84
8	03.05.2011	13:59	11.05.2011	18:55	8	296	11816	4,07

Tabelle 18-31 Zeitstandversuche, WDVP 1_2g, Klima 20/65, SN = 60%

Nr.	Versuchsbeginn		Versagen / letzte Beob.		Dauer		Dauer gesamt	
	Tag	Uhrzeit	Tag	Uhrzeit	Tage	min	min	$\log_{10}$ min
1	08.06.2011	13:35	08.06.2011	16:39	0	184	184	2,26
2	08.06.2011	13:39	24.05.2012	8:00	351	-339	505101	5,70
3	08.06.2011	13:43	17.06.2011	9:30	9	-253	12707	4,10
4	15.06.2011	13:19	05.08.2011	8:00	51	-319	73121	4,86
5	15.06.2011	13:31	11.07.2011	15:45	26	134	37574	4,57
6	15.06.2011	13:37	17.02.2012	8:00	247	-337	355343	5,55
7	15.06.2011	13:44	28.07.2011	8:00	43	-344	61576	4,79
8	15.06.2011	13:50	05.08.2011	8:00	51	-350	73090	4,86

Tabelle 18-32 Zeitstandversuche, WDVP 1_2g, Klima 20/65, SN = 55%

Nr.	Versuchsbeginn		Versagen / letzte Beob.		Dauer		Dauer gesamt	
	Tag	Uhrzeit	Tag	Uhrzeit	Tage	min	min	$\log_{10}$ min
1	16.06.2011	13:41	17.06.2011	16:00	1	139	1579	3,20
2	16.06.2011	13:49	**)	**)	*496*	*-349*	*713891*	*5,85*
3	16.06.2011	13:55	23.09.2011	8:00	99	-355	142205	5,15
4	16.06.2011	14:01	16.08.2012	8:00	427	-361	614519	5,79
5	16.06.2011	14:18	22.06.2012	8:00	372	-378	535302	5,73
6	16.06.2011	14:24	**)	**)	*496*	*-384*	*713856*	*5,85*
7	16.06.2011	14:36	29.06.2012	8:00	379	-396	545364	5,74
8	16.06.2011	14:43	14.03.2012	8:00	272	-403	391277	5,59

**) Versuche laufen (Stand: 24.10.2012)

Tabelle 18-33 Zeitstandversuche, WDVP 1_2a, Klima 20/85, SN = 75%

Nr.	Versuchsbeginn		Versagen / letzte Beob.		Dauer		Dauer gesamt	
	Tag	Uhrzeit	Tag	Uhrzeit	Tage	min	min	$\log_{10}$ min
1	21.09.2011	09:00	23.09.2011	04:31	2	-269	2611	3,42
2	21.09.2011	11:02	18.11.2011	08:00	58	-181	83339	4,92 *)
3	21.09.2011	11:21	21.09.2011	16:12	0	291	291	2,46
4	21.09.2011	09:15	23.09.2011	04:31	2	-284	2596	3,41
5	21.09.2011	10:36	18.11.2011	08:00	58	-155	83365	4,92 *)
6	21.09.2011	11:15	28.09.2011	05:54	7	-321	9759	3,99
7	21.09.2011	11:29	24.09.2011	07:51	3	-218	4102	3,61
8	21.09.2011	10:47	23.09.2011	17:51	2	424	3304	3,52

*) Als Durchläufer für die Mittelwertbildung nicht berücksichtigt.

Tabelle 18-34 Zeitstandversuche, WDVP 1_2a, Klima 20/85, SN = 70%

Nr.	Versuchsbeginn		Versagen / letzte Beob.		Dauer		Dauer gesamt	
	Tag	Uhrzeit	Tag	Uhrzeit	Tage	min	min	$\log_{10}$ min
1	10.11.2011	13:42	11.11.2011	07:28	1	-374	1066	3,03
2	10.11.2011	14:02	14.02.2012	14:38	96	36	138276	5,14
3	10.11.2011	14:10	23.11.2011	21:25	13	435	19155	4,28
4	10.11.2011	13:48	06.06.2012	8:00	209	-347	300613	5,48
5	10.11.2011	13:54	26.04.2012	8:00	168	-353	241567	5,38
6	10.11.2011	14:12	07.03.2012	8:00	118	-371	169549	5,23
7	10.11.2011	14:14	04.12.2011	10:06	24	-248	34312	4,54
8	10.11.2011	13:59	28.11.2011	12:58	18	-61	25859	4,41

Tabelle 18-35 Zeitstandversuche, WDVP 1_2a, Klima 20/85, SN = 55%

Nr.	Versuchsbeginn		Versagen / letzte Beob.		Dauer		Dauer gesamt	
	Tag	Uhrzeit	Tag	Uhrzeit	Tage	min	min	$\log_{10}$ min
1	27.09.2011	13:40	03.02.2012	08:00	129	-340	185420	5,27
2	27.09.2011	13:45	**)	**)	*393*	*-345*	*565575*	*5,75*
3	27.09.2011	13:51	29.12.2011	08:00	93	-351	133569	5,13
4	27.09.2011	13:57	**)	**)	*393*	*-357*	*565563*	*5,75*
5	27.09.2011	14:03	**)	**)	*393*	*-363*	*565557*	*5,75*
6	27.09.2011	14:09	**)	**)	*393*	*-369*	*565551*	*5,75*
7	27.09.2011	14:15	02.04.2012	08:00	188	-375	270345	5,43
8	27.09.2011	14:21	09.02.2012	08:00	135	-381	194019	5,29

**) Versuche laufen (Stand: 24.10.2012)

Tabelle 18-36 Zeitstandversuche, WDVP 1_2a, Klima 20/85, SN = 50%

Nr.	Versuchsbeginn		Versagen / letzte Beob.		Dauer		Dauer gesamt	
	Tag	Uhrzeit	Tag	Uhrzeit	Tage	min	min	$\log_{10}$ min
1	26.09.2011	13:35	**)	**)	*394*	*-335*	*567025*	*5,75*
2	26.09.2011	13:42	**)	**)	*394*	*-342*	*567018*	*5,75*
3	26.09.2011	13:48	**)	**)	*394*	*-348*	*567012*	*5,75*
4	26.09.2011	13:55	**)	**)	*394*	*-355*	*567005*	*5,75*
5	26.09.2011	14:01	**)	**)	*394*	*-361*	*566999*	*5,75*
6	26.09.2011	14:07	**)	**)	*394*	*-367*	*566993*	*5,75*
7	26.09.2011	14:13	**)	**)	*394*	*-373*	*566987*	*5,75*
8	26.09.2011	14:19	**)	**)	*394*	*-379*	*566981*	*5,75*

**) Versuche laufen (Stand: 24.10.2012)

Tabelle 18-37 Zeitstandversuche, WDVP 1_2g, Klima 20/85, SN = 75%

Nr.	Versuchsbeginn		Versagen / letzte Beob.		Dauer		Dauer gesamt	
	Tag	Uhrzeit	Tag	Uhrzeit	Tage	min	min	$\log_{10}$ min
1	17.07.2012	15:22	11.08.2012	10:16	25	-306	35694	4,55
2	17.07.2012	15:23	17.07.2012	22:42	0	439	439	2,64
3	17.07.2012	15:25	19.10.2012	8:00	94	-445	134916	5,13
4	17.07.2012	15:26	17.07.2012	15:33	0	7	7	0,85
5	17.07.2012	15:27	25.07.2012	16:36	8	69	11589	4,06
6	17.07.2012	15:28	17.07.2012	21:54	0	386	386	2,59
7	17.07.2012	15:29	31.07.2012	23:58	14	510	20670	4,32
8	17.07.2012	15:31	18.07.2012	13:49	1	-102	1338	3,13

Tabelle 18-38 Zeitstandversuche, WDVP 1_2g, Klima 20/85, SN = 50%

Nr.	Versuchsbeginn		Versagen / letzte Beob.		Dauer		Dauer gesamt	
	Tag	Uhrzeit	Tag	Uhrzeit	Tage	min	min	$\log_{10}$ min
1	08.11.2011	13:23	**)	**)	*351*	*-323*	*505117*	*5,61*
2	08.11.2011	13:28	**)	**)	*351*	*-328*	*505112*	*5,61*
3	08.11.2011	13:34	**)	**)	*351*	*-334*	*505106*	*5,61*
4	08.11.2011	13:39	**)	**)	*351*	*-339*	*505101*	*5,61*
5	08.11.2011	13:45	**)	**)	*351*	*-345*	*505095*	*5,61*
6	08.11.2011	13:51	**)	**)	*351*	*-351*	*505089*	*5,61*
7	08.11.2011	13:58	11.11.2011	16:00	3	122	4442	3,65
8	08.11.2011	14:04	02.12.2011	8:00	24	-364	34196	4,53

**) Versuche laufen (Stand: 24.10.2012)

18.4 Tragfähigkeit und Steifigkeit von HFDP-HFDP-Verbindungen

Tabelle 18-39 Ergebnisse der Versuche mit HFDP-HFDP-Verbindungen

Nr.	HFDP	t mm	Vers.	ρ_{innen} kg/m³	$\rho_{außen}$ kg/m³	F_{max} N	v_o (F_{max}) mm	v_u (F_{max}) mm	k_i N/mm	k_s N/mm	VF
1	UDP 1_1a	18	1	314	315	327	4,53	5,99	207	169	2
2			2	280	274	273	6,61	8,35	169	142	2
3			3	280	315	279	6,07	5,89	187	152	3
4	UDP 1_1b	22	1	279	269	272	4,71	4,79	178	146	1
5			2	283	299	329	5,22	5,60	228	189	1
6			3	286	280	285	4,04	5,06	236	195	1
7	UDP 1_1c	28	1	224	235	237	8,23	5,15	117	96	2
8			2	228	228	294	9,22	8,55	111	90	2
9			3	241	229	265	11,1	7,47	112	90	1
10	UDP 1_1d	35	1	228	225	297	7,60	7,29	94	75	3
11			2	222	232	344	7,98	10,8	110	88	4
12			3	224	222	402	8,66	11,2	196	162	3
13	WDVP 1_1d	80	1	171	168	256	10,8	7,64	97	79	3
14			2	169	170	228	6,27	6,11	106	86	1
15			3	168	169	267	11,8	9,18	52	44	1
16	WDVP 1_1f	120	1	163	159	234	11,3	9,78	65	53	1
17			2	159	159	190	10,7	9,03	79	65	1
18			3	153	156	196	4,69	8,37	131	110	1
19	WDVP 1_2a	40	1	181	194	223	6,95	6,19	137	112	1
20			2	182	189	209	6,14	4,60	104	84	1
21			3	189	197	196	4,92	6,23	96	78	1
22	UDP 1_2 *)	50	1	215	212	278	6,27	6,75	166	136	4
23			2	207	213	220	5,28	2,58	257	212	4
24			3	208	208	297	8,30	6,25	160	130	2
25			4	218	222	326	8,76	6,17	165	128	4
26			5	212	209	295	9,43	6,70	93	73	4
27			6	212	220	258	9,29	7,23	88	69	4
28	UDP 1_2 - V	50	1	222	208	276	4,18	4,96	182	150	4
29			2	212	209	230	3,84	2,75	264	213	1
30			3	212	213	258	5,20	4,58	191	153	1
31	UDP 2_a	18	1	227	227	201	9,35	8,34	58	46	2
32			2	223	224	165	5,48	6,18	50	41	4
33			3	230	225	163	4,97	5,53	85	69	2
34	UDP 2_b	22	1	240	240	199	6,24	4,22	72	57	1
35			2	241	241	223	5,26	5,38	119	94	1
36			3	243	240	286	8,48	6,53	74	59	1

Tabelle 18-40 Ergebnisse der Versuche mit HFDP-HFDP-Verbindungen (Forts.)

Nr.	HFDP	t mm	Vers.	ρ_{innen} kg/m³	$\rho_{außen}$ kg/m³	F_{max} N	v_o (F_{max}) mm	v_u (F_{max}) mm	k_i N/mm	k_s N/mm	VF
37	UDP 2_c	35	1	215	216	102	3,42	2,42	154	130	1
38			2	224	224	117	4,07	3,71	88	70	1
39			3	222	223	128	4,64	5,84	80	63	1
40	UDP 3_d_l	52	1	268	269	385	5,84	5,17	649	527	4
41			2	267	269	313	2,85	4,52	524	423	1
42	UDP 3_a	18	1	272	270	214	9,70	8,40	205	160	2
43			2	293	289	193	5,98	5,31	175	145	1
44			3	267	286	219	7,32	7,90	165	133	1
45	UDP 3_b	22	1	280	286	204	3,34	3,68	336	276	1
46			2	276	280	196	5,01	4,81	145	116	1
47			3	280	291	184	5,70	3,05	300	244	1
48	UDP 3_c	35	1	286	289	405	5,41	6,80	169	134	4
49			2	287	288	394	5,65	6,41	159	125	1
50			3	278	280	469	6,66	8,02	210	163	4
51	UDP 3_2 **)	60	1	267	273	643	6,25	5,55	666	617	2
52			2	274	265	510	4,72	4,72	416	339	5
53			3	272	269	600	3,28	3,98	812	675	3
Mittelwert				236		275	6,37		190	156	
Minimum				153		102	2,42		49,6	40,8	
Maximum				315		643	11,8		812	675	
Standardabweichung				41		113	2,15		167	142	
Variationskoeffizient in %				17,4		41,2	33,8		87,6	90,9	

*) Versuche 1 und 2 mit UDP 1_2 mit a_1 = 50 mm

**) UDP 3_2 besitzt zwei Federn.

Versagensfälle VF:

Ausreißen der Feder rechtwinklig zur Belastungsrichtung	1
Ausreißen der Nut rechtwinklig zur Belastungsrichtung	2
Ausreißen der Feder und der Nut rechtwinklig zur Belastungsrichtung	3
Ausreißen der Feder rechtwinklig zur und in der Belastungsrichtung	4
Ausreißen der Nut rechtwinklig zur und in der Belastungsrichtung	5

18.5 Elastizitätsmodul von Holzfaserdämmplatten

Tabelle 18-41 Ergebnisse der Vorversuche mit WDVP 1_1b

Bez.	L mm	b mm	h mm	ρ kg/m³	$f_{längs}$ Hz	$E_{längs}$ N/mm²	$f_{Scheibe}$ Hz	$E_{Scheibe}$ N/mm²	f_{Platte} Hz	E_{Platte} N/mm²
1_P_a	500	30,0	20,4	166	943	148	75,3	134	106	123
1_P_b	500	30,2	20,3	167	965	155	74,0	130	105	120
1_R_a	500	29,1	20,0	160	940	141	72,0	122	96,3	103
1_R_b	500	29,0	20,0	161	946	144	71,2	120	100	112
2_P_a	500	30,7	20,4	172	1000	172	81,0	160	114	140
2_P_b	500	30,6	20,3	174	1011	178	81,6	166	116	147
2_R_a	500	29,0	20,1	174	974	165	77,0	151	104	133
2_R_b	500	29,1	20,1	172	1013	176	80,7	164	109	142
3_P_a	500	30,2	20,3	172	992	170	75,8	142	112	140
3_P_b	500	30,4	20,3	171	1004	173	79,6	155	111	136
3_R_a	500	28,9	20,3	171	1028	180	82,0	164	110	144
3_R_b	500	29,0	20,4	178	1019	185	84,1	179	111	155
4_P_a	500	29,5	20,4	170	1017	175	79,8	153	109	138
4_P_b	500	29,5	20,4	169	997	168	79,7	153	107	132
4_R_a	500	28,9	20,0	172	970	162	76,3	147	102	126
4_R_b	500	29,2	19,9	171	988	167	77,9	154	105	132
5_P_a	500	31,0	20,4	174	1014	179	81,3	164	117	147
5_P_b	500	31,0	20,3	173	1004	174	80,7	161	117	144
5_R_a	500	28,8	20,0	171	986	167	77,9	153	102	126
5_R_b	500	29,2	19,9	171	997	170	80,3	165	104	128
6_P_a	500	30,6	20,4	163	947	146	76,5	136	106	115
6_P_b	500	30,6	20,3	163	952	148	74,8	131	104	111
6_R_a	500	29,1	20,0	172	990	169	78,9	158	106	134
6_R_b	500	29,1	19,9	170	1009	174	79,5	160	107	136
7_P_a	500	30,1	20,4	169	999	169	79,2	150	108	130
7_P_b	500	30,1	20,3	168	989	165	77,7	145	109	131
7_R_a	500	29,1	20,0	174	1011	177	79,0	160	106	136
7_R_b	500	29,0	20,1	173	1025	182	80,0	162	108	142
8_P_a	500	30,4	20,3	168	963	155	80,1	154	110	129
8_P_b	500	30,1	20,2	168	1000	168	78,3	149	110	133
8_R_a	500	28,9	20,1	167	920	141	74,1	134	95,1	106
8_R_b	500	28,9	19,9	169	958	155	73,6	136	100	119
9_P_a	500	30,0	20,3	167	959	154	77,4	143	106	124
9_P_b	500	30,1	20,3	167	977	159	77,6	144	107	125
9_R_a	500	29,0	20,0	168	951	152	74,4	138	100	119
9_R_b	500	28,8	20,1	166	946	149	73,5	131	95,9	109
10_P_a	500	29,8	20,3	164	958	151	74,9	132	105	119
10_P_b	500	29,9	20,3	164	968	154	79,6	149	107	125
10_R_a	500	29,0	20,0	168	981	161	78,4	152	103	123
10_R_b	500	29,1	20,0	166	961	154	73,1	131	95,9	107

Tabelle 18-42 Ergebnisse der Versuche mit UDP 1_1a – kleine Proben

Bez.	L mm	b mm	h mm	ρ kg/m³	$f_{längs}$ Hz	$E_{längs}$ N/mm²	$f_{Scheibe}$ Hz	$E_{Scheibe}$ N/mm²	f_{Platte} Hz	E_{Platte} N/mm²
1_1	550	18,7	25,6	310	1195	536	109	487	78,4	472
1_2	550	18,6	25,7	309	1204	542	116	544	80,1	496
1_1_q	540	18,7	25,6	308	1423	727	132	657	96,0	656
1_2_q	540	18,7	25,6	310	1428	737	128	625	95,7	656
2_1	550	18,8	25,6	272	1164	446	104	387	77,4	398
2_2	550	18,9	25,7	273	1171	453	107	405	78,2	405
2_1_q	540	18,7	25,7	274	1346	579	124	513	94,6	565
2_2_q	540	18,7	25,7	273	1329	562	123	499	93,8	551
3_1	550	18,8	25,7	270	1193	465	107	405	81,3	438
3_2	550	18,9	25,6	269	1216	481	109	423	81,0	425
3_1_q	540	19,0	25,7	275	1342	578	125	519	94,3	547
3_2_q	540	18,9	25,7	276	1358	594	125	525	96,1	572
Mittel	545	18,8	25,7	285	1281	558	117	499	90	515
Min.	540	18,6	25,6	269	1164	446	104	387	77	398
Max.	550	19,0	25,7	310	1428	737	132	657	96	656
Stand.	5	0,1	0,1	18	100	96	10	85	8	90
Var.-k. %	0,958	0,689	0,253	6,34	8	17,2	8,4	17,1	9,2	17,5

Tabelle 18-43 Ergebnisse der Versuche mit UDP 1_1b – kleine Proben

Bez.	L mm	b mm	h mm	ρ kg/m³	$f_{längs}$ Hz	$E_{längs}$ N/mm²	$f_{Scheibe}$ Hz	$E_{Scheibe}$ N/mm²	f_{Platte} Hz	E_{Platte} N/mm²
1_1	550	22,8	25,3	272	1140	428	103	387	89,7	364
1_2	550	22,8	25,4	272	1149	435	102	378	91,3	375
1_1_q	540	22,8	25,5	281	1314	566	119	489	112	545
1_2_q	540	22,9	25,5	278	1316	562	119	485	112	535
2_1	550	23,1	25,7	291	1208	514	108	448	98,3	454
2_2	550	22,9	25,4	294	1204	516	109	470	97,0	457
2_1_q	540	23,1	25,6	300	1390	676	127	594	115	601
2_2_q	540	22,9	25,6	302	1393	684	127	598	115	608
3_1	550	22,6	25,5	283	1150	453	104	408	91,3	398
3_2	550	22,7	25,5	282	1143	446	102	391	90,6	389
3_1_q	540	22,4	25,4	292	1329	602	121	530	108	539
3_2_q	540	22,6	25,6	288	1330	594	121	519	107	517
Mittel	545	22,8	25,5	286	1256	539	114	475	102	482
Min.	540	22,4	25,3	272	1140	428	102	378	90	364
Max.	550	23,1	25,7	302	1393	684	127	598	115	608
Stand.	5	0,2	0,1	10	99	90	10	76	10	87
Var.-k. %	0,958	0,878	0,364	3,47	8	16,6	8,6	16,0	10,0	18,1

Tabelle 18-44 Ergebnisse der Versuche mit UDP 1_1c – kleine Proben

Bez.	L mm	b mm	h mm	ρ kg/m^3	$f_{\text{längs}}$ Hz	$E_{\text{längs}}$ N/mm^2	f_{Scheibe} Hz	E_{Scheibe} N/mm^2	f_{Platte} Hz	E_{Platte} N/mm^2
1_1	1	550	28,1	25,0	238	1066	327	90,9	271	107
1_2	1_q	540	28,2	25,3	242	1154	376	99,9	303	117
1_1_q	2	550	28,1	25,2	230	1098	336	95,7	286	111
1_2_q	2_q	540	28,2	25,2	231	1166	366	102	301	119
2_1	3	550	27,9	25,1	240	1090	345	93,0	284	108
2_2	3_q	540	28,0	25,3	238	1136	358	98,5	290	114
Mittel	545	28,1	25,2	237	1118	351	97	289	113	317
Min.	540	27,9	25,0	230	1066	327	91	271	107	300
Max.	550	28,2	25,3	242	1166	376	102	303	119	336
Stand.	5	0,1	0,1	5	40	19	4	12	5	13
Var.-k. %	1,00	0,484	0,360	2,07	4	5,32	4,31	4,12	4,13	4,13

Tabelle 18-45 Ergebnisse der Versuche mit UDP 1_1d – kleine Proben

Bez.	L mm	b mm	h mm	ρ kg/m^3	$f_{\text{längs}}$ Hz	$E_{\text{längs}}$ N/mm^2	f_{Scheibe} Hz	E_{Scheibe} N/mm^2	f_{Platte} Hz	E_{Platte} N/mm^2
1	550	35,4	25,2	228	1100	334	93,5	272	137	296
2	550	35,6	25,5	221	1096	321	93,8	258	137	284
3	550	35,0	25,3	225	1032	290	83,8	213	130	270
Mittel	550	35,3	25,3	225	1076	315	90	248	135	283
Stand.	0	0,3	0,1	3	31	18	5	25	3	11
Var.-k. %	0,000	0,779	0,541	1,28	2,90	5,85	5	10,1	3	3,82

Tabelle 18-46 Ergebnisse der Versuche mit UDP 1_2 – kleine Proben

Bez.	L mm	b mm	h mm	ρ kg/m^3	$f_{\text{längs}}$ Hz	$E_{\text{längs}}$ N/mm^2	f_{Scheibe} Hz	E_{Scheibe} N/mm^2	f_{Platte} Hz	E_{Platte} N/mm^2
1	550	50,6	24,9	223	1079	314	90,9	257	180	243
2	550	51,0	24,9	216	1054	290	86,9	228	172	213
3	550	50,7	24,9	214	1048	284	83,1	207	174	219
Mittel	550	50,8	24,9	218	1060	296	87	230	175	225
Stand.	0	0,2	0,0	4	13	13	3	20	3	13
Var.-k. %	0,000	0,303	0,100	1,77	1,27	4,34	3,67	8,87	1,86	5,84

Tabelle 18-47 Ergebnisse der Versuche mit UDP 2_a – kleine Proben

Bez.	L mm	b mm	h mm	ρ kg/m³	$f_{längs}$ Hz	$E_{längs}$ N/mm²	$f_{Scheibe}$ Hz	$E_{Scheibe}$ N/mm²	f_{Platte} Hz	E_{Platte} N/mm²
1_1	550	18,8	25,3	224	1200	390	105	335	82,8	377
1_2	550	19,1	25,3	223	1214	398	106	340	82,7	362
1_1_q	540	19,0	25,3	223	1147	342	102	292	79,4	313
1_2_q	540	19,1	25,6	218	1138	329	103	286	80,1	308
2_1	550	18,7	25,4	230	1227	419	108	359	86,4	422
2_2	550	18,9	25,2	230	1213	409	108	365	83,9	394
2_1_q	540	19,0	25,4	223	1138	337	99,4	275	78,4	306
2_2_q	540	19,0	25,3	223	1095	312	98,3	270	76,3	289
3_1	550	18,6	25,1	232	1213	413	107	361	83,6	406
3_2	550	18,7	25,2	228	1200	397	106	349	83,8	396
3_1_q	540	18,6	25,4	225	1107	322	102	289	75,7	299
3_2_q	540	18,4	25,3	226	1102	320	99,2	279	75,6	308
Mittel	545	18,8	25,3	225	1166	366	104	317	78	348
Min.	540	18,4	25,1	218	1095	312	98	270	76	289
Max.	550	19,1	25,6	232	1227	419	108	365	86	422
Stand.	5	0,2	0,1	4	50	42	3	38	4	49
Var.-k. %	0,958	1,21	0,437	1,76	4	11,4	3,4	12,0	4,7	14,0

Tabelle 18-48 Ergebnisse der Versuche mit UDP 2_b – kleine Proben

Bez.	L mm	b mm	h mm	ρ kg/m³	$f_{längs}$ Hz	$E_{längs}$ N/mm²	$f_{Scheibe}$ Hz	$E_{Scheibe}$ N/mm²	f_{Platte} Hz	E_{Platte} N/mm²
1_1	550	22,3	25,5	235	1268	457	111	386	107	472
1_2	550	22,1	25,2	237	1307	490	118	448	108	483
1_1_q	540	22,1	25,1	240	1217	415	112	383	101	405
1_2_q	540	22,1	25,4	238	1196	397	111	365	98,0	376
2_1	550	22,4	25,2	236	1274	463	115	426	107	465
2_2	550	22,3	25,4	236	1280	468	114	414	104	440
2_1_q	540	21,8	25,5	241	1193	400	109	356	98,9	396
2_2_q	540	21,8	25,4	242	1192	401	111	369	98,1	392
3_1	550	22,0	25,3	237	1271	463	121	468	104	458
3_2	550	21,9	25,4	238	1237	441	112	400	103	456
3_1_q	540	21,8	25,5	242	1188	398	108	351	100	410
3_2_q	540	22,1	25,3	242	1184	396	112	379	98,3	386
Mittel	545	22,1	25,3	239	1234	432	113	395	101	428
Min.	540	21,8	25,1	235	1184	396	108	351	98	376
Max.	550	22,4	25,5	242	1307	490	121	468	108	483
Stand.	5	0,2	0,1	3	44	35	4	37	4	38
Var.-k. %	0,958	0,916	0,518	1,09	4	8,03	3,26	9,37	3,70	8,83

Tabelle 18-49 Ergebnisse der Versuche mit UDP 2_c – kleine Proben

Bez.	L mm	b mm	h mm	ρ kg/m³	$f_{längs}$ Hz	$E_{längs}$ N/mm²	$f_{Scheibe}$ Hz	$E_{Scheibe}$ N/mm²	f_{Platte} Hz	E_{Platte} N/mm²
1	550	37,6	25,2	224	1084	318	90,8	251	122	204
1_q	550	37,4	25,2	217	1094	314	92,9	256	135	245
2	550	37,7	25,0	228	1095	331	92,6	270	123	209
2_q	550	37,7	25,2	215	1099	314	94,8	263	136	241
3	550	37,4	25,1	228	1097	332	93,2	271	122	210
3_q	550	37,3	25,1	217	1108	322	96,4	276	136	248
Mittel	550	37,5	25,1	222	1096	322	93	264	129	226
Min.	550	37,3	25,0	215	1084	314	91	251	122	204
Max.	550	37,7	25,2	228	1108	332	96	276	136	248
Stand.	0	0,2	0,1	6	8	8	2	9	7	20
Var.-k. %	0,000	0,498	0,290	2,66	0,71	2,45	2,06	3,59	5,63	9,01

Tabelle 18-50 Ergebnisse der Versuche mit UDP 3_a – kleine Proben

Bez.	L mm	b mm	h mm	ρ kg/m³	$f_{längs}$ Hz	$E_{längs}$ N/mm²	$f_{Scheibe}$ Hz	$E_{Scheibe}$ N/mm²	f_{Platte} Hz	E_{Platte} N/mm²
1_1	550	17,8	25,5	286	1270	558	111	465	75,0	439
1_2	550	17,4	25,5	272	1209	481	106	410	73,5	420
1_1_q	550	17,3	25,6	270	1225	490	111	436	82,4	528
1_2_q	550	17,3	25,7	270	1197	468	105	392	73,8	427
2_1	550	17,8	25,5	289	1226	526	107	444	77,2	467
2_2	550	17,3	25,5	277	1180	467	102	385	73,8	437
2_1_q	550	17,9	25,5	285	1185	484	105	419	80,6	502
2_2_q	550	17,9	25,6	284	1169	470	106	416	83,2	533
3_1	550	17,8	25,6	266	1193	458	105	387	73,7	395
3_2	550	17,6	25,5	266	1187	453	101	362	71,4	377
3_1_q	550	17,7	25,5	267	1180	450	104	381	77,8	447
3_2_q	550	17,6	25,8	264	1173	440	105	379	76,1	427
Mittel	550	17,6	25,6	275	1200	479	106	406	75	450
Min.	550	17,3	25,5	264	1169	440	101	362	71	377
Max.	550	17,9	25,8	289	1270	558	111	465	83	533
Stand.	0	0,2	0,1	9	29	34	3	31	4	49
Var.-k. %	0,000	1,35	0,414	3,31	2,41	7,03	2,73	7,58	5,07	10,9

Tabelle 18-51 Ergebnisse der Versuche mit UDP 3_b – kleine Proben

Bez.	L mm	b mm	h mm	ρ kg/m³	$f_{längs}$ Hz	$E_{längs}$ N/mm²	$f_{Scheibe}$ Hz	$E_{Scheibe}$ N/mm²	f_{Platte} Hz	E_{Platte} N/mm²
1_1	550	21,9	25,4	285	1089	409	96,0	353	78,8	318
1_2	550	21,8	25,4	287	1096	417	98,8	375	81,0	342
1_1_q	540	21,8	25,4	294	1203	496	106	412	91,4	415
1_2_q	540	21,7	25,4	296	1211	506	105	407	91,7	423
2_1	550	21,7	25,4	282	1208	498	107	432	89,4	415
2_2	550	21,5	25,2	283	1186	482	106	430	88,6	414
2_1_q	540	21,6	25,5	286	1156	446	102	367	89,8	399
2_2_q	540	21,6	25,4	288	1149	443	102	373	88,9	393
3_1	550	21,5	25,2	283	1204	496	108	446	91,6	445
3_2	550	21,5	25,5	281	1198	488	106	422	91,1	435
3_1_q	540	21,5	25,4	288	1162	454	103	376	91,2	415
3_2_q	540	21,6	25,4	287	1169	457	106	399	91,6	415
Mittel	545	21,6	25,4	287	1169	466	104	399	91	402
Min.	540	21,5	25,2	281	1089	409	96	353	79	318
Max.	550	21,9	25,5	296	1211	506	108	446	92	445
Stand.	5	0,1	0,1	5	42	33	4	30	4	37
Var.-k. %	0,958	0,693	0,340	1,59	3,57	7,09	3,42	7,55	4,70	9,17

Tabelle 18-52 Ergebnisse der Versuche mit UDP 3_c – kleine Proben

Bez.	L mm	b mm	h mm	ρ kg/m³	$f_{längs}$ Hz	$E_{längs}$ N/mm²	$f_{Scheibe}$ Hz	$E_{Scheibe}$ N/mm²	f_{Platte} Hz	E_{Platte} N/mm²
1	550	35,6	25,6	281	1240	523	110	452	140	374
1_q	540	35,3	25,2	278	1246	503	112	442	150	406
2	550	35,1	25,4	282	1229	515	107	429	150	445
2_q	540	35,0	25,4	273	1258	504	112	431	150	401
3	550	35,2	25,5	274	1248	516	110	439	149	420
3_q	540	34,9	25,3	278	1298	546	116	468	151	419
Mittel	545	35,2	25,4	278	1253	518	111	444	148	411
Min.	540	34,9	25,2	273	1229	503	107	429	140	374
Max.	550	35,6	25,6	282	1298	546	116	468	151	445
Stand.	5	0,3	0,1	4	24	16	3	15	4	24
Var.-k. %	1,00	0,718	0,539	1,30	1,91	3,05	2,76	3,28	2,87	5,78

Tabelle 18-53 Ergebnisse der Versuche mit UDP 3_d – kleine Proben

Bez.	L mm	b mm	h mm	ρ kg/m³	$f_{längs}$ Hz	$E_{längs}$ N/mm²	$f_{Scheibe}$ Hz	$E_{Scheibe}$ N/mm²	f_{Platte} Hz	E_{Platte} N/mm²
1	550	52,5	25,5	262	1268	510	113	449	211	366
1_q	540	52,6	25,3	262	1271	494	111	405	213	346
2	550	52,3	25,4	265	1270	517	111	441	215	387
2_q	540	51,9	25,1	268	1273	507	112	428	212	359
3	550	52,6	25,3	264	1266	512	112	448	214	377
3_q	540	52,7	25,2	265	1250	483	109	399	215	352
4	550	52,7	25,3	263	1282	523	114	458	214	375
4_q	540	52,8	25,2	263	1237	469	111	406	210	335
Mittel	545	52,5	25,3	264	1265	502	112	429	213	362
Min.	540	51,9	25,1	262	1237	469	109	399	210	335
Max.	550	52,8	25,5	268	1282	523	114	458	215	387
Stand.	5	0,3	0,1	2	14	18	2	23	2	17
Var.-k. %	0,981	0,562	0,446	0,758	1	3,65	1,35	5,43	0,78	4,78

Tabelle 18-54 Ergebnisse der Versuche mit WDVP 1_1b – kleine Proben

Bez.	L mm	b mm	h mm	ρ kg/m³	$f_{längs}$ Hz	$E_{längs}$ N/mm²	$f_{Scheibe}$ Hz	$E_{Scheibe}$ N/mm²	f_{Platte} Hz	E_{Platte} N/mm²
1	550	40,1	24,7	164	841	140	67,5	106	114	115
2	550	39,8	24,9	171	906	170	75,3	135	124	142
3	550	40,2	24,7	164	851	144	68,7	109	116	118
Mittel	550	40,0	24,8	166	866	151	70	117	118	125
Stand.	0	0,1	0,1	3	28	13	3	13	4	12
Var.-k. %	0,000	0,349	0,462	1,98	3,26	8,62	5	10,9	3,48	9,78

Tabelle 18-55 Ergebnisse der Versuche mit WDVP 1_2a – kleine Proben

Bez.	L mm	b mm	h mm	ρ kg/m³	$f_{längs}$ Hz	$E_{längs}$ N/mm²	$f_{Scheibe}$ Hz	$E_{Scheibe}$ N/mm²	f_{Platte} Hz	E_{Platte} N/mm²
1	550	40,7	24,4	186	1014	231	82,3	183	138	184
2	550	40,6	24,2	190	1002	231	81,0	184	135	182
3	550	41,0	24,8	189	1014	235	85,3	193	145	203
Mittel	550	40,8	24,4	188	1010	232	83	187	139	190
Stand.	0	0,2	0,3	2	6	2	2	4	4	9
Var.-k. %	0,000	0,407	1,10	0,902	0,553	0,821	2,16	2,27	2,81	4,95

Tabelle 18-56 Ergebnisse der Versuche mit WDVP 2 – kleine Proben

Bez.	L mm	b mm	h mm	ρ kg/m³	$f_{längs}$ Hz	$E_{längs}$ N/mm²	$f_{Scheibe}$ Hz	$E_{Scheibe}$ N/mm²	f_{Platte} Hz	E_{Platte} N/mm²
1	550	60,2	25,1	184	699	109	-	-	-	-
2	550	60,2	25,2	186	695	109	-	-	-	-
3	550	59,8	25,1	182	688	104	-	-	-	-
Mittel	550	40,8	24,4	188	1010	232	-	-	-	-
Stand.	0	0,2	0,3	2	6	2	-	-	-	-
Var.-k. %	0,000	0,407	1,10	0,902	0,553	0,821	-	-	-	-

Tabelle 18-57 Ergebnisse der Versuche mit WDVP 3 – kleine Proben

Bez.	L mm	b mm	h mm	ρ kg/m³	$f_{längs}$ Hz	$E_{längs}$ N/mm²	$f_{Scheibe}$ Hz	$E_{Scheibe}$ N/mm²	f_{Platte} Hz	E_{Platte} N/mm²
1	550	40,1	25,2	269	1080	380	94,9	330	-	-
2	550	40,0	25,1	271	1054	364	90,1	303	-	-
3	550	40,0	25,2	271	1104	400	96,4	344	-	-
Mittel	550	40,1	25,1	270	1079	381	94	326	-	-
Stand.	0	0,1	0,0	1	20	14	3	17	-	-
Var.-k. %	0,000	0,129	0,198	0,349	2	3,80	2,88	5,28	-	-

Tabelle 18-58 Ergebnisse der Versuche mit DP 2 – kleine Proben

Bez.	L mm	b mm	h mm	ρ kg/m³	$f_{längs}$ Hz	$E_{längs}$ N/mm²	$f_{Scheibe}$ Hz	$E_{Scheibe}$ N/mm²	f_{Platte} Hz	E_{Platte} N/mm²
1	550	40,1	24,2	184	802	143	-	-	-	-
2	550	40,4	24,8	172	734	112	-	-	-	-
3	550	40,3	24,4	178	700	106	-	-	-	-
Mittel	550	40,3	24,5	178	745	120	-	-	-	-
Stand.	0	0,1	0,3	5	42	16	-	-	-	-
Var.-k. %	0,000	0,310	1,07	2,75	6	13,7	-	-	-	-

Tabelle 18-59 Ergebnisse der Versuche mit DP 3 – kleine Proben

Bez.	L mm	b mm	h mm	ρ kg/m³	$f_{längs}$ Hz	$E_{längs}$ N/mm²	$f_{Scheibe}$ Hz	$E_{Scheibe}$ N/mm²	f_{Platte} Hz	E_{Platte} N/mm²
1	550	41,7	24,1	166	856	147	550	41,7	-	-
2	550	41,5	24,5	159	944	172	550	41,5	-	-
3	550	41,1	24,3	160	914	162	550	41,1	-	-
Mittel	550	41,4	24,3	162	905	160	550	41,4	-	-
Stand.	0	0,2	0,2	3	37	10	0	0,2	-	-
Var.-k. %	0,000	0,574	0,656	1,91	4,06	6,27	0,000	0,574	-	-

Tabelle 18-60 Ergebnisse der Versuche mit UDP 1_1a – mittelgroße Proben

Bezeichnung	*L* mm	*b* mm	*h* mm	*ρ* kg/m³	$f_{längs}$ Hz	$E_{längs}$ N/mm²
1-1	1200	25,6	18,6	312	569	581
1-2	1200	25,4	18,7	312	577	598
2-1	1200	25,6	18,7	276	558	494
2-2	1200	25,5	18,8	276	554	488
3-1	1200	25,3	18,9	275	566	507
3-2	1200	25,6	18,8	272	570	509
Mittelwert	1200	25,5	18,7	287	566	530
Minimum	1200	25,3	18,6	272	554	488
Maximum	1200	25,6	18,9	312	577	598
Standardabweichung	0	0,2	0,1	19	8	47
Variationskoeffizient in %	0,00	0,600	0,642	6,72	1,50	8,96

Tabelle 18-61 Ergebnisse der Versuche mit UDP 1_1b – mittelgroße Proben

Bezeichnung	*L* mm	*b* mm	*h* mm	*ρ* kg/m³	$f_{längs}$ Hz	$E_{längs}$ N/mm²
1-1	1200	25,4	22,9	273	544	465
1-2	1200	25,5	22,9	273	552	479
2-1	1200	25,4	22,9	296	566	546
2-2	1200	25,4	22,8	298	573	564
3-1	1200	25,4	22,5	285	537	473
3-2	1200	25,4	22,6	283	537	470
Mittelwert	1200	25,4	22,7	285	552	500
Minimum	1200	25,4	22,5	273	537	465
Maximum	1200	25,5	22,9	298	573	564
Standardabweichung	0	0,0	0,1	11	15	43
Variationskoeffizient in %	0,00	0,120	0,646	3,79	2,75	8,68

Tabelle 18-62 Ergebnisse der Versuche mit UDP 1_1c – mittelgroße Proben

Bezeichnung	*L* mm	*b* mm	*h* mm	*ρ* kg/m³	$f_{längs}$ Hz	$E_{längs}$ N/mm²
1-1	1200	25,2	28,1	240	510	360
1-2	1200	25,3	28,2	237	512	358
2-1	1200	25,3	28,3	232	523	366
2-2	1200	25,2	28,1	232	524	367
3-1	1200	25,1	28,0	238	521	371
3-2	1200	25,1	28,0	238	522	374
Mittelwert	1200	25,2	28,1	236	519	366
Minimum	1200	25,1	28,0	232	510	358
Maximum	1200	25,3	28,3	240	524	374
Standardabweichung	0	0,1	0,1	3	6	6
Variationskoeffizient in %	0,00	0,303	0,442	1,43	1,16	1,71

Tabelle 18-63 Ergebnisse der Versuche mit UDP 1_1d – mittelgroße Proben

Bezeichnung	L mm	b mm	h mm	ρ kg/m³	$f_{längs}$ Hz	$E_{längs}$ N/mm²
1-1	1200	25,1	35,3	231	516	354
1-2	1200	25,3	35,4	229	515	350
2-1	1200	25,4	35,4	230	512	347
2-2	1200	25,4	35,5	228	518	352
3-1	1200	25,2	34,9	227	486	309
3-2	1200	25,1	34,9	226	484	305
Mittelwert	1200	25,3	35,2	229	505	336
Minimum	1200	25,1	34,9	226	484	305
Maximum	1200	25,4	35,5	231	518	354
Standardabweichung	0	0,1	0,3	2	16	23
Variationskoeffizient in %	0,00	0,470	0,742	0,82	3,10	6,77

Tabelle 18-64 Ergebnisse der Versuche mit UDP 1_2 – mittelgroße Proben

Bezeichnung	L mm	b mm	h mm	ρ kg/m³	$f_{längs}$ Hz	$E_{längs}$ N/mm²
1-1	1200	24,9	51,1	215	489	296
1-2	1200	25,1	51,1	213	490	295
2-1	1200	24,9	50,8	216	492	301
2-2	1200	25,0	50,9	213	482	285
3-1	1200	25,1	50,8	223	509	333
3-2	1200	25,1	51,0	222	509	331
Mittelwert	1200	25,0	50,9	217	495	307
Minimum	1200	24,9	50,8	213	482	285
Maximum	1200	25,1	51,1	223	509	333
Standardabweichung	0	0,1	0,1	4	11	20
Variationskoeffizient in %	0,00	0,383	0,267	2,04	2,27	6,59

Tabelle 18-65 Ergebnisse der Versuche mit UDP 2_a – mittelgroße Proben

Bezeichnung	L mm	b mm	h mm	ρ kg/m³	$f_{längs}$ Hz	$E_{längs}$ N/mm²
1-1	1200	24,6	18,7	234	573	443
1-2	1200	24,9	18,8	229	567	423
2-1	1200	25,3	19,1	227	585	447
2-2	1200	25,2	18,4	233	575	444
3-1	1200	25,3	19,0	224	571	421
3-2	1200	25,2	18,9	224	576	428
Mittelwert	1200	25,1	18,8	229	574	434
Minimum	1200	24,6	18,4	224	567	421
Maximum	1200	25,3	19,1	234	585	447
Standardabweichung	0	0,3	0,2	4	6	12
Variationskoeffizient in %	0,00	1,168	1,218	1,89	1,08	2,68

Tabelle 18-66 Ergebnisse der Versuche mit UDP 2_b – mittelgroße Proben

Bezeichnung	L mm	b mm	h mm	ρ kg/m³	$f_{längs}$ Hz	$E_{längs}$ N/mm²
1-1	1200	25,3	21,7	243	611	523
1-2	1200	25,1	21,9	244	605	514
2-1	1200	24,9	22,1	245	610	525
2-2	1200	25,3	21,8	243	601	506
3-1	1200	25,3	21,9	237	602	495
3-2	1200	25,0	21,8	242	598	498
Mittelwert	1200	25,2	21,8	242	605	510
Minimum	1200	24,9	21,7	237	598	495
Maximum	1200	25,3	22,1	245	611	525
Standardabweichung	0	0,2	0,1	3	5	13
Variationskoeffizient in %	0,00	0,758	0,616	1,16	0,85	2,46

Tabelle 18-67 Ergebnisse der Versuche mit UDP 2_c – mittelgroße Proben

Bezeichnung	L mm	b mm	h mm	ρ kg/m³	$f_{längs}$ Hz	$E_{längs}$ N/mm²
1-1	1200	25,2	37,5	213	516	327
1-2	1200	25,1	37,3	226	-	-
2-1	1200	25,1	37,4	216	519	335
2-2	1200	25,0	37,5	225	587	446
3-1	1200	25,0	37,6	214	488	294
3-2	1200	25,0	37,6	224	529	360
Mittelwert	1200	25,1	37,5	220	528	352
Minimum	1200	25,0	37,3	213	488	294
Maximum	1200	25,2	37,6	226	587	446
Standardabweichung	0	0,1	0,1	6	36	57
Variationskoeffizient in %	0,00	0,320	0,326	2,71	6,86	16,31

Tabelle 18-68 Ergebnisse der Versuche mit UDP 3_a – mittelgroße Proben

Bezeichnung	L mm	b mm	h mm	ρ kg/m³	$f_{längs}$ Hz	$E_{längs}$ N/mm²
1-1	1200	25,0	17,4	279	538	465
1-2	1200	25,5	17,5	272	571	511
2-1	1200	25,4	17,9	290	561	526
2-2	1200	25,4	17,8	290	560	524
3-1	1200	25,3	17,6	271	565	498
3-2	1200	25,4	17,6	271	572	510
Mittelwert	1200	25,3	17,6	279	561	506
Minimum	1200	25,0	17,4	271	538	465
Maximum	1200	25,5	17,9	290	572	526
Standardabweichung	0	0,2	0,2	9	12	22
Variationskoeffizient in %	0,00	0,735	0,884	3,28	2,19	4,40

Tabelle 18-69 Ergebnisse der Versuche mit UDP 3_b – mittelgroße Proben

Bezeichnung	L mm	b mm	h mm	ρ kg/m³	$f_{längs}$ Hz	$E_{längs}$ N/mm²
1-1	1200	25,4	21,8	288	521	450
1-2	1200	25,2	21,8	289	519	448
2-1	1200	25,3	21,5	283	574	536
2-2	1200	25,4	21,6	280	568	519
3-1	1200	25,2	21,6	281	570	526
3-2	1200	25,3	21,5	281	566	519
Mittelwert	1200	25,3	21,6	284	553	500
Minimum	1200	25,2	21,5	280	519	448
Maximum	1200	25,4	21,8	289	574	536
Standardabweichung	0	0,1	0,1	4	26	40
Variationskoeffizient in %	0,00	0,380	0,525	1,37	4,62	7,92

Tabelle 18-70 Ergebnisse der Versuche mit UDP 3_c – mittelgroße Proben

Bezeichnung	L mm	b mm	h mm	ρ kg/m³	$f_{längs}$ Hz	$E_{längs}$ N/mm²
1-1	1200	25,5	35,6	276	604	580
1-2	1200	25,3	35,4	285	584	559
2-1	1200	25,3	34,9	286	597	587
2-2	1200	25,2	35,3	281	605	592
3-1	1200	25,1	35,2	277	588	552
3-2	1200	25,2	35,1	279	587	553
Mittelwert	1200	25,3	35,2	281	594	570
Minimum	1200	25,1	34,9	276	584	552
Maximum	1200	25,5	35,6	286	605	592
Standardabweichung	0	0,1	0,2	4	9	18
Variationskoeffizient in %	0,00	0,489	0,677	1,47	1,57	3,19

Tabelle 18-71 Ergebnisse der Versuche mit WDVP 1_1b – mittelgroße Proben

Bezeichnung	L mm	b mm	h mm	ρ kg/m³	$f_{längs}$ Hz	$E_{längs}$ N/mm²
1-1	1200	24,5	40,0	163	399	149
1-2	1200	25,1	40,1	164	386	141
2-1	1200	25,1	39,8	171	428	180
2-2	1200	25,0	39,9	170	424	176
3-1	1200	24,7	40,1	162	396	146
3-2	1200	24,6	40,1	160	390	140
Mittelwert	1200	24,8	40,0	165	404	155
Minimum	1200	24,5	39,8	160	386	140
Maximum	1200	25,1	40,1	171	428	180
Standardabweichung	0	0,2	0,1	4	18	18
Variationskoeffizient in %	0,00	1,005	0,332	2,71	4,35	11,43

Tabelle 18-72 Ergebnisse der Versuche mit WDVP 1_2a – mittelgroße Proben

Bezeichnung	L mm	b mm	h mm	ρ kg/m³	$f_{längs}$ Hz	$E_{längs}$ N/mm²
1-1	1200	24,3	40,9	184	461	225
1-2	1200	24,6	40,8	183	457	220
2-1	1200	24,1	40,5	189	467	237
2-2	1200	24,7	40,6	187	466	233
3-1	1200	24,7	41,0	188	481	251
3-2	1200	24,9	41,1	190	483	255
Mittelwert	1200	24,5	40,8	187	469	237
Minimum	1200	24,1	40,5	183	457	220
Maximum	1200	24,9	41,1	190	483	255
Standardabweichung	0	0,3	0,2	3	11	14
Variationskoeffizient in %	0,00	1,246	0,510	1,49	2,28	5,87

Tabelle 18-73 Ergebnisse der Versuche mit WDVP 2 – mittelgroße Proben

Bezeichnung	L mm	b mm	h mm	ρ kg/m³	$f_{längs}$ Hz	$E_{längs}$ N/mm²
1-1	1200	25,2	60,0	188	351	133
1-2	1200	25,2	60,1	186	345	128
2-1	1200	25,1	60,2	187	343	127
2-2	1200	25,2	60,3	185	342	125
3-1	1200	25,2	59,7	184	353	132
3-2	1200	25,4	59,6	186	344	127
Mittelwert	1200	25,2	60,0	186	346	129
Minimum	1200	25,1	59,6	184	342	125
Maximum	1200	25,4	60,3	188	353	133
Standardabweichung	0	0,1	0,3	1	5	3
Variationskoeffizient in %	0,00	0,414	0,478	0,76	1,31	2,67

Tabelle 18-74 Ergebnisse der Versuche mit WDVP 3 – mittelgroße Proben

Bezeichnung	L mm	b mm	h mm	ρ kg/m³	$f_{längs}$ Hz	$E_{längs}$ N/mm²
1-1	1200	25,2	39,9	255	542	431
1-2	1200	25,0	39,9	260	551	454
1-3	1200	25,5	40,0	254	549	441
2-1	1200	25,1	40,0	272	516	416
2-2	1200	25,3	40,0	268	533	439
2-3	1200	25,3	40,2	265	520	413
3-1	1200	25,1	40,2	270	514	411
3-2	1200	25,0	39,8	269	513	408
3-3	1200	25,2	40,0	268	505	393
Mittelwert	1200	25,2	40,0	265	527	423
Minimum	1200	25,0	39,8	254	505	393
Maximum	1200	25,5	40,2	272	551	454
Standardabweichung	0	0,2	0,1	7	17	19
Variationskoeffizient in %	0,00	0,669	0,301	2,51	3,25	4,60

Tabelle 18-75 Ergebnisse der Versuche mit DP 2 – mittelgroße Proben

Bezeichnung	L mm	b mm	h mm	ρ kg/m³	$f_{längs}$ Hz	$E_{längs}$ N/mm²
1	1200	24,9	40,4	186	403	174
2	1200	24,8	40,3	182	399	167
3	1120	25,2	40,3	175	380	127
Mittelwert	1173	25,0	40,3	181	394	156
Standardabweichung	46	0,2	0,1	6	12	25
Variationskoeffizient in %	3,94	0,969	0,137	3,08	3,07	16,24

Tabelle 18-76 Ergebnisse der Versuche mit DP 3 – mittelgroße Proben

Bezeichnung	L mm	b mm	h mm	ρ kg/m³	$f_{längs}$ Hz	$E_{längs}$ N/mm²
1-1	1200	24,5	41,6	165	423	170
1-2	1200	24,4	41,9	164	-	-
2-1	1200	24,2	41,6	159	442	179
2-2	1200	24,9	41,3	156	438	172
3-1	1200	24,7	41,2	158	448	183
3-2	1200	24,8	41,3	156	443	176
Mittelwert	1200	24,6	41,5	160	439	176
Minimum	1200	24,2	41,2	156	423	170
Maximum	1200	24,9	41,9	165	448	183
Standardabweichung	0	0,3	0,3	4	10	5
Variationskoeffizient in %	0,00	1,036	0,632	2,46	2,22	2,93

Tabelle 18-77 Ergebnisse der Versuche mit UDP 1_1a – breite Proben

Bezeichnung	L mm	b mm	h mm	ρ kg/m^3	$f_{längs}$ Hz	$E_{längs}$ N/mm^2
1	929	300	18,0	326	762	653
2	929	300	18,0	294	765	594
3	929	300	18,5	282	755	554
Mittelwert	929	300	18,2	301	761	600
Standardabweichung	0	0	0,2	19	4	41
Variationskoeffizient in %	0,00	0	1,30	6,17	0,528	6,78

Tabelle 18-78 Ergebnisse der Versuche mit UDP 1_1b – breite Proben

Bezeichnung	L mm	b mm	h mm	ρ kg/m^3	$f_{längs}$ Hz	$E_{längs}$ N/mm^2
1	1058	300	23,0	279	639	511
2	1058	300	23,0	281	635	507
3	1058	300	22,0	291	624	508
Mittelwert	1058	300	22,7	284	633	508
Standardabweichung	0	0	0,5	5	6	2
Variationskoeffizient in %	0,00	0	2,08	1,87	1,012	0,337

Tabelle 18-79 Ergebnisse der Versuche mit UDP 1_1c – breite Proben

Bezeichnung	L mm	b mm	h mm	ρ kg/m^3	$f_{längs}$ Hz	$E_{längs}$ N/mm^2
1	1148	300	28,0	240	545	375
2	1148	300	28,0	239	570	409
3	1148	300	28,0	242	545	379
Mittelwert	1148	300	28,0	240	553	387
Standardabweichung	0	0	0,0	1	12	15
Variationskoeffizient in %	0,00	0	0,00	0,548	2,139	3,93

Tabelle 18-80 Ergebnisse der Versuche mit UDP 1_1d – breite Proben

Bezeichnung	L mm	b mm	h mm	ρ kg/m^3	$f_{längs}$ Hz	$E_{längs}$ N/mm^2
1	1148	300	35,0	233	537	355
2	1148	300	35,5	230	540	353
3	1149	300	35,0	231	519	329
Mittelwert	1148	300	35,2	231	532	346
Standardabweichung	0	0	0,2	1	10	12
Variationskoeffizient in %	0,0411	0	0,670	0,637	1,798	3,47

Tabelle 18-81 Ergebnisse der Versuche mit UDP 1_2 – breite Proben

Bezeichnung	L mm	b mm	h mm	ρ kg/m^3	$f_{längs}$ Hz	$E_{längs}$ N/mm^2
1	1149	60	50,0	216	515	303
2	1149	60	50,0	219	515	306
3	1149	60	50,0	225	531	335
Mittelwert	1149	60	50,0	220	520	315
Standardabweichung	0	0	0,0	4	7	14
Variationskoeffizient in %	0,00	0	0,00	1,76	1,405	4,55

Tabelle 18-82 Ergebnisse der Versuche mit UDP 2_a – breite Proben

Bezeichnung	L mm	b mm	h mm	ρ kg/m^3	$f_{längs}$ Hz	$E_{längs}$ N/mm^2
1	929	300	19,0	228	762	457
2	929	300	18,0	237	753	463
3	929	300	18,0	238	761	477
Mittelwert	929	300	18,3	234	759	466
Standardabweichung	0	0	0,5	5	4	8
Variationskoeffizient in %	0,00	0	2,57	2,00	0,562	1,75

Tabelle 18-83 Ergebnisse der Versuche mit UDP 2_b – breite Proben

Bezeichnung	L mm	b mm	h mm	ρ kg/m^3	$f_{längs}$ Hz	$E_{längs}$ N/mm^2
1	1060	300	22,0	242	691	519
2	1060	300	22,0	245	698	536
3	1060	300	22,0	244	700	539
Mittelwert	1060	300	22,0	244	696	531
Standardabweichung	0	0	0,0	1	4	9
Variationskoeffizient in %	0,00	0	0,00	0,528	0,558	1,61

Tabelle 18-84 Ergebnisse der Versuche mit UDP 2_c – breite Proben

Bezeichnung	L mm	b mm	h mm	ρ kg/m^3	$f_{längs}$ Hz	$E_{längs}$ N/mm^2
1	1148	300	36,0	222	524	322
2	1148	300	37,0	223	520	318
3	1149	300	37,0	223	524	322
Mittelwert	1148	300	36,7	223	522	321
Standardabweichung	0	0	0,5	0	2	2
Variationskoeffizient in %	0,0411	0	1,29	0,136	0,371	0,670

Tabelle 18-85 Ergebnisse der Versuche mit UDP 3_a – breite Proben

Bezeichnung	L mm	b mm	h mm	ρ kg/m^3	$f_{längs}$ Hz	$E_{längs}$ N/mm^2
1	929	300	18,0	262	751	509
2	929	300	18,0	288	727	526
3	929	300	18,0	270	773	558
Mittelwert	929	300	18,0	273	750	531
Standardabweichung	0	0	0,0	11	19	20
Variationskoeffizient in %	0,00	0	0,00	4,01	2,520	3,78

Tabelle 18-86 Ergebnisse der Versuche mit UDP 3_b – breite Proben

Bezeichnung	L mm	b mm	h mm	ρ kg/m^3	$f_{längs}$ Hz	$E_{längs}$ N/mm^2
1	1058	300	21,0	295	602	479
2	1058	300	21,0	309	612	519
3	1058	300	21,0	290	673	587
Mittelwert	1058	300	21,0	298	629	528
Standardabweichung	0	0	0,0	8	31	45
Variationskoeffizient in %	0,00	0	0,00	2,74	4,924	8,46

Tabelle 18-87 Ergebnisse der Versuche mit UDP 3_c – breite Proben

Bezeichnung	L mm	b mm	h mm	ρ kg/m^3	$f_{längs}$ Hz	$E_{längs}$ N/mm^2
1	1148	300	35,0	291	639	626
2	1148	300	35,0	284	645	623
3	1148	300	35,0	281	639	605
Mittelwert	1148	300	35,0	285	641	618
Standardabweichung	0	0	0,0	4	3	9
Variationskoeffizient in %	0,00	0	0,00	1,35	0,410	1,50

Tabelle 18-88 Ergebnisse der Versuche mit WDVP 1_1b – breite Proben

Bezeichnung	L mm	b mm	h mm	ρ kg/m^3	$f_{längs}$ Hz	$E_{längs}$ N/mm^2
1	1149	140	40,0	166	424	157
2	1149	140	40,0	174	459	194
3	1149	140	40,0	164	421	154
Mittelwert	1149	140	40,0	168	435	168
Standardabweichung	0	0	0,0	4	17	18
Variationskoeffizient in %	0,000	0	0,00	2,55	3,979	10,7

Tabelle 18-89 Ergebnisse der Versuche mit WDVP 1_2a – breite Proben

Bezeichnung	L mm	b mm	h mm	ρ kg/m^3	$f_{längs}$ Hz	$E_{längs}$ N/mm^2
1	1148	100	40,0	186	491	235
2	1148	100	40,0	191	502	254
3	1148	100	40,0	189	499	248
Mittelwert	1148	100	40,0	189	497	246
Standardabweichung	0	0	0,0	2	5	8
Variationskoeffizient in %	0,00	0	0,00	1,25	0,955	3,15

Tabelle 18-90 Ergebnisse der Versuche mit WDVP 2 – breite Proben

Bezeichnung	L mm	b mm	h mm	ρ kg/m^3	$f_{längs}$ Hz	$E_{längs}$ N/mm^2
1	1148	300	60,0	195	379	148
2	1148	300	60,0	196	377	146
3	1148	300	60,0	196	371	142
Mittelwert	1148	300	60,0	196	376	146
Standardabweichung	0	0	0,0	0	3	3
Variationskoeffizient in %	0,00	0	0,00	0,0700	0,906	1,76

Tabelle 18-91 Ergebnisse der Versuche mit WDVP 3 – breite Proben

Bezeichnung	L mm	b mm	h mm	ρ kg/m^3	$f_{längs}$ Hz	$E_{längs}$ N/mm^2
1	1148	90	40,0	256	559	420
2	1148	90	40,0	270	576	471
3	1148	90	40,0	267	574	464
Mittelwert	1148	90	40,0	264	569	452
Standardabweichung	0	0	0,0	6	8	22
Variationskoeffizient in %	0,00	0	0,00	2,32	1,341	4,94

Tabelle 18-92 Ergebnisse der Versuche mit DP 2 – breite Proben

Bezeichnung	L mm	b mm	h mm	ρ kg/m³	$f_{längs}$ Hz	$E_{längs}$ N/mm²
1	1147	300	40,0	177	353	116
2	1147	300	40,0	177	347	112
3	1147	300	40,0	178	353	117
Mittelwert	1147	300	40,0	177	351	115
Standardabweichung	0	0	0,0	0	3	2
Variationskoeffizient in %	0,00	0	0,00	0,242	0,840	1,86

Tabelle 18-93 Ergebnisse der Versuche mit DP 3 – breite Proben

Bezeichnung	L mm	b mm	h mm	ρ kg/m³	$f_{längs}$ Hz	$E_{längs}$ N/mm²
1	1149	155	41,0	164	474	194
2	1149	155	41,0	164	473	194
3	1149	155	41,0	163	480	198
Mittelwert	1149	155	41,0	164	476	196
Standardabweichung	0	0	0,0	0	3	2
Variationskoeffizient in %	0,00	0	0,00	0,285	0,648	1,01

18.6 Diskretisierung von Last-Verschiebungskurven

Tabelle 18-94 Verbindungen mit Breitrückenklammern – Anpassung

HFDP	v_{12} mm	Ansatzfunktion		Δ %		Parameter 1. Abschnitt		Parameter 2. Abschnitt		
		1. Abs.	2. Abs.	1. Abs.	Ges.	x_{11}	x_{12}	x_{21}	x_{22}	x_{23}
UDP 1_1a	2	Pot.	Quad.	1,30	0,381	0,306	0,307	-0,00171	0,0684	0,261
UDP 1_1b	2	Pot.	Quad.	2,15	0,607	0,310	0,324	-0,00104	0,0626	0,283
UDP_1_1d	15	Pot.	-	0,954	-	0,270	0,387	-	-	-
WDVP 1_2a	15	Pot.	-	0,518	-	0,233	0,376	-	-	-
UDP 2_a	15	Pot.	-	1,33	-	0,204	0,398	-	-	-
UDP 2_b	15	Pot.	-	1,34	-	0,237	0,461	-	-	-
UDP 2_c	15	Pot.	-	1,40	-	0,213	0,375	-	-	-
WDVP 2	15	Pot.	-	1,34	-	0,157	0,355	-	-	-
UDP 3_a	11	Pot.	Linear	1,37	0,992	0,237	0,418	0,00734	0,556	-
UDP 3_b	13	Pot.	Linear	1,29	1,07	0,233	0,474	0,0119	0,621	-
UDP 3_c	15	Pot.	-	1,29	-	0,260	0,445	-	-	-
WDVP 3	15	Pot.	-	0,921	-	0,221	0,411	-	-	-

Tabelle 18-95 Verbindungen mit Breitrückenklammern – UDP 1_1a / 1_1b / 1_1d / WDVP 1_2a

Nr.	UDP 1_1a		UDP 1_1b		UDP 1_1d		WDVP 1_2a	
	v in mm	F in kN	v in mm	F in kN	v in mm	F in kN	v in mm	F in kN
1	0,0000	0,000	0,0000	0,000	0,0000	0,0000	0,0000	0,0000
2	0,0346	0,109	0,0369	0,106	0,0525	0,0862	0,0561	0,0787
3	0,184	0,182	0,190	0,181	0,243	0,156	0,264	0,141
4	0,479	0,244	0,486	0,245	0,592	0,220	0,649	0,198
5	0,939	0,301	0,944	0,304	1,11	0,281	1,22	0,251
6	1,58	0,353	1,58	0,360	1,80	0,339	2,00	0,302
7	3,52	0,481	3,59	0,494	2,68	0,396	2,98	0,351
8	5,04	0,562	5,39	0,590	3,75	0,450	4,18	0,398
9	6,56	0,636	7,18	0,678	5,01	0,504	5,60	0,445
10	8,08	0,702	8,97	0,760	6,48	0,556	7,25	0,490
11	9,60	0,760	10,8	0,837	8,14	0,608	9,13	0,535
12	11,1	0,810	12,6	0,906	10,0	0,659	11,2	0,578
13	12,6	0,852	15,0	0,988	12,1	0,709	13,6	0,621
14	15,0	0,902			15,0	0,770	15,0	0,644

Tabelle 18-96 Verbindungen mit Breitrückenklammern – UDP 2_a / 2_b / 2_c / WDVP 2

	UDP 2_a		UDP 2_b		UDP 2_c		WDVP 2	
Nr.	v in mm	F in kN	v in mm	F in kN	v in mm	F in kN	v in mm	F in kN
1	0,0000	0,0000	0,0000	0,0000	0,0000	0,0000	0,0000	0,0000
2	0,0667	0,0696	0,0755	0,0719	0,0594	0,0740	0,0689	0,0609
3	0,304	0,127	0,316	0,139	0,280	0,132	0,336	0,107
4	0,734	0,181	0,729	0,205	0,689	0,185	0,839	0,148
5	1,37	0,232	1,32	0,269	1,30	0,235	1,60	0,186
6	2,22	0,281	2,09	0,332	2,13	0,283	2,64	0,222
7	3,28	0,328	3,03	0,395	3,17	0,329	3,97	0,257
8	4,58	0,374	4,17	0,457	4,45	0,373	5,59	0,290
9	6,11	0,420	5,48	0,519	5,97	0,416	7,53	0,322
10	7,87	0,464	6,98	0,580	7,73	0,459	9,79	0,354
11	9,88	0,508	8,67	0,641	9,74	0,500	12,4	0,384
12	12,1	0,551	10,6	0,702	12,0	0,541	15,0	0,412
13	15,0	0,600	12,6	0,763	15,0	0,588	-	-
14	-	-	15,0	0,826	-	-	-	-

Tabelle 18-97 Verbindungen mit Breitrückenklammern – UDP 3_a / 3_b / 3_c / WDVP 3

	UDP 3_a		UDP 3_b		UDP 3_c		WDVP 3	
Nr.	v in mm	F in kN	v in mm	F in kN	v in mm	F in kN	v in mm	F in kN
1	0,0000	0,000	0,0000	0,000	0,0000	0,0000	0,0000	0,0000
2	0,0646	0,075	0,0796	0,070	0,0667	0,0780	0,0661	0,0724
3	0,286	0,141	0,328	0,138	0,285	0,149	0,296	0,134
4	0,681	0,202	0,751	0,204	0,666	0,217	0,708	0,192
5	1,26	0,261	1,35	0,269	1,21	0,283	1,31	0,247
6	2,02	0,318	2,13	0,334	1,93	0,348	2,11	0,300
7	2,97	0,374	3,09	0,398	2,82	0,412	3,12	0,352
8	4,12	0,429	4,23	0,462	3,89	0,475	4,34	0,403
9	5,47	0,483	5,55	0,525	5,14	0,538	5,77	0,453
10	7,03	0,536	7,05	0,588	6,56	0,600	7,41	0,502
11	8,79	0,589	8,74	0,651	8,17	0,661	9,28	0,551
12	10,8	0,642	10,6	0,713	9,96	0,722	11,4	0,599
13	12,9	0,651	12,7	0,777	11,9	0,782	13,7	0,646
14	15,0	0,666	15,0	0,800	15,0	0,866	15,0	0,671

Tabelle 18-98 Verbindungen mit Breitrückenklammern – Anpassung

WDVP	Klima	v_{12} mm	Ansatzfunktion		Δ %		Parameter 1. Abschnitt	
			1. Abs.	2. Abs.	1. Abs.	Ges.	x_{11}	x_{12}
1_1d	20/65	15	Pot.	-	0,806	-	0,186	0,378
1_1d	20/85	15	Pot.	-	0,522	-	0,159	0,358
1_1f	20/65	15	Pot.	-	0,664	-	0,203	0,344
1_2a	20/65	15	Pot.	-	0,641	-	0,231	0,367
1_2a	20/85	15	Pot.	-	1,19	-	0,149	0,435

Tabelle 18-99 Verbindungen mit Breitrückenklammern – WDVP 1_1d / 1_1f / 1_2a

Nr.	1_1d – 20/65		1_1d – 20/85		1_1f – 20/65		1_2a – 20/65		1_2a – 20/85	
	v in mm	F in kN	v in mm	F in kN	v in mm	F in kN	v in mm	F in kN	v in mm	F in kN
1	0,0000	0,0000	0,0000	0,0000	0,0000	0,0000	0,0000	0,0000	0,0000	0,0000
2	0,0663	0,0669	0,0694	0,0610	0,0548	0,0748	0,0545	0,0793	0,0951	0,0534
3	0,311	0,120	0,337	0,107	0,272	0,130	0,261	0,141	0,412	0,101
4	0,763	0,168	0,838	0,149	0,686	0,178	0,644	0,196	0,967	0,147
5	1,44	0,214	1,60	0,188	1,32	0,223	1,22	0,248	1,77	0,191
6	2,35	0,257	2,63	0,224	2,18	0,265	2,00	0,298	2,83	0,234
7	3,50	0,299	3,94	0,259	3,29	0,306	2,99	0,345	4,14	0,276
8	4,91	0,340	5,56	0,293	4,65	0,344	4,21	0,392	5,73	0,318
9	6,57	0,380	7,48	0,326	6,28	0,382	5,65	0,436	7,57	0,359
10	8,50	0,418	9,71	0,358	8,18	0,418	7,32	0,480	9,69	0,399
11	10,7	0,456	12,3	0,389	10,4	0,454	9,23	0,522	12,1	0,440
12	13,2	0,494	15,0	0,418	12,8	0,488	11,4	0,565	15,0	0,483
13	15,0	0,519	-	-	15,0	0,515	13,8	0,606	-	-
14	-	-	-	-	-	-	15,0	0,624	-	-

Tabelle 18-100 Verbindungen mit Schrauben mit Haltetellern – Anpassung

WDVP	Sr	Klima	v_{12} mm	Ansatzfunktion		Δ %		Parameter 1. Abschnitt			Parameter 2. Abschnitt	
				1. Abs.	2. Abs.	1. Abs.	Ges.	x_{11}	x_{12}	x_{13}	x_{21}	x_{22}
1_1d	1	20/65	15	Pot.	-	0,535	-	0,406	0,402	-	-	-
1_1d	2	20/65	15	Pot.	-	1,01	-	0,484	0,382	-	-	-
1_1d	1	20/85	15	Pot.	-	0,566	-	0,314	0,373	-	-	-
1_1f	1	20/65	15	Pot.	-	1,17	-	0,386	0,395	-	-	-
1_1f	2	20/65	12	Pot.	Linear	1,41	1,06	0,419	0,351	-	0,0379	0,568
1_2a	1	20/65	15	Exp.	-	1,25	-	1,41	0,703	0,0370	-	-
1_2a	2	20/65	15	Exp.	-	1,47	-	1,39	1,11	0,0119	-	-
1_2a	1	20/85	15	Pot.	-	1,23	-	0,398	0,296	-	-	-

Tabelle 18-101 Verbindungen mit Schrauben mit Haltetellern – WDVP 1_1d / 1_1f

	1_1d – 1 – 20/65		1_1d – 2 – 20/65		1_1d – 1 – 20/85		1_1f – 1 – 20/65	
Nr.	v in mm	F in kN	v in mm	F in kN	v in mm	F in kN	v in mm	F in kN
1	0,0000	0,000	0,0000	0,000	0,0000	0,0000	0,0000	0,000
2	0,0416	0,113	0,0338	0,132	0,0444	0,0985	0,0418	0,110
3	0,188	0,207	0,158	0,239	0,211	0,176	0,191	0,201
4	0,453	0,295	0,385	0,336	0,518	0,246	0,463	0,285
5	0,843	0,379	0,724	0,428	0,979	0,312	0,865	0,365
6	1,36	0,459	1,18	0,515	1,60	0,374	1,40	0,441
7	2,02	0,538	1,76	0,601	2,39	0,435	2,08	0,515
8	2,81	0,615	2,46	0,683	3,36	0,494	2,90	0,588
9	3,74	0,690	3,29	0,763	4,50	0,550	3,87	0,658
10	4,82	0,764	4,25	0,841	5,83	0,606	5,00	0,729
11	6,04	0,837	5,35	0,919	7,35	0,661	6,27	0,797
12	7,41	0,909	6,59	0,995	9,06	0,714	7,70	0,864
13	8,93	0,979	7,96	1,07	11,0	0,767	9,29	0,930
14	10,6	1,05	9,47	1,14	13,1	0,820	11,0	0,994
15	12,4	1,12	11,1	1,21	15,0	0,862	13,0	1,06
16	15,0	1,21	12,9	1,29	-	-	15,0	1,12
17	-	-	15,0	1,36	-	-	-	-

Tabelle 18-102 Verbindungen mit Schrauben mit Haltetellern - WDVP 1_1f / 1_2a

Nr.	1_1f – 2 – 20/65		1_2a – 1 – 20/65		1_2a – 2 – 20/65		1_2a – 1 – 20/85	
	v in mm	F in kN	v in mm	F in kN	v in mm	F in kN	v in mm	F in kN
1	0,0000	0,000	0,000	0,000	0,000	0,000	0,0000	0,000
2	0,0329	0,127	0,174	0,209	0,199	0,245	0,0269	0,137
3	0,161	0,221	0,371	0,376	0,417	0,452	0,146	0,225
4	0,404	0,305	0,597	0,506	0,656	0,624	0,385	0,300
5	0,773	0,383	0,861	0,604	0,921	0,765	0,761	0,367
6	1,28	0,457	1,18	0,676	1,22	0,877	1,29	0,429
7	1,92	0,527	1,58	0,729	1,56	0,965	1,98	0,487
8	2,71	0,595	2,13	0,771	1,96	1,03	2,84	0,542
9	3,66	0,661	2,98	0,811	2,43	1,08	3,88	0,595
10	4,76	0,724	4,88	0,884	3,02	1,12	5,11	0,645
11	6,02	0,787	15,0	1,26	3,80	1,14	6,53	0,694
12	7,45	0,848	-	-	4,95	1,16	8,16	0,741
13	9,04	0,907	-	-	7,18	1,19	9,99	0,787
14	10,8	0,965	-	-	15,0	1,28	12,0	0,831
15	12,0	1,02	-	-	-	-	15,0	0,887
16	15,0	1,14	-	-	-	-	-	-

Tabelle 18-103 Verbindungen mit Klammern und Konterlatten – Anpassung

UDP	v_{12} mm	Ansatzfunktion		Δ %		Parameter 1. Abschnitt			Parameter 2. Abschnitt		
		1. Abs.	2. Abs.	1. Abs.	Ges.	x_{11}	x_{12}	x_{13}	x_{11}	x_{12}	x_{13}
1_1a	6	Exp.	Linear	1,24	0,855	2,63	0,443	0,0942	0,0306	1,01	-
1_1b	7	Exp.	Linear	1,01	0,914	3,83	0,359	0,100	0,0284	0,862	-
1_1d	10	Exp.	Linear	1,40	0,850	1,78	0,372	0,0588	0,0234	0,712	-
2_a	7	Exp.	Linear	1,38	0,584	2,57	0,271	0,0850	-0,00816	0,239	-0,397
2_b	11	Exp.	Linear	1,17	0,898	1,84	0,352	0,0866	0,0508	0,726	-
2_c	6	Exp.	Linear	1,37	1,09	2,40	0,361	0,0562	0,0255	0,547	-
3_a	10	Exp.	Linear	1,39	1,03	2,65	0,314	0,0855	0,0157	0,993	-
3_b	10	Exp.	Linear	1,12	0,939	4,75	0,401	0,0852	0,0318	0,918	-
3_c	6	Exp.	Linear	1,06	1,19	2,96	0,329	0,0856	0,0317	0,678	-

Tabelle 18-104 Verbindungen mit Klammern und Konterlatten – UDP 1_1a / 1_1b / 1_1d / 2_a / 2_b

Nr.	1_1a		1_1b		1_1d		2_a		2_b	
	v in mm	*F* in kN	*v* in mm	*F* in kN	*v* in mm	*F* in kN	*v* in mm	*F* in kN	*v* in mm	*F* in kN
1	0,000	0,000	0,0000	0,000	0,000	0,000	0,0000	0,000	0,000	0,000
2	0,103	0,207	0,0769	0,205	0,126	0,172	0,0925	0,163	0,123	0,172
3	0,232	0,347	0,182	0,323	0,282	0,288	0,221	0,254	0,277	0,288
4	0,403	0,437	0,347	0,384	0,488	0,362	0,434	0,303	0,484	0,363
5	0,656	0,494	0,732	0,432	0,790	0,409	1,05	0,361	0,800	0,415
6	1,15	0,551	7,00	1,06	1,36	0,452	7,00	0,867	1,47	0,479
7	4,77	0,892	15,0	1,29	4,79	0,654	7,90	0,979	11,0	1,28
8	9,00	1,28	-	-	10,0	0,946	8,80	1,07	15,0	1,49
9	15,0	1,47	-	-	15,0	1,06	9,71	1,15	-	-
10	-	-	-	-	-	-	10,6	1,22	-	-
11	-	-	-	-	-	-	11,5	1,27	-	-
12	-	-	-	-	-	-	12,4	1,31	-	-
13	-	-	-	-	-	-	13,3	1,33	-	-
14	-	-	-	-	-	-	15	1,35	-	-

Tabelle 18-105 Verbindungen mit Klammern und Konterlatten – UDP 2_c / 3_a / 3_b / 3_c

Nr.	2_c		3_a		3_b		3_c	
	v in mm	*F* in kN	*v* in mm	*F* in kN	*v* in mm	*F* in kN	*v* in mm	*F* in kN
1	0,000	0,000	0,0000	0,000	0,0000	0,000	0,0000	0,000
2	0,103	0,182	0,0940	0,176	0,0687	0,227	0,0885	0,185
3	0,236	0,296	0,220	0,281	0,162	0,354	0,208	0,294
4	0,421	0,361	0,413	0,339	0,310	0,416	0,390	0,352
5	0,733	0,399	0,819	0,384	0,657	0,456	0,783	0,396
6	1,68	0,455	6,25	0,848	10,0	1,24	6,00	0,868
7	6,00	0,701	10,0	1,15	15,0	1,39	15,0	1,15
8	15,0	0,930	15,0	1,23	-	-	-	-

Tabelle 18-106 Verbindungen mit Nägeln – Anpassung

UDP	v_{12} mm	Ansatzfunktion		Δ %		Parameter 1. Abschnitt		Parameter 2. Abschnitt	
		1. Abs.	2. Abs.	1. Abs.	Ges.	x_{11}	x_{12}	x_{11}	x_{12}
1_1a	10	Pot.	Linear	1,32	0,859	0,791	0,228	0,00685	1,24
1_1b	10	Pot.	Linear	1,38	0,884	0,773	0,228	0,00949	1,19
1_1d	12	Pot.	Linear	1,23	0,956	0,736	0,255	0,00580	1,27
2_a	15	Log.	-	0,738	-	0,775	0,361	-	-
2_b	15	Pot.	-	1,43	-	0,803	0,213	-	-
2_c	15	Log.	-	1,07	-	0,819	0,499	-	-
3_a	12	Log.	Linear	1,39	1,13	0,770	0,349	0,0125	0,890
3_b	15	Pot.	-	0,897	-	0,710	0,210	-	-
3_c	15	Log.	-	1,46	-	0,895	0,488	-	-

Tabelle 18-107 Verbindungen mit Nägeln – UDP 1_1a / 1_1b / 1_1d / 2_a / 2_b

Nr.	1_1a		1_1b		1_1d		2_a		2_b	
	v in mm	F in kN	v in mm	F in kN	v in mm	F in kN	v in mm	F in kN	v in mm	F in kN
1	0,0000	0,000	0,0000	0,000	0,0000	0,000	0,0000	0,000	0,0000	0,000
2	0,0112	0,284	0,0114	0,279	0,0137	0,246	0,0218	0,194	0,0102	0,303
3	0,0711	0,433	0,0724	0,425	0,0812	0,388	0,105	0,338	0,0673	0,452
4	0,202	0,549	0,205	0,539	0,223	0,501	0,259	0,456	0,195	0,567
5	0,418	0,649	0,426	0,637	0,454	0,601	0,490	0,556	0,409	0,664
6	0,733	0,737	0,747	0,724	0,783	0,691	0,807	0,642	0,724	0,749
7	1,16	0,819	1,18	0,803	1,22	0,774	1,22	0,715	1,15	0,827
8	1,70	0,893	1,73	0,876	1,78	0,852	1,74	0,778	1,70	0,898
9	2,37	0,964	2,41	0,945	2,46	0,925	2,39	0,833	2,38	0,965
10	3,17	1,03	3,23	1,01	3,27	0,995	3,18	0,882	3,20	1,03
11	4,11	1,09	4,19	1,07	4,21	1,06	4,13	0,926	4,17	1,09
12	5,20	1,15	5,31	1,13	5,31	1,13	5,26	0,965	5,29	1,14
13	6,45	1,21	6,58	1,19	6,54	1,19	6,59	1,00	6,58	1,20
14	7,86	1,27	8,02	1,24	7,94	1,25	8,14	1,03	8,04	1,25
15	9,44	1,32	9,63	1,30	9,49	1,31	9,93	1,06	9,68	1,30
16	15,0	1,35	15,0	1,33	13,1	1,35	12,0	1,09	11,5	1,35
17	-	-	-	-	15,0	1,36	15,0	1,12	13,5	1,40
18	-	-	-	-	-	-	-	-	15,0	1,43

Tabelle 18-108 Verbindungen mit Nägeln – UDP 2_c / 3_a / 3_b / 3_c

	2_c		3_a		3_b		3_c	
Nr.	*v* in mm	*F* in kN	*v* in mm	*F* in kN	*v* in mm	*F* in kN	*v* in mm	*F* in kN
1	0,0000	0,000	0,0000	0,000	0,0000	0,000	0,0000	0,000
2	0,0375	0,157	0,0208	0,198	0,0111	0,276	0,0337	0,170
3	0,148	0,305	0,1020	0,341	0,0740	0,411	0,135	0,327
4	0,329	0,437	0,254	0,458	0,215	0,514	0,303	0,468
5	0,579	0,554	0,485	0,557	0,452	0,601	0,536	0,592
6	0,904	0,658	0,803	0,640	0,801	0,677	0,840	0,703
7	1,31	0,750	1,22	0,711	1,28	0,747	1,22	0,801
8	1,80	0,831	1,75	0,773	1,89	0,811	1,68	0,889
9	2,39	0,905	2,41	0,827	2,64	0,870	2,23	0,967
10	3,09	0,972	3,21	0,874	3,56	0,926	2,88	1,04
11	3,90	1,03	4,18	0,916	4,64	0,979	3,65	1,10
12	4,85	1,09	5,34	0,954	5,89	1,03	4,53	1,16
13	5,93	1,14	6,70	0,988	7,34	1,08	5,54	1,22
14	7,17	1,19	8,29	1,02	8,97	1,12	6,70	1,27
15	8,57	1,23	10,1	1,05	10,8	1,17	8,02	1,31
16	10,2	1,27	15,0	1,08	12,8	1,21	9,50	1,36
17	11,9	1,31	-	-	15,0	1,25	11,2	1,40
18	13,9	1,35	-	-	-	-	13,0	1,44
19	15,0	1,36	-	-	-	-	15,0	1,47

Tabelle 18-109 Verbindungen in Aufsparrendämmsystemen, eine Zwischenschicht – Anpassung

HFDP	v_{12} mm	Ansatzfunktion		Δ %		Parameter 1. Abschnitt			Parameter 2. Abschnitt	
		1. Abs.	2. Abs.	1. Abs.	Ges.	x_{11}	x_{12}	x_{13}	x_{11}	x_{12}
WDVP 1_1d	6	Exp.	Linear	1,81	1,70	1,25	0,839	0,0419	0,0281	0,920
WDVP 1_1f	15	Exp.	-	0,773	-	0,677	0,642	0,0337	-	-
WDVP 1_1g	15	Exp.	-	1,19	-	0,643	0,957	0,0317	-	-
UDP 1_1a	9	Exp.	Linear	1,31	0,686	1,64	0,349	0,0820	0,0629	0,497
UDP 1_1b	8	Exp.	Linear	1,45	0,603	1,57	0,317	0,0824	0,0636	0,446
UDP 1_1c	15	Exp.	-	1,47	-	0,910	0,368	0,0599	-	-
UDP 1_1d	7	Exp.	Linear	1,43	0,505	1,55	0,330	0,0717	0,0543	0,431
UDP 2_a	9	Exp.	Linear	1,36	0,814	1,99	0,386	0,0815	0,0642	0,516
UDP 2_b	10	Exp.	Linear	1,49	0,980	1,77	0,362	0,0781	0,0648	0,466
UDP 2_c	15	Exp.	-	1,48	-	1,74	0,341	0,0548	-	-
UDP 3_a	9	Exp.	Linear	1,27	0,825	1,57	0,379	0,0743	0,0528	0,548
UDP 3_b	8	Exp.	Linear	1,49	0,879	1,20	0,347	0,0670	0,0510	0,451
UDP 3_c	4	Exp.	Linear	1,43	0,892	2,25	0,285	0,0809	0,0497	0,408

Tabelle 18-110 Verbindungen in Aufsparrendämmsystemen, eine Zwischenschicht – WDVP 1_1d / WDVP 1_1f / WDVP 1_1g / UDP 1_1a / UDP 1_1b

	WDVP 1_1d		WDVP 1_1f		WDVP 1_1g		UDP 1_1a		UDP 1_1b	
Nr.	*v* in mm	*F* in kN	*v* in mm	*F* in kN	*v* in mm	*F* in kN	*v* in mm	*F* in kN	*v* in mm	*F* in kN
1	0,000	0,000	0,000	0,000	0,000	0,000	0,000	0,000	0,000	0,000
2	0,199	0,218	0,277	0,165	0,324	0,189	0,132	0,167	0,133	0,158
3	0,420	0,399	0,583	0,304	0,673	0,356	0,296	0,281	0,300	0,264
4	0,666	0,546	0,924	0,419	1,05	0,501	0,513	0,356	0,526	0,334
5	0,946	0,665	1,31	0,514	1,46	0,627	0,834	0,410	0,876	0,384
6	1,27	0,758	1,75	0,590	1,91	0,736	1,45	0,468	1,66	0,454
7	1,65	0,831	2,26	0,652	2,40	0,827	5,86	0,830	8,00	0,955
8	2,12	0,889	2,89	0,705	2,95	0,906	9,00	1,06	15,0	1,40
9	2,73	0,937	3,68	0,750	3,58	0,974	15,0	1,44	-	-
10	3,58	0,984	4,75	0,797	4,30	1,03	-	-	-	-
11	5,04	1,05	6,44	0,858	5,16	1,09	-	-	-	-
12	6,00	1,09	10,4	0,993	6,20	1,14	-	-	-	-
13	15,0	1,34	15,0	1,15	7,55	1,19	-	-	-	-
14	-	-	-	-	9,44	1,25	-	-	-	-
15	-	-	-	-	12,6	1,36	-	-	-	-
16	-	-	-	-	15,0	1,43	-	-	-	-

Tabelle 18-111 Verbindungen in Aufsparrendämmsystemen, eine Zwischenschicht – UDP 1_1c / UDP 1_1d / UDP 2_a / UDP 2_b

	UDP 1_1c		UDP 1_1d		UDP 2_a		UDP 2_b	
Nr.	*v* in mm	*F* in kN	*v* in mm	*F* in kN	*v* in mm	*F* in kN	*v* in mm	*F* in kN
1	0,000	0,000	0,000	0,000	0,000	0,000	0,000	0,000
2	0,197	0,146	0,135	0,159	0,119	0,182	0,126	0,171
3	0,429	0,257	0,303	0,266	0,267	0,305	0,284	0,289
4	0,712	0,340	0,528	0,337	0,463	0,385	0,492	0,365
5	1,070	0,402	0,866	0,385	0,754	0,438	0,802	0,417
6	1,57	0,453	1,56	0,441	1,32	0,493	1,40	0,471
7	2,39	0,510	8,68	0,902	5,41	0,827	5,84	0,818
8	4,67	0,648	15,0	1,24	9,00	1,09	10,0	1,11
9	15,0	1,27	-	-	15,0	1,48	15,0	1,44

Tabelle 18-112 Verbindungen in Aufsparrendämmsystemen, eine Zwischenschicht – UDP 2_d / UDP 3_a / UDP 3_b / UDP 3_c

Nr.	UDP 2_c		UDP 3_a		UDP 3_b		UDP 3_c	
	v in mm	F in kN	v in mm	F in kN	v in mm	F in kN	v in mm	F in kN
1	0,000	0,000	0,000	0,000	0,000	0,000	0,000	0,000
2	0,125	0,164	0,138	0,170	0,161	0,153	0,102	0,162
3	0,282	0,272	0,307	0,289	0,356	0,263	0,240	0,259
4	0,494	0,338	0,525	0,371	0,604	0,340	0,451	0,312
5	0,820	0,380	0,830	0,427	0,944	0,395	0,907	0,358
6	1,53	0,425	1,34	0,477	1,49	0,444	4,00	0,607
7	15,0	1,16	2,92	0,596	2,86	0,538	15,0	1,15
8	-	-	9,00	1,02	8,00	0,859	-	-
9	-	-	15,0	1,34	15,0	1,22	-	-

Tabelle 18-113 Verbindungen in Aufsparrendämmsystemen, zwei Zwischenschichten – Anpassung

HFDP	v_{12} mm	Ansatzfunktion		Δ %		Parameter 1. Abschnitt			Parameter 2. Abschnitt	
		1. Abs.	2. Abs.	1. Abs.	Ges.	x_{11}	x_{12}	x_{13}	x_{11}	x_{12}
WDVP 1_1d	15	Exp.	-	1,27	1,27	0,642	1,59	0,0254	-	-
WDVP 1_1f	15	Exp.	-	1,51	1,51	0,518	1,97	-0,00205	-	-
UDP 1_1a	15	Exp.	-	0,443	0,44	0,969	0,394	0,0397	-	-
UDP 1_1c	15	Exp.	-	0,576	0,58	0,808	0,427	0,0368	-	-
UDP 1_1d	6	Exp.	Linear	0,978	1,18	1,11	0,355	0,0525	0,0308	0,455
UDP 2_a	15	Exp.	-	1,11	1,11	1,45	0,438	0,0452	-	-
UDP 2_b	15	Exp.	-	1,21	1,21	1,39	0,466	0,0428	-	-
UDP 2_c	11	Exp.	Linear	1,51	1,48	1,19	0,360	0,0343	0,0395	0,286
UDP 3_a	15	Exp.	-	1,25	1,25	0,784	0,448	0,0358	-	-
UDP 3_b	12	Exp.	Linear	2,22	1,81	0,569	0,278	0,0365	0,0293	0,349
UDP 3_c	15	Exp.	-	1,55	1,04	1,09	0,269	0,0553	0,0319	0,356

Tabelle 18-114 Verbindungen in Aufsparrendämmsystemen, zwei Zwischenschichten – WDVP 1_1d / WDVP 1_1f / UDP 1_1a / UDP 1_1c / UDP 1_1d

	WDVP 1_1d		WDVP 1_1f		UDP 1_1a		UDP 1_1c		UDP 1_1d	
Nr.	*v* in mm	*F* in kN	*v* in mm	*F* in kN	*v* in mm	*F* in kN	*v* in mm	*F* in kN	*v* in mm	*F* in kN
1	0,000	0,000	0,000	0,000	0,000	0,000	0,000	0,000	0,000	0,000
2	0,378	0,226	0,453	0,221	0,190	0,150	0,219	0,148	0,170	0,150
3	0,775	0,433	0,924	0,424	0,412	0,261	0,470	0,262	0,374	0,258
4	1,19	0,618	1,42	0,613	0,682	0,342	0,767	0,349	0,630	0,334
5	1,64	0,790	1,93	0,782	1,03	0,400	1,13	0,414	0,973	0,386
6	2,11	0,942	2,47	0,938	1,49	0,441	1,59	0,462	1,49	0,429
7	2,61	1,08	3,03	1,08	2,24	0,481	2,23	0,502	2,58	0,490
8	3,14	1,20	3,63	1,21	4,08	0,556	3,28	0,547	6,00	0,640
9	3,71	1,31	4,26	1,32	15,0	0,989	6,16	0,654	15,0	0,916
10	4,33	1,40	4,92	1,42	-	-	15,0	0,979	-	-
11	5,01	1,49	5,63	1,51	-	-	-	-	-	-
12	5,75	1,56	6,38	1,59	-	-	-	-	-	-
13	6,56	1,63	7,19	1,66	-	-	-	-	-	-
14	7,48	1,69	8,05	1,72	-	-	-	-	-	-
15	8,51	1,75	8,99	1,77	-	-	-	-	-	-
16	9,71	1,80	10,0	1,81	-	-	-	-	-	-
17	11,1	1,85	11,1	1,84	-	-	-	-	-	-
18	12,9	1,90	12,4	1,87	-	-	-	-	-	-
19	15,0	1,96	13,8	1,89	-	-	-	-	-	-
20	-	-	15,0	1,90	-	-	-	-	-	-

Tabelle 18-115 Verbindungen in Aufsparrendämmsystemen, zwei Zwischenschichten – UDP 2_a / UDP 2_b / UDP 2_c

	UDP 2_a		UDP 2_b		UDP 2_c	
Nr.	*v* in mm	*F* in kN	*v* in mm	*F* in kN	*v* in mm	*F* in kN
1	0,000	0,000	0,000	0,000	0,000	0,000
2	0,150	0,175	0,156	0,176	0,161	0,151
3	0,328	0,300	0,340	0,307	0,355	0,257
4	0,548	0,388	0,565	0,400	0,600	0,329
5	0,836	0,446	0,851	0,463	0,932	0,374
6	1,25	0,487	1,25	0,507	1,45	0,407
7	2,02	0,528	1,89	0,545	2,62	0,450
8	5,73	0,697	3,61	0,620	11,0	0,720
9	15,0	1,12	15,0	1,11	15,0	0,877

Tabelle 18-116 Verbindungen in Aufsparrendämmsystemen, zwei Zwischenschichten – UDP 3_a / UDP 3_b / UDP 3_c

Nr.	UDP 3_a		UDP 3_b		UDP 3_c	
	v in mm	F in kN	v in mm	F in kN	v in mm	F in kN
1	0,000	0,000	0,000	0,000	0,000	0,000
2	0,226	0,149	0,246	0,114	0,160	0,132
3	0,485	0,266	0,537	0,198	0,360	0,222
4	0,787	0,356	0,895	0,261	0,630	0,280
5	1,15	0,424	1,36	0,308	1,04	0,322
6	1,60	0,475	2,02	0,346	1,93	0,376
7	2,21	0,516	3,16	0,393	4,00	0,484
8	3,14	0,558	7,40	0,548	15,0	0,835
9	5,08	0,630	12,0	0,700	-	-
10	15,0	0,986	15,0	0,788	-	-

Tabelle 18-117 Verbindungen zwischen Holzfaserdämmplatten – Anpassung

HFDP	v_{max} mm	Ansatzfunktion	Δ %	Parameter x_{11}	x_{12}	x_{13}
WDVP 1_1d	7	Pot.	0,946	0,0860	0,522	-
WDVP 1_1f	10	Log	1,34	0,109	0,690	-
WDVP 1_2a	5	Exp.	1,05	0,169	0,0821	0,0230
UDP 1_1a	6	Log.	1,26	0,183	0,691	-
UDP 1_1b	4	Pot.	0,905	0,146	0,454	-
UDP 1_1c	5	Exp.	1,11	0,266	0,0907	0,0273
UDP 1_1d	6	Exp.	0,869	0,417	0,104	0,0335
UDP 2_a	5	Pot.	0,693	0,0605	0,5942	-
UDP 2_b	5	Exp.	0,818	0,183	0,0554	0,0338
UDP 2_c	2	Log.	1,37	0,0830	0,735	-
UDP 3_a	5	Exp.	0,905	0,326	0,0827	0,0218
UDP 3_b	3	Exp.	0,985	0,290	0,0919	0,0272
UDP 3_c	5	Pot.	1,29	0,162	0,527	-
UDP 1_2-H	6	Pot.	1,12	0,110	0,486	-
UDP 1_2-V	4	Exp.	1,13	0,243	0,149	0,0231
UDP 3_d_I	3	Log.	2,98	0,249	0,522	-
UDP 3_2	4	Pot.	1,05	0,324	0,377	-

Tabelle 18-118 Verbindungen zwischen Holzfaserdämmplatten – WDVP 1_1d / WDVP 1_1f / WDVP 1_2a / UDP 1_1a / UDP 1_1b

	WDVP 1_1d		WDVP 1_1f		WDVP 1_2a		UDP 1_1a		UDP 1_1b	
Nr.	*v* in mm	*F* in kN	*v* in mm	*F* in kN	*v* in mm	*F* in kN	*v* in mm	*F* in kN	*v* in mm	*F* in kN
1	0,000	0,000	0,000	0,0000	0,000	0,0000	0,000	0,0000	0,000	0,0000
2	0,181	0,035	0,243	0,0380	0,404	0,0516	0,181	0,0532	0,103	0,0520
3	0,706	0,072	0,767	0,0738	0,931	0,0883	0,570	0,106	0,434	0,100
4	1,57	0,109	1,54	0,104	1,70	0,118	1,13	0,151	1,01	0,147
5	2,76	0,146	2,60	0,129	3,14	0,154	1,89	0,191	1,82	0,192
6	4,28	0,184	3,99	0,151	5,00	0,197	2,85	0,226	2,89	0,236
7	6,00	0,219	5,76	0,170	-	-	4,05	0,256	4,00	0,274
8	-	-	7,95	0,187	-	-	5,52	0,283	-	-
9	-	-	10,0	0,199	-	-	6,00	0,291	-	-

Tabelle 18-119 Verbindungen zwischen Holzfaserdämmplatten – UDP 1_1c / UDP 1_1d / UDP 2_a / UDP 2_b

	UDP 1_1c		UDP 1_1d		UDP 2_a		UDP 2_b	
Nr.	*v* in mm	*F* in kN	*v* in mm	*F* in kN	*v* in mm	*F* in kN	*v* in mm	*F* in kN
1	0,000	0,0000	0,000	0,0000	0,000	0,0000	0,000	0,0000
2	0,304	0,0584	0,234	0,0681	0,278	0,0283	0,363	0,0473
3	0,717	0,0968	0,563	0,110	1,01	0,0609	0,892	0,0811
4	1,37	0,126	1,11	0,140	2,15	0,0953	1,94	0,121
5	2,93	0,171	2,86	0,200	3,69	0,131	4,00	0,191
6	5,00	0,227	6,00	0,305	5,00	0,157	-	-

Tabelle 18-120 Verbindungen zwischen Holzfaserdämmplatten – UDP 2_c / UDP 3_a / UDP 3_b / UDP 3_c

	UDP 2_c		UDP 3_a		UDP 3_b		UDP 3_c	
Nr.	*v* in mm	*F* in kN	*v* in mm	*F* in kN	*v* in mm	*F* in kN	*v* in mm	*F* in kN
1	0,000	0,0000	0,0000	0,0000	0,000	0,0000	0,000	0,0000
2	0,318	0,0322	0,2560	0,0561	0,288	0,0595	0,121	0,0533
3	0,961	0,0621	0,629	0,0884	0,682	0,0976	0,470	0,109
4	2,00	0,0889	1,32	0,111	1,32	0,126	1,04	0,166
5	-	-	5,00	0,192	3,00	0,173	1,83	0,223
6	-	-	-	-	-	-	2,84	0,281
7	-	-	-	-	-	-	4,05	0,339
8	-	-	-	-	-	-	5,00	0,379

Tabelle 18-121 Verbindungen zwischen Holzfaserdämmplatten – UDP 1_2-H / UDP 1_2-V / UDP 3_d_I / UDP 3_2

Nr.	UDP 1_2-H		UDP 1_2-V		UDP 3_d_I		UDP 3_2	
	v in mm	*F* in kN	*v* in mm	*F* in kN	*v* in mm	*F* in kN	*v* in mm	*F* in kN
1	0,000	0,0000	0,000	0,0000	0,0000	0,0000	0,0000	0,000
2	0,137	0,0420	0,365	0,0705	0,0891	0,0689	0,0443	0,100
3	0,559	0,083	0,807	0,123	0,339	0,131	0,208	0,179
4	1,27	0,124	1,37	0,161	0,744	0,183	0,511	0,251
5	2,27	0,164	2,15	0,193	1,32	0,227	0,962	0,319
6	3,56	0,204	3,44	0,228	2,08	0,265	1,57	0,384
7	5,15	0,244	4,00	0,241	3,00	0,295	2,34	0,446
8	6,00	0,263	-	-	-	-	3,29	0,507
9	-	-	-	-	-	-	4,00	0,546

18.7 Berechnung von Wandscheiben mit der Finite-Elemente-Methode

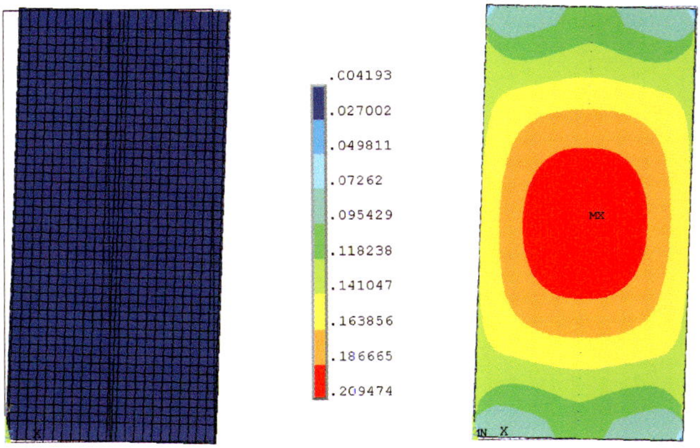

Bild 18-1 Ergebnis der Finite-Elemente-Berechnung für eine durchgehende Beplankung: Verformungsfigur und Schubspannungsverteilung in der Beplankung (Einheit: N/mm²)

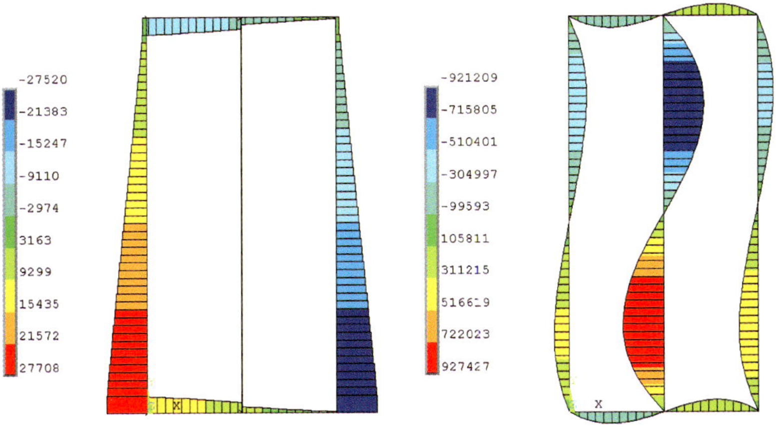

Bild 18-2 Ergebnis der Finite-Elemente-Berechnung für eine durchgehende Beplankung: Normalkraft und Biegemoment in den Rippen (Einheiten: N und Nmm)

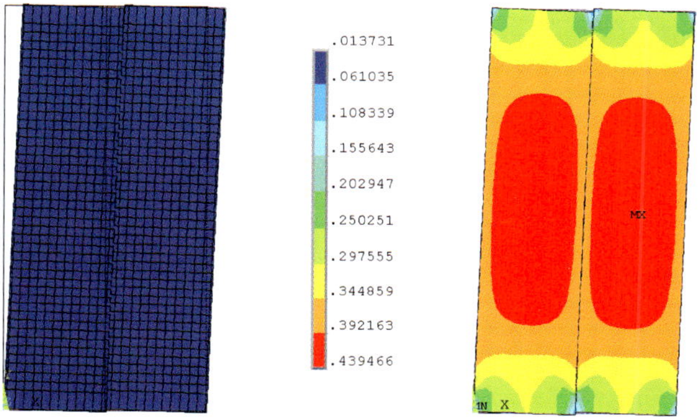

Bild 18-3 Ergebnis der Finite-Elemente-Berechnung für eine unterteilte Beplankung: Verformungsfigur und Schubspannungsverteilung in der Beplankung (Einheit: N/mm^2)

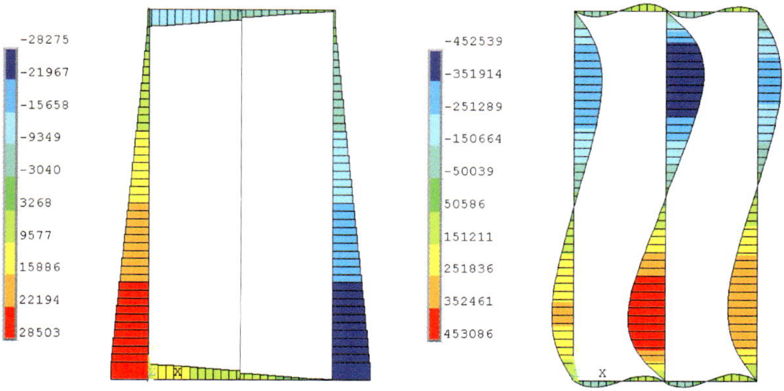

Bild 18-4 Ergebnis der Finite-Elemente-Berechnung für eine unterteilte Beplankung: Normalkraft und Biegemoment in den Rippen (Einheiten: N und Nmm)

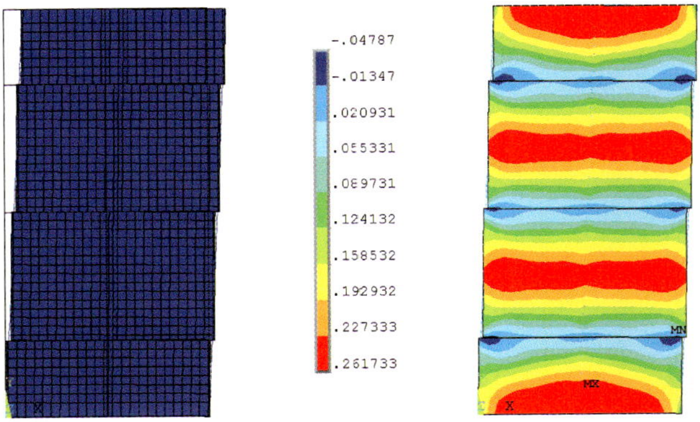

Bild 18-5 Ergebnis der Finite-Elemente-Berechnung für eine gestoßene Beplankung ohne Verbindungsmittel: Verformungsfigur und Schubspannungsverteilung in der Beplankung (Einheit: N/mm^2)

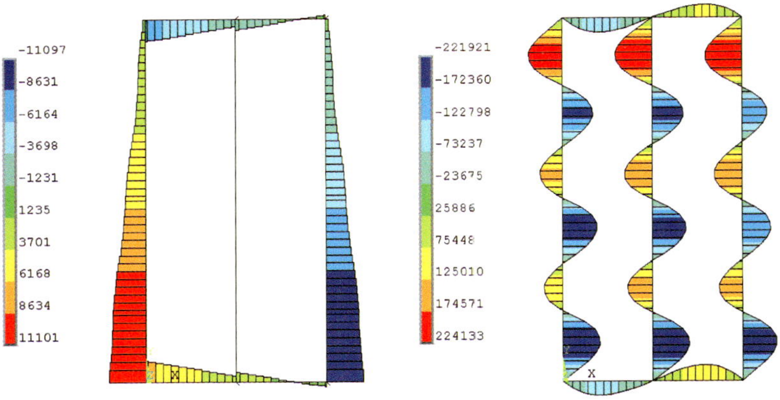

Bild 18-6 Ergebnis der Finite-Elemente-Berechnung für eine gestoßene Beplankung ohne Verbindungsmittel: Normalkraft und Biegemoment in den Rippen (Einheiten: N und Nmm)

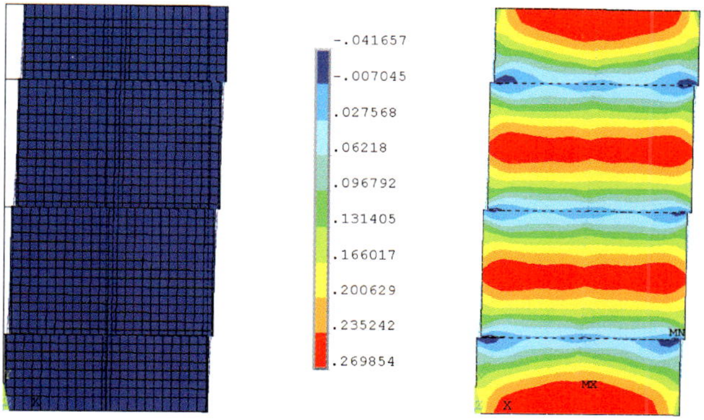

Bild 18-7 Ergebnis der Finite-Elemente-Berechnung für eine gestoßene Beplankung mit sprödem Verbindungsmittelverhalten: Verformungsfigur und Schubspannungsverteilung in der Beplankung (Einheit: N/mm²)

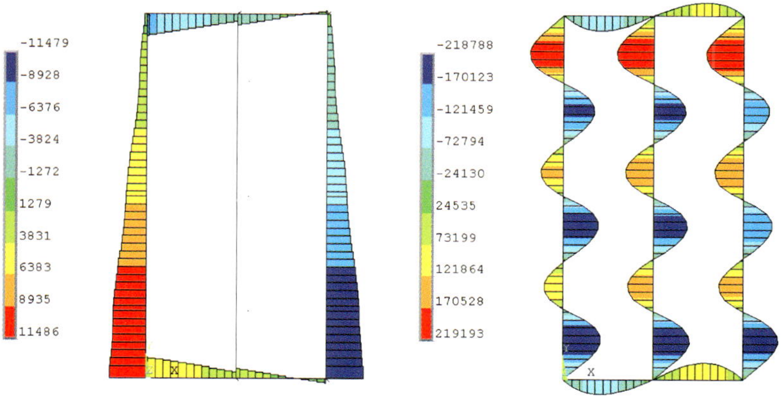

Bild 18-8 Ergebnis der Finite-Elemente-Berechnung für eine gestoßene Beplankung mit sprödem Verbindungsmittelverhalten: Normalkraft und Biegemoment in den Rippen (Einheiten: N und Nmm)

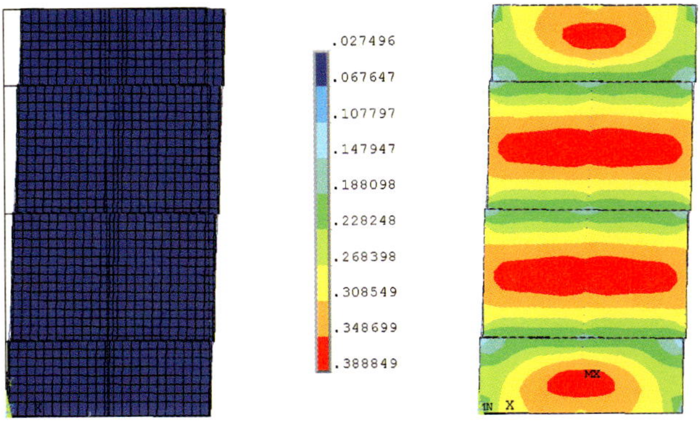

Bild 18-9 Ergebnis der Finite-Elemente-Berechnung für eine gestoßene Beplankung mit duktilem Verbindungsmittelverhalten: Verformungsfigur und Schubspannungsverteilung in der Beplankung (Einheit: N/mm^2)

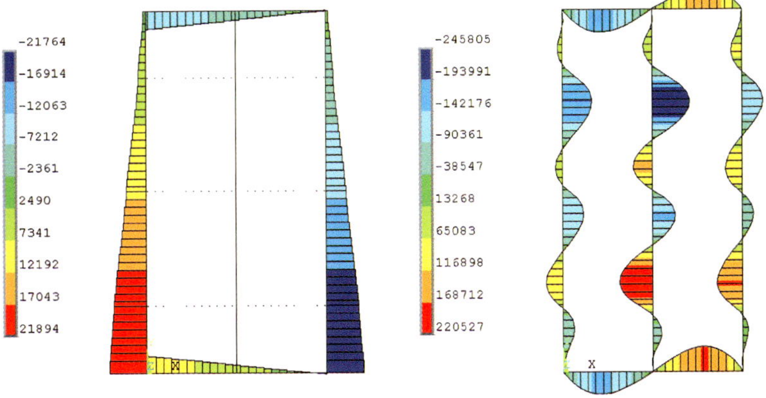

Bild 18-10 Ergebnis der Finite-Elemente-Berechnung für eine gestoßene Beplankung mit duktilem Verbindungsmittelverhalten: Normalkraft und Biegemoment in den Rippen (Einheiten: N und Nmm)

Lebenslauf

06.07.1979	geboren in Backnang
1986 - 1990	Schiller-Grundschule Wiesloch
1990 - 1999	Gymnasium Wiesloch (jetzt: Ottheinrich Gymnasium Wiesloch)
24.06.1999	Abiturprüfung
1999 - 2000	Zivildienst
2000 - 2005	Studium des Bauingenieurwesens an der Universität Karlsruhe (TH) (jetzt: Karlsruher Institut für Technologie (KIT)) und an der Universitat Politécnica de Catalunya, Barcelona, Spanien
14.11.2005	Diplomprüfung
seit 01.03.2006	Wissenschaftlicher Mitarbeiter am Lehrstuhl für Ingenieurholzbau und Baukonstruktionen, Versuchsanstalt für Stahl, Holz und Steine, Karlsruher Institut für Technologie (KIT) (bis 2009: Universität Karlsruhe (TH))